JEAN FRANÇOIS DE LA HARPE

AF880794

ABRÉGÉ

DE

L'HISTOIRE GÉNÉRALE

DES VOYAGES

CONTENANT
CE QU'IL Y A DE PLUS REMARQUABLE, DE PLUS UTILE ET DE MIEUX AVÉRÉ DANS LES PAYS OÙ LES VOYAGEURS ONT PÉNÉTRÉ; LES MŒURS DES HABITANTS, LA RELIGION, LES USAGES, ARTS ET SCIENCES, COMMERCE ET MANUFACTURES

TOME XXI

Elibron Classics
www.elibron.com

Elibron Classics series.

© 2005 Adamant Media Corporation.

ISBN 0-543-99356-6 (paperback)
ISBN 0-543-99355-8 (hardcover)

This Elibron Classics Replica Edition is an unabridged facsimile of the edition published in 1825 by Le Dentu, Paris.

Elibron and Elibron Classics are trademarks of Adamant Media Corporation. All rights reserved.

This book is an accurate reproduction of the original. Any marks, names, colophons, imprints, logos or other symbols or identifiers that appear on or in this book, except for those of Adamant Media Corporation and BookSurge, LLC, are used only for historical reference and accuracy and are not meant to designate origin or imply any sponsorship by or license from any third party.

ABRÉGÉ

DE

L'HISTOIRE GÉNÉRALE DES VOYAGES.

TOME XXI.

DE L'IMPRIMERIE DE CRAPELET,
RUE DE VAUGIRARD, N° 9.

ABRÉGÉ
DE
L'HISTOIRE GÉNÉRALE
DES VOYAGES,

CONTENANT

CE QU'IL Y A DE PLUS REMARQUABLE, DE PLUS UTILE ET DE MIEUX AVÉRÉ DANS LES PAYS OÙ LES VOYAGEURS ONT PÉNÉTRÉ; LES MOEURS DES HABITANS, LA RELIGION, LES USAGES, ARTS ET SCIENCES, COMMERCE ET MANUFACTURES;

PAR J. F. LAHARPE.

NOUVELLE ÉDITION,

REVUE ET CORRIGÉE AVEC LE PLUS GRAND SOIN, ET ACCOMPAGNÉE D'UN BEL ATLAS IN-FOLIO.

TOME VINGT-UNIÈME.

A PARIS,
CHEZ LEDENTU, LIBRAIRE,
QUAI DES AUGUSTINS, N° 31.
1825.

ABRÉGÉ

DE

L'HISTOIRE GÉNÉRALE

DES VOYAGES.

CINQUIÈME PARTIE.

VOYAGES AUTOUR DU MONDE ET DANS LE GRAND OCÉAN.

SUITE DU LIVRE SECOND.

VOYAGES AUTOUR DU MONDE ET DANS LE GRAND OCÉAN, ENTREPRIS DEPUIS 1764.

SUITE DU CHAPITRE VII.

Second Voyage du capitaine Cook.

« Le 30 mai, je partis avec les deux canots, accompagné des deux MM. Forster, d'Oedidi, du chef, sa femme, son fils et sa fille, pour une habitation située à l'extrémité septentrionale de l'île, et qu'Oedidi disait être à lui. Il nous avait tant parlé de ses possessions, que quelques uns des officiers paraissaient en douter, et il fut bien aise de prendre une occasion de se justifier. Il avait promis de nous donner des cochons et des fruits en abondance; mais en arrivant dans cet endroit nous trouvâmes que le pauvre Oedidi n'y jouissait d'aucune autorité, quelque droit qu'il pût avoir au ouenoua, que possédait alors son frère. Celui-ci, bientôt après notre débarquement, me présenta deux cochons et quelques bananes avec les cérémonies ordinaires : je lui fis en retour un très beau présent, et Oedidi lui donna aussi quelque chose. Un des deux cochons fut mangé à dîner. Pendant qu'on le préparait, je parcourus l'ouenoua d'Oedidi : c'était un terrain de peu d'étendue, mais agréable. Les maisons y étaient disposées de manière à former un très joli village, ce qui n'est pas commun dans cet archipel.

« En retournant au vaisseau, nous débarquâmes au coin d'une maison, où nous aperçûmes quatre figures de bois de deux pieds de long, rangées sur une tablette : elles avaient une pièce d'étoffe autour des reins, et sur leurs têtes une espèce de turban garni de longues plumes de coq. Un naturel qui occupait la cabane nous dit que c'étaient *Eatoua note teouteou; les dieux des serviteurs ou des esclaves*. Cette assertion ne suffit peut-être pas pour conclure qu'ils les adorent, et qu'on ne permet point aux serviteurs et aux esclaves d'avoir les mêmes dieux que les hommes d'un rang plus élevé. Je n'ai jamais ouï dire que Topia eût fait une pareille distinction, ni même que ses compatriotes rendissent un culte à quelque chose de visible. D'ailleurs ce sont les premières divinités de bois que nous ayons rencontrées sur ces îles; nous jugeâmes que c'étaient des dieux, uniquement sur la parole d'un insulaire, peut-être superstitieux, et que peut-être nous n'avons pas compris. Il faut convenir que les habitans de cette île sont en général plus superstitieux qu'à Taïti. Dans la première visite que je fis au chef, il me pria de ne permettre à personne de mon équipage de tuer des hérons, ni des piverts, oiseaux aussi sacrés chez eux que les rouges-gorges, les hirondelles, etc., le sont parmi les vieilles femmes en Angleterre. Topia, qui était prêtre, et qui connaissait bien la religion, les coutumes et les traditions de ces îles, ne montra pourtant aucun respect pour ces oiseaux. Je fais cette remarque, parce que plusieurs de nos officiers pensaient que ces oiseaux étaient des eatouas ou dieux. A la vérité, nous adoptâmes cette opinion en 1769, et nous en aurions adopté d'autres plus absurdes, si Topia ne nous avait pas détrompés. Nous n'avons pas retrouvé un homme aussi sensé et aussi instruit que lui, et par conséquent nous n'avons pu ajouter que des idées superstitieuses à ce qu'il nous a dit de la religion de ces contrées.

« Les insulaires, sachant que nous mettrions bientôt à la voile, nous apportèrent le 31 plus de fruits qu'à l'ordinaire. Parmi ceux qui vinrent à bord, se trouvait un jeune homme de six pieds quatre pouces et six dixièmes; sa sœur, plus jeune que lui, avait cinq pieds dix pouces et demi.

« Parmi les naturels des îles de la Société, observe Forster, il existe un petit nombre d'hommes instruits des traditions nationales et des idées de mythologie et d'astronomie répandues dans ces pays. Oedidi, tandis que nous étions en mer, nous avait souvent parlé d'eux comme des plus savans de ses compatriotes; il les nommait *tata-o-rerro*, terme qu'on peut rendre par celui de maître. Après beaucoup de recherches nous trouvâmes dans le district d'Hamaménou un chef nommé Toutavaï, qui portait ce titre : nous regrettâmes de ne l'avoir pas connu plus tôt : mais mon père résolut d'employer le temps qui lui restait, à faire des recherches sur un sujet aussi intéressant que l'histoire des opinions religieuses.

« Toutavaï fut charmé de trouver une occasion de déployer ses connaissances : il était flatté de notre attention à l'écouter, et il parla sur le même objet avec plus de patience et plus long-temps que nous ne l'attendions d'un habitant de ces îles, dominé par la vivacité et la légèreté de son caractère. La religion de ces insulaires paraît former un système de polythéisme singulier. Quelques peuples, absorbés par le soin de pourvoir à leur subsistance, ne s'élèvent pas jusqu'à la Divinité; mais ils sont en bien petit nombre : ceux de Taïti et des îles de la Société croient à l'existence d'un Être suprême, créateur de toutes choses. La plupart des nations ont fait des recherches plus ou moins profondes sur les qualités de cet esprit universel et incompréhensible, et elles ont adopté des absurdités en s'égarant dans des réflexions au-dessus de la portée de l'intelligence humaine. Les petits esprits, que surchargeait la vaste conception d'une perfection suprême, personnifièrent bientôt les différens attributs de la Divinité. Les dieux et les déesses devinrent innombrables, et une erreur en enfanta mille autres. L'homme, dans le cours de l'éducation, apprit de son père l'existence d'un Dieu, et l'instinct nourrit en lui cette idée. La population s'accrut, les distinctions de rang s'établirent, et on vit naître de nouvelles passions. Dans chaque société, des individus, profitant du penchant du peuple à adorer, s'efforcèrent de captiver le jugement de la multitude; et, défigurant les qualités du Tout-Puissant, ils éteignirent l'affection du genre humain pour son bienfaiteur, et lui apprirent à craindre sa colère. Il paraît que c'est ce qui est arrivé aux îles de la Société comme ailleurs : les habitans révèrent des divinités de toute espèce; et ce qu'il y a de plus singulier, chaque île a une théogonie séparée. Le lecteur doit comparer ce que nous allons dire avec les observations sur cette matière insérées dans le premier Voyage du capitaine Cook.

« Toutavaï commença par nous apprendre que sur chaque île de ce groupe, on donne un nom différent au Dieu suprême, créateur de la terre et du ciel; et, voulant s'exprimer plus clairement, il ajouta que sur chaque île on croit à des divinités différentes, parmi lesquelles il en est une, reconnue de toutes, qui tient le premier rang. O-Marrào a créé la mer; O-Maoui, dieu puissant, qui produit les tremblemens de terre, à créé le soleil. La divinité qui réside dans cet astre, et qui le gouverne, se nomme Toutoumo-Hororriri : ils lui donnent une très belle forme et des cheveux qui lui descendent jusqu'aux pieds. Ils assurent que les morts vont partager son habitation, et que là ils mangent continuellement du fruit à pain et du porc qui n'ont pas besoin d'être préparés au feu. Ils croient que chaque homme a au-dedans de lui un être séparé appelé Ti, qui agit d'après l'impression des sens, et qui, de ses conceptions, forme des pensées (1). Cet être, qui ressemble à l'âme, existe après la mort, et habite les images de bois placées autour des cimetières, auxquelles ils donnent le nom de Ti. Ainsi, la croyance d'une vie à venir, et l'union de l'esprit et de la matière, sont répandues jusque sur les îles les plus éloignées. Nous n'avons pas pu découvrir s'il admettent des récompenses ou des châtimens dans l'autre monde; mais il est probable que ces idées ne sont point étrangères à une nation dont la civilisation est aussi avancée que celle de Taïti.

---

(1) Les naturels donnent aux pensées le nom de *paroù no te obou*, ce qui signifie littéralement, *paroles dans le ventre*.

« La lune, suivant eux, a été créée par une divinité femelle nommée O-Hienna, qui gouverne aussi cette planète, et qui réside dans les taches ou les brouillards noirs. Les femmes chantent un couplet qui semble être un acte d'adoration à cette divinité : cet usage provient peut-être de ce qu'elles pensent qu'elle a de l'influence sur les infirmités périodiques de leur sexe.

Te-ouva no te malama,
Te-ouva te hinàrro.

Le brouillard en dedans de la lune,
Ce brouillard j'aime!

« On a lieu de supposer que, pour les Taïtiens, la déesse de la lune n'est pas la chaste Diane des anciens, mais plutôt l'Astarté des Phéniciens. Les étoiles ont été créées par une déesse appelée Tettou-Matarou; et les vents sont gouvernés par le dieu Orri-Orri.

« Outre ces grandes divinités, ils ont un nombre considérable de dieux inférieurs, dont quelques uns passent pour être méchans et pour tuer les hommes pendant leur sommeil. Le tahova-rohaï, ou le grand-prêtre de l'île, les adore publiquement dans les principaux moraïs. On adresse aux dieux bienfaisans des prières qu'on ne prononce pas à haute voix : nous ne remarquions ces prières qu'au mouvement des lèvres des insulaires. Le prêtre lève les yeux au ciel, et l'éatoua ou dieu est supposé descendre et converser avec lui sans être aperçu du peuple et sans être entendu de qui que ce soit, excepté du prêtre, qui, comme on voit, a soin de voiler la religion de mystères.

« On offre aux dieux des cochons, des volailles rôties et toute sorte de comestibles; mais on ne rend d'autre culte aux divinités inférieures, et surtout aux esprits malfaisans, qu'une espèce de sifflement. On croit que quelques uns habitent une certaine île déserte nommée *Mannoa*, où on les voit sous la figure d'hommes grands et forts qui ont des yeux farouches et qui dévorent ceux qui approchent de leur côte. Ceci fait peut-être allusion à l'anthropophagie, qui semble avoir existé jadis sur ces îles, comme je l'ai observé ailleurs.

« Certaines plantes sont consacrées particulièrement aux divinités. On trouve souvent près des moraïs, ou des temples, le casuarina, le palmier et le bananier, ainsi qu'une espèce de *cratæva*, sorte de poivre, l'*hibiscus populneus*, la *dracœna terminalis*, et le *calophillum*, qui tous passent pour des signes de paix et d'amitié. Des oiseaux, tels que le héron, le martin-pêcheur et le coucou, sont aussi consacrés à la divinité; mais j'ai déjà observé que tous les insulaires n'ont pas une égale vénération pour eux; différentes îles donnent la préférence à différens oiseaux.

« Les prêtres conservent leurs places pendant leur vie, et leur dignité est héréditaire. Le grand-pontife de chaque île est toujours un éri qui jouit du premier rang après le roi. On les consulte dans la plupart des occasions importantes : on leur donne ce que le pays produit de meilleur, car ils ont trouvé le moyen de se rendre nécessaires ; un ou deux docteurs, ou tata-o-rerro, comme Toutavaï, qui savent la théogonie et la cosmogonie, et qui, à de certains temps, instruisent le peuple, habitent dans chaque canton. Les Indiens conservent ainsi leurs connaissances en géographie et en astronomie, et sur la division du temps. (1)

« Le nom de *tahova,* que les Taïtiens donnent aux prêtres, ne leur est pas particulier ; ils le donnent aussi aux personnes qui connaissent la propriété du petit nombre de plantes qu'ils emploient comme les remèdes de différentes maladies. La quantité de leurs remèdes n'est pas considérable, et leur médecine est très simple ; mais ils n'ont pas beaucoup de maladies, et elles ne sont point compliquées.

« Le 4 juin, dès le grand matin, j'ordonnai, dit Cook, de tout apprêter pour mettre à la voile. Le chef, Oréo, et toute sa famille vinrent à bord nous dire adieu pour la dernière fois ; ils étaient accompagnés d'Ouourou, l'éri de Hi ; de Boba, l'éri d'O-taha, et de plusieurs de leurs amis. Ils nous apportèrent tous des présens ; mais Ouourou en fit un beaucoup plus considérable que les autres, parce que c'était sa première et sa dernière visite. Ils me supplièrent de revenir les voir. Le chef, sa

(1) *Voyez*, à la suite de ce Voyage, les *Observations* de Forster père.

femme et sa fille, et surtout les deux femmes, pleurèrent presque sans interruption. Quand il fallut lever l'ancre, ils prirent congé de nous de la manière la plus affectueuse et la plus tendre. La dernière prière d'Oréo fut encore pour m'engager à revenir : quand il vit que je ne voulais pas le lui promettre, il demanda le nom de mon *moraï* ou du lieu où l'on m'enterrerait. Quelque étrange que fût cette question, je lui répondis aussitôt : *Stepney*, nom de la paroisse que j'habite à Londres. Il me supplia de le répéter plusieurs fois, jusqu'à ce qu'il le pût prononcer : alors cent bouches à la fois s'écrièrent *Stepney moraï no Touté; Stepney le tombeau de Cook*. Forster m'apprit ensuite qu'un homme, à terre, avait demandé la même chose; mais il fit une réponse différente et plus convenable, en disant qu'un marin ne savait pas où il serait enterré. Toutes les grandes familles de ces îles ont coutume d'avoir des cimetières particuliers qui passent, avec leurs biens, à leurs héritiers. Le *moraï* d'O-parri, à Taïti, pendant le règne de Toutaha, était appelé *moraï no Toutaha;* mais on le nomme aujourd'hui *moraï no O-tou*, comme on l'a déjà remarqué. Quelle plus grande preuve d'amitié ces insulaires pouvaient-ils nous donner, que de vouloir se souvenir de nous, lors même que nous ne serions plus? Nous leur avions répété souvent que nous les voyions pour la dernière fois : ils voulurent savoir dans quel endroit nos cendres iraient se joindre à celles de nos ancêtres.

« Comme je ne pouvais ni promettre, ni espérer qu'on enverrait de nouveaux vaisseaux visiter ces îles, Oedidi, notre fidèle compagnon, se décida à rester dans sa patrie; mais il nous quitta avec des regrets qui montraient bien son estime pour nous; rien ne put l'y déterminer que la crainte de ne jamais revoir son pays. Quand le chef me pressait avec tant d'instance de revenir, je lui fis quelquefois des réponses qui lui laissaient un peu d'espérance. Oedidi, à l'instant, me tirait de côté, et se faisait répéter ce que je venais de dire. Lorsqu'il fallut nous séparer, il courut de chambre en chambre pour embrasser tout le monde.

« Je ne puis pas décrire les angoisses qui remplirent l'âme de ce jeune homme quand il s'en alla: il regarda le vaisseau, il fondit en larmes, et se coucha de désespoir au fond de la pirogue. En sortant des récifs, nous le vîmes encore qui étendait ses bras vers nous.

« Au moment où il sortit du vaisseau, il me demanda *tatou parou*, quelque chose qu'il pût montrer aux commandans des autres bâtimens qui, dans la suite, relâcheraient sur son île; j'y consentis, je lui donnai un certificat du temps qu'il avait été avec nous, et je le recommandai à ceux qui toucheront ici par la suite.

« En abordant sur ces îles la première fois, j'avais envie de visiter la fameuse Bolabola de Topia; mais comme j'avais pris à bord assez de rafraîchissemens de toute espèce, et que la route que je projetais exigeait tout mon temps, je renonçai à ce dessein, et je cinglai à l'ouest, faisant nos adieux à ces îles fortunées où la nature a d'une main prodigue répandu ses faveurs.

« Avant de terminer la description de ces îles, il est nécessaire de dire tout ce que je sais sur le gouvernement d'Ouliétéa et d'O-taha. Oréo, dont on a parlé si souvent, est natif de Bolabola; mais il possède des ouenouas ou des terres à Ouliétéa, qu'il a acquises, je pense, par la conquête, ainsi que plusieurs de ses compatriotes. Il réside sur cette dernière île comme lieutenant d'Opouny, qui semble jouir de l'autorité royale et de la suprême magistrature. Ouourou, qui est éri par droit héréditaire, ne semble plus posséder que le titre, et son propre ouenoua ou district, dans lequel, je crois, il est souverain. J'ai toujours vu Oréo lui montrer le respect dû à son rang; il était charmé quand il s'apercevait que je le distinguais des autres.

« O-taha, autant que j'ai pu le découvrir, est gouvernée de la même manière : Boha et Oto sont les deux chefs. Je n'ai point vu le dernier. Boha est jeune, robuste et bien fait; l'on m'a dit qu'après la mort d'Opouny, monarque actuel, il doit épouser sa fille, et que ce mariage lui donnera l'autorité royale; de façon qu'il semble qu'une femme qui peut être revêtue de la dignité royale, ne peut cependant pas exercer le pouvoir souverain. Je crois que la conquête de ces îles n'a procuré à Opouny d'autres avantages qu'un moyen de récompenser ses nobles, qui en effet se sont emparés de la meilleure partie des terres. Il ne paraît pas qu'il ait exigé aucune des marchandises, outils, etc., que nous avons laissés en si grand nombre. Oedidi m'a fait plusieurs fois l'énumération de toutes les haches et des clous que possède Opouny; à peine en a-t-il autant qu'il en avait lorsque je le vis en 1769. Quelque vieux que soit ce fameux insulaire, il ne passe point ses derniers jours dans l'indolence. Quand nous arrivâmes ici pour la première fois, il était à Maouroua; bientôt après il retourna à Bolabola, et l'on nous dit cette dernière fois qu'il était allé à Toubi.

« Les six semaines que nous venions de passer à Taïti et aux îles de la Société avaient dissipé toutes les maladies bilieuses et scorbutiques; mais la moitié de l'équipage était attaquée du mal vénérien. D'après nos conversations avec Oedidi sur ses ravages, nous avons les plus fortes raisons de croire qu'il existait à Taïti et aux îles de la Société avant l'arrivée du capitaine Wallis en 1768. Oedidi nous a souvent assuré que, plusieurs années auparavant, sa mère était morte de cette maladie à Bolabola. On a fait, dans tous les pays, de bien mauvais raisonnemens sur l'origine de cette peste; on a maudit les Espagnols pendant près de trois siècles, pour l'avoir apportée d'Amérique, et il est prouvé, d'une manière incontestable, qu'elle a commencé en Europe lorsque l'Amérique n'était pas encore découverte (1). Les privautés de l'équipage avec les femmes de Tongatabou et des Marquésas, et leurs liaisons très intimes avec les trompeuses habitantes de l'île de Pâques, n'eurent aucun effet funeste. On peut en conclure que l'infection n'a pas encore éclaté sur ces îles; mais ces conséquences ne sont pas toujours justes; car le capitaine Wallis quitta Taïti sans avoir à bord un seul vénérien, et la maladie y était pourtant avant son débarquement. Il est sûr que les Nouveaux-Zélandais en étaient déjà attaqués lorsqu'ils ne connaissaient pas les Européens.

« Le 16 juin, on découvrit un groupe de cinq ou six îlots couverts de bois et liés ensemble par des bancs de sable et des brisans entourés d'un récif qui ne présente aucune passe : au milieu, on aperçut une lagune. Nous rangeâmes les côtes de l'ouest et du nord-ouest l'espace d'environ deux lieues, et si près du rivage, que nous vîmes quelquefois les roches sous le vaisseau; cependant nous ne trouvâmes pas un lieu propre à l'ancrage; l'on ne distingua aucun vestige d'habitans; on vit une grande quantité d'oiseaux. La côte paraît être fort poissonneuse. La position de cette île est à peu près

---

(1) Voyez *Petr. Martyr. ab Angleria Decad. American.* — *Dissertation sur l'origine de la maladie vénérienne*, par M. *Sanchez*. Paris, 1752. — *Examen historique sur l'apparition de la maladie vénérienne en Europe*. Lisbonne, 1774. — Le docteur *Hunter*, dans les *Transactions philosophiques*, et d'autres.

celle que M. Dalrymple donne à la Sagittaria, découverte par Quiros; mais nous n'avons rien remarqué qui fût d'accord avec la description du navigateur espagnol. En conséquence, je l'ai regardée comme une nouvelle découverte, et je l'ai nommée l'*île Palmerston*, en l'honneur du lord Palmerston, un des lords de l'amirauté. Elle est située par 18° 4′ de latitude sud, et par 163° 10′ de longitude ouest.

« Le 21, à la pointe du jour, nous nous approchâmes d'une autre île, dont nous rangeâmes la côte occidentale à la distance d'un mille, jusqu'à près de midi.

« Elle paraissait escarpée et remplie de roches; on découvrait seulement à leur pied une grève sablonneuse et étroite : elle était presque de niveau partout. Nous aperçûmes sur le rivage sept ou huit Indiens nus, et qui paraissaient d'une couleur noirâtre; quelque chose de blanc enveloppait leur tête et leurs reins; chacun d'eux avait une pique, une massue ou une pagaie à sa main. Nous observâmes des pirogues halées sur le rivage, dans les fentes que les rochers laissaient entre eux.

« La descente nous paraissant facile, je fis mettre deux canots dehors, dans l'un desquels je m'embarquai avec quelques officiers, MM. Forster, le docteur Sparrman et M. Hodges. Comme nous approchions de la grève, les insulaires qui étaient sur les rochers se retirèrent dans le bois; nous conjecturâmes qu'ils venaient à notre rencontre, ce qui était vrai : nous débarquâmes dans une petite crique sans aucun obstacle ; et, pour éviter une surprise, nous prîmes poste sur un rocher élevé, où, après avoir arboré notre pavillon, M. Forster et ses compagnons se mirent à herboriser.

« Nous ne vîmes que des rochers de corail escarpés, et revêtus de petites plantes qu'on trouve partout sur les îles basses. Nous y aperçûmes cependant de nouvelles espèces qui croissaient, ainsi que les autres, dans les crevasses du corail, où il ne se trouvait pas une seule particule de terre. Des corlieux, des bécassines et des hérons pareils à ceux de Taïti, frappèrent aussi nos regards.

« La côte était si couverte d'arbres, de broussailles, de plantes, de pierres, etc., que nous ne pouvions pas voir à cent cinquante pieds autour de nous. Prenant avec moi deux de mes officiers, j'entrai dans un sentier qui conduisait dans les bois : à peine eûmes-nous fait quelques pas, que nous entendîmes les Indiens s'avancer. Nous nous retirâmes sur notre premier poste, et je criai à M. Forster, qui était à environ deux cents pieds de la mer, d'en faire autant. Comme nous y arrivions, les insulaires parurent à l'entrée du sentier, à la distance d'un jet de pierre. Nous leur fîmes des signes d'amitié; mais ils n'y répondirent que par des menaces : l'un d'eux s'étant approché à cent cinquante pieds de nous, lança une pierre qui atteignit M. Sparrman au bras : deux coups de fusil furent alors tirés sans ordre, et à cette décharge les insulaires rentrèrent dans la forêt pour ne plus se montrer.

« Un des champions qui vinrent nous braver, observe Forster, était noirci jusqu'à la ceinture ; sa tête était ornée de plumes placées debout; il tenait une pique à la main : on entendait par-derrière des Indiens qui parlaient et qui poussaient des cris. Il fut ensuite joint par un jeune homme sans barbe, noirci comme lui, et qui portait un long arc, pareil à ceux de Tongatabou. C'est ce jeune homme qui jeta la pierre : le docteur Sparrman, dans le premier mouvement de douleur et de colère, lui lâcha son coup de fusil qui heureusement ne parut pas le blesser.

« Quoique repoussés par les insulaires, nous ne manquâmes pas de faire la vaine cérémonie de prendre possession de leur île.

« Après avoir fait quelques milles dans notre canot, sans découvrir un seul habitant et sans trouver un mouillage, nous atteignîmes une plage sur laquelle étaient quatre pirogues. Nous y descendîmes dans une petite anse formée par des rochers à fleur d'eau. Notre dessein était d'examiner les pirogues, et d'y laisser quelques grains de verroterie, car on ne voyait pas un insulaire. Mais cette descente pouvait être encore plus dangereuse que la précédente. Le rivage est ceint d'un rocher, derrière lequel s'étend une plage étroite et pierreuse, terminée par une colline escarpée, d'inégale hauteur, et dont le sommet est couvert de broussailles : deux fentes profondes et étroites, pratiquées dans l'escarpement, semblent ouvrir une communication avec l'intérieur. C'était à l'entrée d'une de ces fentes que se trouvaient les quatre pirogues. Je remarquai qu'en allant les examiner, nous serions exposés à une attaque des insulaires, s'il s'en trouvait dans ce canton, et que la place serait peu propre à nous défendre. Pour prévenir ce désavantage, et nous assurer une retraite, je plaçai un détachement sur le rocher d'où il découvrait les hauteurs, et je m'avançai avec quatre de nos messieurs vers les pirogues.

« Ces bâtimens avaient de forts balanciers; ils contenaient des nattes grossières, des lignes de pêche, des piques et des morceaux de bois qui semblaient avoir servi aux insulaires de flambeaux pendant leurs pêches nocturnes. Tandis que je remplissais ces pirogues de présens, on aperçut une troupe de naturels qui sortaient de la crevasse entre les roches : nous nous retirâmes quelques pas en arrière. Deux de ces Indiens, parés avec des plumes, et noircis comme ceux dont on a déjà parlé, s'avancèrent en poussant des cris furieux et en agitant leurs piques.

« Tous nos efforts pour les amener à une conférence furent inutiles. Les autres montraient une férocité terrible, et décochèrent leurs traits sur nous. Une légère fusillade n'empêcha pas l'un d'entre eux de venir plus près, et de lancer une javeline qui me rasa l'épaule. Une seconde javeline effleura la cuisse de M. Forster fils, et teignit de noir son habit. Le courage de cet insulaire lui aurait coûté la vie si mon fusil eût pris feu, car je n'étais pas à plus de cinq pas de lui quand il fit partir sa javeline, et je l'aurais tué pour ma propre défense. Je fus ensuite bien aise que l'amorce n'eût pas brûlé. Dans le moment de l'attaque, nos gens qui occupaient le rocher, firent feu sur d'autres Indiens qui se montraient sur les hauteurs; ce qui ralentit l'ardeur de ceux que nous avions en tête, et nous donna le temps de regagner ce poste, où j'ordonnai qu'on cessât le feu. La dernière décharge dispersa tous les insulaires dans le bois; ils ne reparurent plus tant que nous demeurâmes en cet endroit. Nous ne sûmes point s'il y en eut de tués ou de blessés. L'un d'eux seulement poussait un hurlement douloureux qui annonçait une forte blessure.

« La conduite et l'air farouche des habitans de cette terre m'engagèrent à la nommer *l'île Sauvage*. Sa position est par les 19° 1′ de latitude sud, et par 169° 37′ de longitude ouest. Elle a environ onze lieues de tour : sa forme est circulaire; ses terres sont élevées d'environ quarante pieds, et la mer, près du rivage a beaucoup de profondeur. Toute la côte est entièrement couverte d'arbres et d'arbustes, entre lesquels s'élèvent quelques cocotiers; mais nous n'avons pas été à portée de reconnaître les productions de l'intérieur. Elles ne doivent pas être fort considérables, à en juger par ce que nous vîmes sur les bords; car nous n'y aperçûmes que des rochers de corail remplis d'arbres et d'arbustes. On n'y voit pas un seul coin de terre, et les arbres pompent dans l'intérieur des rochers l'humidité qui leur est nécessaire. Si ces rochers de corail ont d'abord été formés dans la mer par les animaux, comment ont-ils été portés à une si grande hauteur? Cette île s'est-elle élevée par un tremblement de terre? ou bien les eaux l'ont-elles peu à peu laissée à sec? Des philosophes ont essayé d'expliquer la formation des îles basses qu'on rencontre dans cette mer; mais ils n'ont rien dit de ces îles hautes que j'ai souvent eu occasion de décrire. Dans celle-ci, ce n'est pas seulement les roches éparses qui couvrent sa surface, qui sont de corail; mais toute la côte n'offre aux yeux qu'une masse solide de rochers de corail escarpés, où le battement continuel des flots a creusé différentes cavernes très curieuses, et dont quelques unes sont d'une étendue considérable. Les voûtes de ces cavernes se trouvent soutenues par des colonnes auxquelles les vagues, en se brisant, ont donné les formes les plus variées. Une de ces cavernes était éclairée par le jour qu'elle recevait d'une ouverture dans la voûte : dans une autre, la voûte, qui s'était détachée, avait produit par sa chute une grande vallée bien plus basse que les rochers qui l'entouraient.

« Je ne puis dire d'ailleurs que très peu de chose des habitans, qui, je crois, ne sont pas nombreux: ils paraissent agiles, dispos, et d'une assez belle stature. Tous vont nus, à l'exception d'une ceinture qu'ils portent autour des reins. Quelques uns avaient le visage, la poitrine et les cuisses peints d'un bleu foncé. Les pirogues que nous observâmes, construites comme celles de Tongatabou, avaient de plus une espèce de plat-bord qui s'élevait un peu de chaque côté; les bas-reliefs dont elles étaient décorées annoncent que ces peuples ne sont pas sans industrie. L'aspect de ces insulaires et de leurs pirogues s'accorde assez avec la description que nous a donnée Bougainville de l'île des Navigateurs, située à peu près sous le même parallèle.

« Les jours suivans, nous aperçûmes un grand nombre d'autres îles d'une petite étendue, et environnées d'une multitude de rochers. Le 25, quelques pirogues, montées chacune par deux ou trois hommes, s'avancèrent hardiment le long du vaisseau; elles avaient à bord des fruits et du poisson, qu'elles échangèrent pour de petits clous.

« Ces Indiens nous apprirent les noms de toutes les îles des environs. Ils nous montrèrent aussi Anamocka ou Rotterdam, et nous invitèrent à nous rendre dans la leur, qu'ils appellent *Cornango*. Le vent commençait à fraîchir; nous les laissâmes de l'arrière, et je gouvernai sur Anamocka.

« Comme nous approchions de la côte méridionale d'Anamocka, une foule de pirogues vinrent à notre rencontre des différentes îles voisines : elles étaient toutes chargées de fruits, de racines et de cochons; mais ne jugeant pas à propos de diminuer de voile, il se fit peu d'échanges. Une de ces pirogues me demanda par mon nom; preuve que ces insulaires commercent avec ceux de Tongatabou. Ils nous pressèrent beaucoup de relâcher sur leur côte, en nous faisant entendre que nous y trouverions un excellent mouillage. Cette côte, qui est au sud-ouest de l'île, paraît être à l'abri des vents du sud et du sud-est; mais le jour était déjà trop avancé, et je pouvais d'autant moins faire voile vers le rivage, qu'il aurait d'abord fallu envoyer un canot pour le reconnaître. Je m'approchai donc de la côte du nord, où je mouillai à la distance de trois quarts de mille du rivage.

« La côte s'élevait perpendiculairement de quinze à vingt pieds; ensuite elle paraissait presque plate; on ne voyait qu'un seul mondrain près du centre : elle ressemblait à celle de l'île Sauvage; mais les bois paraissaient plus touffus et plus fertiles. Une quantité innombrable de cocotiers ornaient cette terre de toutes parts.

« Le 26 juin, le vaisseau était à peine assuré sur ses ancres, que nous vîmes arriver des pirogues de toutes les parties de l'île : elles apportaient des ignames et du poisson, qu'elles échangèrent pour de petits clous et de vieux morceaux d'étoffe. Un de ces Indiens se saisit de la sonde; et, malgré toutes les menaces que put lui faire Cook, il eut la hardiesse de couper la ligne. On tira sur sa pirogue un coup de mousquet chargé à balle; il se retira tranquillement de l'autre côté du vaisseau : on lui redemanda le plomb une seconde fois, mais en vain. On tira dessus lui à plomb; et quand il se sentit blessé, il rama à l'avant du vaisseau, où pendait une corde à laquelle il attacha la sonde. Ses compatriotes, peu contens de cette restitution, le chassèrent de sa pirogue et le contraignirent de s'enfuir à terre à la nage. Parmi différentes choses qu'ils nous vendirent, il y avait des poules-sultanes en vie, un très beau *sparus* tout apprêté et servi sur des feuilles, et une racine bouillie, qui enfermait une pulpe très nourrissante, aussi douce que si elle avait été cuite dans du sucre. Tout ce que nous apercevions nous rappelait Tongatabou : comme cette île est à peu de distance d'Anamocka, ces insulaires avaient probablement appris que nous y étions arrivés au mois d'octobre 1773.

« Entre autres marques d'hospitalité qu'on donna au capitaine Cook, une des plus belles femmes de l'île lui fit une offre qu'il n'accepta pas. On défendit aux personnes infectées ou guéries depuis peu de la maladie vénérienne d'aller à terre, et on défendit aussi d'admettre aucune femme dans le vaisseau. Un grand nombre d'Indiennes, qui vinrent sur des pirogues, semblaient fort empressées de faire connaissance avec les matelots; mais après avoir pagayé quelque temps autour du vaisseau, comme on ne voulut pas les recevoir, elles s'en retournèrent très mécontentes.

« Le capitaine ayant monté la chaloupe, ordonna à un canot de nous suivre avec les pièces à l'eau, pour les remplir; les Indiens nous aidèrent à conduire ces futailles à l'aiguade et à les ramener. Un clou et un grain de verroterie étaient le prix de ce petit service : ils nous apportèrent des fruits et des racines en si grande abondance, que la chaloupe et un canot en emportèrent leur charge, et revinrent en prendre une autre dans la matinée, pendant qu'un autre canot remplissait tous les tonneaux.

« Les bananes et les cocos étaient rares en proportion des pamplemouses et des ignames : le fruit à pain était encore plus rare, quoique les arbres qui donnent ces trois fruits fussent très nombreux. Les hommes n'avaient pour vêtement qu'une petite ceinture autour des reins; quelques uns cependant, ainsi que la plupart des femmes, portaient une étoffe d'écorce peinte, très roide, ou des nattes qui leur descendaient du bas du dos à la cheville du pied.

« Les cris de tous ceux qui avaient quelque chose à vendre devinrent si forts à notre débarquement sur la côte, que nous nous hâtâmes de pénétrer dans l'intérieur du pays, dont l'aspect était singulièrement attrayant : des plantes variées couvraient le terrain avec profusion, et les plantations de toute espèce faisaient de cette île un charmant jardin; les haies, qui arrêtaient notre vue à Tongatabou, beaucoup moins fréquentes ici, n'enfermaient qu'un côté du sentier, et laissaient l'autre découvert à l'œil. Le terrain, qui n'était pas parfaitement de niveau, s'élevait en plusieurs petits mondrains, environnés de haies et de buissons, formant une très agréable perspective. Le chemin que nous suivions passait quelquefois sous de longues allées d'arbres élevés, plantés à des distances considérables les uns des autres, et dans l'intervalle, la plus riche verdure tapissait le terrain : d'autres fois, un berceau touffu d'arbustes odorans se prolongeait sur nos têtes, et nous cachait entièrement le soleil : on apercevait çà et là un mélange de plantations et de terres en friche. Les maisons des insulaires étaient d'une forme singulière; elles avaient à peine huit ou neuf pieds de haut; les parois, proprement faites de roseaux, qui loin d'être perpendiculaires convergeaient beaucoup vers le fond, ne s'élevaient pas à plus de trois ou quatre pieds de hauteur : le toit formait un faîte au sommet; de sorte que le corps de la maison ressemblait à un pentagone : elle était couverte de branchages, et le toit faisait une saillie au-delà des parois de la maison disposées en pente sur un des longs côtés; à quinze à dix-huit pouces de terre, se trouvait une ouverture d'environ deux pieds en carré, qui tenait lieu de porte. La longueur de l'habitation ne surpassait jamais trente pieds, et la largeur était communément de huit ou neuf. De grosses racines d'igname, qui semblent être la principale nourriture des insulaires, remplissaient toujours l'intérieur : cette espèce de lit doit être assez dure, et cependant, pour dormir la nuit, ils se contentent d'étendre quelques nattes pardessus. Les petites selles sur lesquelles les Taïtiens appuient leurs têtes, sont très communes ici, et servent au même usage. Nous observâmes aussi plusieurs hangars ouverts, soutenus par des poteaux, pareils à ceux que nous avions vus à Tongatabou. Le sol de ceux-ci était couvert de nattes, et nous les crûmes destinés à être occupés pendant le jour.

« Dans notre course, nous passâmes à côté d'un grand nombre de ces habitations; mais nous vîmes peu d'habitans : la plupart étaient à notre marché. Tous ceux que nous rencontrâmes nous traitèrent poliment; ils inclinaient leurs têtes, disant *lelei* (bon), *ouoa* (ami), ou bien ils employaient d'autres expressions qui annonçaient leur bon caractère et leurs dispositions amicales à notre égard. Ils nous servaient de guides; ils allaient nous cueillir des fleurs au haut des plus grands arbres, et nous chercher des oiseaux au milieu de l'eau; ils nous montraient souvent les plus belles plantes, dont ils nous apprenaient les noms. Si nous leur en faisions voir une dont nous voulions emporter des échantillons, ils couraient en chercher fort loin; ils nous offraient avec empressement des cocos et des pamplemouses, et ils portaient avec joie de gros fardeaux pour nous : un clou, un grain de verroterie, ou un mauvais morceau d'étoffe, leur paraissaient une récompense précieuse; en un mot, dans toutes les occasions, ils étaient disposés à nous obliger.

« Durant notre promenade, nous atteignîmes une grande lagune d'eau salée à l'extrémité septentrionale de l'île : ce lac qui, en un endroit, n'était séparé de la mer que de quelques pieds, avait environ trois milles de long et un de large; trois petites îles, remplies d'arbres disposés d'une manière pittoresque, ornaient cette belle pièce d'eau, dont les bords attiraient sans cesse les regards. Le paysage, réfléchi sur les ondes, accroissait encore les délices de cette scène; nous en jouîmes tout à loisir, du haut d'une éminence, où des arbres élevés et des arbustes épais nous mettaient à l'abri du soleil.

« Je n'avais point vu d'île qui offrît une aussi grande variété de sites dans un si petit espace, et nous n'avons trouvé nulle part autant de jolies fleurs; leur doux parfum embaumait l'air; le lac était rempli de canards sauvages, les bois et les côtes abondaient en pigeons, perroquets, râles et petits oiseaux : les naturels nous en vendirent plusieurs.

« Les personnes qui étaient restées à bord avaient acheté beaucoup de provisions; toute la poupe était chargée de pamplemouses d'une excellente saveur, et d'une si prodigieuse quantité d'ignames, que nous en mangeâmes chaque jour, durant plusieurs semaines, en place de biscuit. Quelques Indiens, qui étaient venus des îles voisines sur de grandes pirogues doubles, avaient aussi vendu des armes et des ustensiles.

« M. Patten, notre chirurgien, ayant engagé un naturel à le suivre pour quelques grains de verroterie, erra sans crainte dans une grande partie de l'île. Après avoir fait une bonne chasse, il pensa à revenir à l'anse sablonneuse; l'insulaire portait onze canards. Trouvant les canots partis, il fut un peu déconcerté : une foule nombreuse le pressa de toutes parts; il se rendit comme il put sur la côte vis-à-vis du vaisseau, d'où nous l'aperçûmes pendant le dîner. Chemin faisant, l'homme qui était chargé des canards en laissait tomber à dessein quelques uns; mais M. Patten se retournait pour les ramasser; la foule l'entourant alors de plus près, le menaça de piques dentelées; il n'y eut que la crainte du fusil qui imposa aux insulaires. Plusieurs femmes, assises près des hommes, s'efforçaient, par mille gestes lascifs et par mille postures immodestes, de détourner son attention; mais sa situation était trop critique pour se laisser ainsi séduire. Quelque temps après, une pirogue arriva du vaisseau, et M. Patten promit un clou au propriétaire de ce bâtiment, s'il voulait le conduire à bord de *la Résolution.* Le marché se conclut et au moment où il entrait sur le canot, les naturels lui arrachèrent son fusil, lui prirent tous ses canards, excepté trois; l'empêchèrent de partir, et même renvoyèrent la pirogue : fort effrayé, il résolut de se rendre une seconde fois au sommet d'un rocher, où il croyait qu'il serait vu plus aisément du vaisseau. L'audace des Indiens s'accroissant à chaque instant, ils le dépouillèrent. Il se laissa tranquillement enlever sa cravate et son mouchoir; mais voyant qu'ils saisissaient ses habits avec violence, et qu'ils lui faisaient des gestes très menaçans, il désespéra de sa vie. Il est difficile de se représenter son inquiétude et ses angoisses. Il chercha dans toutes ses poches un couteau ou un autre instrument avec lequel il pût du moins se défendre, ou se venger en mourant. Il n'avait qu'un mauvais étui de cure-dents : il l'ouvrit, et le présenta avec assurance à ces brigands qui, voyant qu'il était creux, reculèrent de deux ou trois pas; il continua à les intimider avec cette arme formidable. Ces misérables tenaient cependant toujours leurs piques levées contre lui. Comme le soleil dardait ses rayons sur sa tête, et qu'il avait marché tout le jour, il était épuisé de fatigue, et il commençait à désespérer de sa vie, lorsqu'une jeune femme très belle, remarquable par de longs cheveux qui flottaient en boucles sur son sein, eut pitié de lui : elle s'avança hardiment du milieu de la foule; l'humanité et la compassion étaient peintes dans ses yeux; son visage annonçait tellement l'innocence et la bonté, qu'il fut impossible à M. Patten de se défier d'elle; elle lui offrit un morceau de pamplemouse, qu'il accepta avec empressement et avec beaucoup de reconnaissance; et quand il eut mangé ce premier morceau, elle lui en donna d'autres. Enfin deux canots se détachèrent du vaisseau. A cette vue toute la foule se dispersa. La généreuse Indienne et un vieillard, qui était son père, restèrent assis près du chirurgien, avec la tranquillité qu'inspire une conduite noble et vertueuse. Elle demanda le nom de son ami; il lui dit celui que les Taïtiens lui avaient donné, Patini. Elle l'adopta sur-le-champ, en le changeant en Patsini. M. Patten, entrant dans le canot, fit présent à cette femme et à son père de divers objets qu'il emprunta de l'équipage.

« Dès que le capitaine fut instruit de cet événement, il descendit à terre dans ce même lieu. A son approche, quelques insulaires se retirèrent en hâte. Il trouva sur les bords de l'anse nos officiers, avec un grand nombre d'Indiens. On n'avait fait aucune démarche pour recouvrer le mousquet; il crut devoir dissimuler, et en cela il convint qu'il eut réellement tort. La facilité que les insulaires avaient eue de se saisir de cette arme, qu'ils croyaient bien sûrement en leur possession, les encouragea à de nouvelles tentatives. L'alarme que ce vol avait répandue s'étant dissipée, ils apportèrent assez de provisions pour nous mettre en état de retourner à bord avant la nuit avec nos bateaux bien chargés.

« Les naturels firent, dès le même jour, d'autres petits vols : ils ne paraissaient pas moins filous que les habitans de Tongatabou et des îles de la Société.

« Le 28, de très bonne heure, le second canot, aux ordres du lieutenant Clerke et du maître, débarqua pour faire de l'eau. Les insulaires, qui s'étaient rassemblés, se conduisirent avec si peu de ménagement, que l'officier ne savait trop s'il devait descendre les futailles; mais, comptant sur mon arrivée, il s'y hasarda. Ce ne fut pas sans beaucoup de rumeur qu'on parvint à les remplir et à les charger. Pendant ce travail, les Indiens ôtèrent au lieutenant son fusil et l'emportèrent; ils prirent aussi quelques outils du tonnelier, et enlevèrent aux autres ce qui se trouva sous leurs mains; ils commirent tout ces vols furtivement, et sans employer la force ouverte. Je débarquai, ajoute Cook, au moment que ce canot allait retourner à bord; les naturels, en grand nombre sur la plage, me voyant arriver, prirent la fuite. Je soupçonnai une partie de ce qui était arrivé; cependant j'en engageai plusieurs à demeurer, et mon lieutenant m'informa de toute l'affaire : je résolus aussitôt de les forcer à la restitution. Dans ce dessein, je donnai ordre de faire débarquer tous les soldats de marine armés, et de tirer du vaisseau deux ou trois coups de canon, pour avertir M. Forster qui se trouvait dans l'intérieur de l'île avec plusieurs autres personnes; car je ne savais pas comment les insulaires se conduiraient dans cette occasion. Je renvoyai ensuite tous les canots, et je ne gardai que la chaloupe, avec laquelle je restai au milieu d'un grand nombre d'habitans qui montraient à mon égard les dispositions les plus amicales. Je les persuadai si bien de mon intention, que long-temps avant l'arrivée des soldats de marine, on avait rapporté le fusil de M. Clerke; mais ils me firent plusieurs instances pour que je n'insistasse pas sur le reste. L'arrivée de M. Edgecumbe avec les soldats de marine causa aux insulaires qui étaient présens une crainte si vive, que quelques uns s'enfuirent. Je fis d'abord saisir deux grandes pirogues doubles qui étaient dans l'anse. Un Indien voulut résister : je tirai sur lui à dragées, et je l'obligeai à se retirer en boitant; les insulaires, alors convaincus que l'affaire était sérieuse, prirent tous la fuite : je les rappelai, et plusieurs revinrent avec confiance. Cet acte de sévérité eut tout l'effet que j'en attendais; le second mousquet fut incessamment rendu. J'ordonnai à l'instant qu'on relâchât les pirogues, afin de leur apprendre par quels motifs on les avait arrêtées; le reste de ce qu'ils avaient volé étant d'une mince valeur, je ne poussai pas plus loin les recherches. Dans cet intervalle, le second canot était revenu à l'aiguade, et nous remplîmes nos futailles sans que les Indiens osassent s'en approcher, à l'exception d'un seul qui, dans tout ceci, avait hautement désapprouvé la conduite des autres.

« En revenant de l'aiguade, je trouvai beaucoup d'Indiens rassemblés près de l'anse; ce qui fit conjecturer à quelques uns de mes officiers que l'homme à qui j'avais tiré un coup de fusil était mort ou mourant. Cette conjecture me paraissait très peu vraisemblable; je m'adressai à un naturel, qui semblait jouir d'une certaine considération, pour nous faire rendre l'herminette du tonnelier, perdue dans la matinée. Aussitôt il détacha deux hommes, et je crus que c'était pour nous la rapporter : mais je reconnus que nous ne nous étions pas entendus; car, au lieu de l'herminette, on me présenta l'homme que j'avais blessé et qu'ils avaient couché sur une planche. Le voyant étendu à mes pieds avec toutes les apparences de la mort, je fus ému de ce triste spectacle : j'observai cependant bientôt qu'il n'avait de blessure qu'à la main et à la cuisse. J'envoyai chercher le chirurgien pour visiter ses plaies et y appliquer un remède convenable; ensuite je parlai de l'herminette à différens insulaires, car j'étais résolu de me la faire rendre. Je questionnai en particulier une vieille Indienne, qui, depuis mon premier débarquement, avait toujours eu beaucoup de choses à me dire; dans cette occasion, elle donna une libre carrière à la volubilité de sa langue. Toute son éloquence était presque en pure perte : je compris seulement de sa harangue que je ne devais pas insister sur la restitution d'une chose de si peu de valeur. S'apercevant que j'y étais déterminé, elle se retira avec trois ou quatre autres femmes, et, l'instant d'après, l'herminette me fut rapportée, mais la vieille ne reparut plus. J'en fus fâché; car je voulais lui faire un présent, pour la récompenser de l'intérêt qu'elle avait pris à toutes nos affaires générales et particulières. La première fois que j'étais venu à terre pour reconnaître l'aiguade, cette vieille m'avait présenté une fille, en me faisant entendre qu'elle était à mon service. La jeune miss, qui avait probablement reçu ses instructions, exigeait pour préliminaire un grand clou ou une chemise. Je lui dis par signes que je n'avais rien à lui donner, espérant par là m'en débarrasser; mais je me trompais fort, et la vieille m'assura que je pouvais disposer de la jeune personne, et remettre à une autre fois ma reconnaissance. Sur mon refus, la vieille s'emporta et se mit à m'injurier. Je comprenais peu ses discours; mais ses gestes avaient une expression qui annonçait assez le sens de ses paroles. Elle me disait avec un rire moqueur: « Quelle espèce d'homme êtes-« vous de rejeter ainsi les caresses d'une si jolie « fille? » Il est vrai que la jeune personne était d'une grande beauté; cependant j'aurais mieux résisté à ses charmes qu'aux invectives de la vieille, et je me hâtai de rentrer dans la chaloupe. La vieille me pressait encore de prendre la jeune fille à bord; mais cela était d'autant moins possible, qu'avant de quitter le vaisseau, j'avais expressément défendu d'y recevoir aucune femme, sous quelque prétexte que ce pût être, et cela pour des raisons que j'aurai bientôt occasion d'exposer.

« Aussitôt que le chirurgien fut à terre, il visita et pensa les plaies de l'Indien, à qui il fit une saignée; mais ayant demandé des bananes bien mûres pour les faire servir de cataplasme, au lieu de ces fruits, les insulaires lui apportèrent des cannes à sucre, dont ils tirèrent la pulpe, qu'ils lui présentèrent pour l'appliquer sur les plaies. Cette plante est plus balsamique que la banane; et ce fait semble supposer que ces peuples ont quelques connaissances des simples.

« On leur donna une bouteille d'eau-de-vie, en leur recommandant d'en laver la plaie, qui n'était pas dangereuse ; mais comme l'Indien avait été tiré à vingt-cinq ou trente pas, les chairs étaient déchirées, et il souffrait de grandes douleurs.

« Je fis ensuite un présent au blessé, que son maître, ou du moins celui qui réclamait la pirogue, prit probablement pour lui.

« Ces insulaires firent tout ce qu'ils purent pour regagner nos bonnes grâces : après avoir rendu le fusil et la hache, une femme d'un moyen âge, qui semblait jouir de beaucoup d'autorité, dépêcha dans l'intérieur du pays quelques uns de ses gens, qui rapportèrent la gibecière et le fusil de M. Patten.

« D'autres femmes, qui assistèrent au pansement de leur compatriote blessé, paraissaient fort empressées de rétablir la paix ; leurs timides regards nous reprochaient notre superbe et violente conduite. Elles s'assirent sur un joli gazon, et, formant un groupe de plus de cinquante, elles nous invitèrent à nous placer à leurs côtés : chacune d'elles avait des pamplemouses ; elles nous en donnèrent de petits morceaux, en nous prodiguant toutes les marques possibles de tendresse et d'affection. L'amie de M. Patten fut une des plus caressantes ; elle occupait un des premiers rangs parmi les beautés de l'île ; sa taille avait de la grâce, toute sa personne offrait les contours les mieux dessinés, les formes les mieux proportionnées : ses traits, parfaitement réguliers, étaient pleins de douceur et de charme; ses grands yeux noirs étincelaient de feu; son teint était plus blanc que celui du bas peuple, et elle portait une étoffe brune, qui lui serrait le corps au-dessous de la gorge, mais qui s'élargissait ensuite par en bas; ce vêtement lui allait peut-être mieux que la robe européenne la plus élégante.

« Dès que l'affaire fut arrangée, en apparence, à la satisfaction de tout le monde, nous retournâmes dîner à bord, où trouvant une quantité considérable de fruits et de racines, j'ordonnai qu'on se tînt prêt à mettre à la voile.

« Je fus alors informé d'une circonstance qu'on avait observée à bord. Les pirogues qui se trouvaient autour du vaisseau au moment où les canons firent feu, s'étaient toutes retirées, à l'exception d'une seule, dont le maître s'occupait à en vider l'eau. Au premier coup, il regarda la pièce d'artillerie, et, sans se déconcerter, il resta précisément sous la bouche du canon, et continua son ouvrage. Le second coup ne fit pas plus d'effet sur cet intrépide Indien; et ce ne fut qu'après avoir vidé l'eau de sa pirogue qu'il se retira sans montrer de frayeur. On avait souvent vu ce même Indien prendre des fruits et des racines dans les autres pirogues, et nous les vendre; et si les propriétaires faisaient quelque difficulté de le laisser s'en emparer, il les emportait de force, ce qui le fit nommer par les gens du vaisseau le commis de la douane : un jour qu'il avait levé cette espèce de tribut, il se trouvait près d'une pirogue à voile : un de ceux qui montaient cette dernière, s'apercevant qu'il regardait d'un autre côté, saisit cette occasion de lui enlever quelque chose de sa pirogue, et partit en même temps à la voile. L'Indien s'aperçut du tour qu'on venait de lui jouer, et poursuivit cette pirogue; après l'avoir atteinte, il battit le voleur, et reprit, non seulement ce qu'on lui avait dérobé, mais il s'empara de plusieurs autres objets. Nous remarquâmes que ce même insulaire levait une espèce de dîme dans le marché qui se tenait au rivage. Le prenant un jour dans ce marché pour un homme d'importance, j'allais lui faire quelque présent, lorsque j'en fus empêché par un Indien, qui me dit que cet homme n'était point eriki, c'est-à-dire chef. Il avait toujours les cheveux poudrés d'une espèce de poudre blanche.

« Le calme ne nous permettant pas de partir cette après-midi, plusieurs personnes de l'équipage me suivirent à terre. Les insulaires se montrèrent si affables et si obligeans, que, si nous eussions fait dans cette île un plus long séjour, probablement nous n'aurions pas eu à nous plaindre davantage de leur conduite. Tandis que j'étais sur le rivage, j'appris les noms de vingt îles situées entre le nord-ouest et le nord-est, et dont quelques unes étaient en vue. Deux de celles qui sont le plus à l'ouest, savoir, Amattafoa et O-ghao, sont remarquables par la grande élévation de leurs terres. Les colonnes de fumée, que nous voyions continuellement s'élever du milieu d'Amattafoa, la plus occidentale des deux, nous firent conjecturer qu'elle renfermait un volcan. Au nord de celles-ci nous en aperçûmes trois autres.

« Le 30, dès la pointe du jour, nous dirigeâmes notre route sur Amattafoa. Le soleil avait à peine éclairé l'horizon, que des pirogues arrivèrent de toutes parts autour du vaisseau. Il se fit autant, et même plus d'échanges que la veille, car j'achetai d'une pirogue deux cochons, très rares dans ces cantons. Vers les quatre heures de l'après-midi, nous étions près d'Amattafoa, et nous passâmes entre cette île et O-ghao. Le canal qui les sépare est d'environ deux milles de largeur : on n'y trouve point de fond, et la navigation y est sûre.

« Durant toute cette journée, le sommet d'Amattafoa fut caché dans les nuages, de sorte que nous ne pûmes pas encore déterminer avec certitude s'il s'y trouve un volcan; mais tout semblait en confirmer l'existence. L'île a environ cinq lieues de tour. O-ghao a moins d'étendue, mais elle est plus ronde, et sa forme est celle d'un pain de sucre.

« Autour d'Anamocka, c'est-à-dire du nord-ouest au sud, en passant par le nord et l'est, il y a un grand nombre d'îlots, de bancs de sable et de brisans. Nous les vîmes s'étendre dans le nord à perte de vue, et il n'est pas impossible qu'ils se prolongent jusqu'au sud de Tongatabou. Ces îles, y compris Eouah et Pilstart, forment un groupe qui embrasse environ trois degrés en latitude et deux en longitude. L'amitié et l'alliance étroites qui semblent subsister entre leurs habitans, et leur conduite affable et honnête envers les étrangers, m'ont engagé à les nommer l'archipel ou *les îles des Amis*. Nous pourrions peut-être porter plus loin cet archipel, et y comprendre les îles Boscawen et Keppel, découvertes par le capitaine Wallis, et situées à peu près sous le même méridien, à la latitude de 15° 53′. Si je puis juger des habitans de ces deux îles d'après ce qu'on m'en a dit, leur caractère n'est pas moins pacifique que celui des Indiens de notre archipel.

« Les habitans, les productions, etc., d'Anamocka et des îles voisines, sont à peu près les mêmes qu'à Tongatabou. Les cochons et les volailles n'y sont pas moins rares. Nous ne pûmes nous y procurer que six cochons et très peu de poules. Nous en tirâmes des ignames et des pamplemousses en abondance, mais il n'était pas si facile d'y avoir d'autres fruits. La moitié de l'île n'y est pas, comme à Tongatabou, en plantations closes; mais le terrain ouvert y est cultivé et fertile. Cependant on rencontre plus de landes dans cette île, eu égard à son étendue, que dans l'autre. Les habitans paraissent aussi plus pauvres, c'est-à-dire qu'on y voit moins d'étoffes, moins de nattes, moins d'ornemens, etc., qui constituent la majeure partie des richesses des insulaires du grand Océan.

« Les naturels de cette île semblent plus sujets à la lèpre et aux autres maladies de la peau que partout ailleurs : leur visage est beaucoup plus affecté que le reste du corps. J'en ai vu plusieurs à qui la lèpre avait rongé le visage et fait tomber le nez.

« Nous ne vîmes dans cette île ni roi ni principal chef : aucun des insulaires ne nous parut avoir une autorité absolue sur les autres. L'Indien et la vieille dont j'ai parlé, et que je crus être mari et femme, s'intéressèrent en quelques occasions dans nos affaires, mais il était aisé de voir que leur crédit ne s'étendait pas loin. »

Forster termine ainsi la description de cette contrée : « L'archipel auquel nous avons donné le nom d'*îles des Amis*, semble habité par une race de peuples qui parlent le dialecte général du grand Océan, et qui ont tous le même caractère. En général, ces terres sont bien peuplées. Tongatabou est presque un jardin continu; Eouah, Anamocka, et les îles adjacentes paraissent les plus fertiles; et l'on ne fera pas un calcul exagéré en comptant deux cent mille âmes sur toutes ces îles. La salubrité du climat et des productions les préservent de ces maladies sans nombre dont nous sommes les victimes ; ils n'ont aucun besoin qu'ils ne puissent satisfaire. Ils ont fait, dans les arts et dans la musique, plus de progrès que les autres nations du grand Océan; ils passent leur temps d'une manière agréable, et ils recherchent les plaisirs de la société.

Ils sont actifs et industrieux; mais à l'égard des étrangers ils ont plus de politesse que de cordialité. Le goût particulier qu'ils ont pour le commerce pourrait faire croire qu'ils ont substitué cette civilité trompeuse à la place de la véritable amitié : ils semblent agir d'après les principes mercenaires et intéressés qu'inspire le commerce. Cette partie de leur caractère est directement opposée à celui des Taïtiens, qui se plaisent dans une vie indolente, mais dont les affections plus senties ne se bornent pas à de simples apparences. Cependant les îles de la Société offrent un grand nombre d'individus sensuels, tels que les arréoïs, dont le caractère moral paraît un peu dépravé; au lieu que les naturels des îles des Amis semblent ignorer les vices qui sont les fruits de l'opulence.

« Le 1er juillet 1774, au lever du soleil, nous avions encore la vue d'Amattafoa, à la distance de vingt lieues dans l'est. En continuant notre route à l'ouest, le lendemain à midi, nous découvrîmes dans le nord-ouest une terre que nous voulûmes visiter. A quatre heures après midi, des brisans, qui se montrèrent de l'avant, et qui paraissaient s'étendre au loin, nous empêchèrent de pousser plus loin la découverte : nous reconnûmes le lendemain, à la pointe du jour, que nous étions plus éloignés de la côte que nous ne l'avions imaginé; à onze heures j'arrivai sous le vent de l'île où l'ancrage et le débarquement paraissaient praticables. Afin de nous assurer du premier, j'envoyai un canot, aux ordres du maître, prendre les sondes: et, dans cet intervalle, nous courûmes des bordées.

« L'île semblait avoir deux petites collines d'une pente très douce, couvertes de bois; une extrémité se terminait en pointe plate, sur laquelle nous observâmes de jolis bocages de cocotiers et d'arbres fruitiers entremêlés de maisons; une belle grève de sable entourait la côte.

« Nous aperçûmes sur le récif qui borde l'île quatre ou cinq Indiens, et environ une quinzaine sur le rivage. A la vue du canot qui s'avançait, ceux qui occupaient le récif allèrent rejoindre les autres, et tous s'enfuirent dans le bois au moment de la descente. Le canot revint à bord avec la nouvelle qu'on ne trouvait point de fond en dedans du récif, dans lequel le maître n'avait découvert qu'une seule passe de six pieds de profondeur, qui n'était abordable que pour un canot. Après être entré par cette coupure, il avait ramé vers le rivage, espérant parler aux insulaires, au nombre de vingt environ, et tous armés de massues et de lances; mais au moment où le bateau mit à terre, ils avaient gagné la forêt; il laissa sur le récif des médailles, des clous et un couteau, que les naturels prirent sans doute, puisqu'ils reparurent bientôt après à la même place. La longueur de cette île, dans la direction du nord-est au sud-ouest, est d'un peu moins d'une lieue; elle n'a pas la moitié autant de largeur. Ses terres sont entièrement boisées, et elle est défendue tout autour par un récif de corail qui, en quelques endroits, s'étend à deux milles du rivage. Elle est trop petite pour renfermer beaucoup d'habitans; peut-être même que ceux qu'on aperçut venaient d'une île voisine pour pêcher des tortues; car on en vit plusieurs près des récifs, et j'en ai donné le nom à l'île, *Turtle island.*

« Voyant les brisans courir dans le sud-ouest, et voulant m'assurer de toute leur étendue avant la nuit, je quittai l'île de la Tortue, et fis voile pour les reconnaître. A deux heures, nous découvrîmes qu'ils étaient occasionnés par un banc de corail d'environ quatre à cinq lieues de circuit. Par la route que nous avions tenue, nous ne pûmes pas douter que ces brisans ne fussent les mêmes que ceux que nous avions vus le soir précédent. Ce banc de corail se découvre à basse mer dans presque toutes ses parties; il s'élève à près de quinze pieds au-dessus de la surface de l'eau; les rochers, étroits à la base, s'élargissent au sommet. Je ne sais pas si un tremblement de terre les a poussés si haut au-dessus des flots, dans lesquels ils doivent avoir été formés, ou s'il faut assigner une autre cause à ce singulier phénomène.

« Près des bords de ce banc l'eau n'est pas profonde; dans le milieu elle l'est beaucoup. En un mot, il ne manque à ce banc que des îlots pour le rendre exactement semblable à une de ces îles rases à demi noyées, avec une lagune dont nous avons souvent fait mention. Il se trouve au sud-ouest de l'île de la Tortue, à la distance d'environ cinq ou six milles, et le canal qui le sépare du récif de l'île a trois milles de largeur. Ne voyant plus d'îles ni d'écueils, et persuadé qu'on pourrait pêcher des tortues sur ce banc, j'y envoyai deux bateaux convenablement équipés : mais ils ne firent que d'inutiles tentatives.

« Le 13, les matelots célébrèrent, avec leur gaîté accoutumée, le second anniversaire de notre départ d'Angleterre. Ils burent copieusement; ils avaient épargné une partie de la ration pour ce grand jour, et ils noyèrent leurs idées tristes dans le grog (1). L'un d'eux, dont l'esprit avait une teinte de fanatisme, composa une hymne à cette occasion, ainsi qu'il avait déjà fait la première année; et, après avoir exhorté sérieusement ses camarades à la pénitence, il se mit à boire, et s'enivra comme les autres.

« Le 16, vers les trois heures après midi, nous eûmes la vue d'une terre haute qui nous restait au sud-ouest; nous gouvernâmes de ce côté. Nous ne doutions pas que ce ne fût la terre australe du Saint-Esprit, découverte par Quiros, que Bougainville a nommée les Grandes-Cyclades, et que la côte que nous prolongions ne fût la côte de l'est de l'île Aurore.

« Le 18 nous aperçûmes des cocotiers jusque sur les hautes chaînes de montagnes de l'île. Autant

---

(1) Sorte de boisson composée d'eau-de-vie, d'eau, etc.

qu'une brume épaisse nous permit d'en juger, elle est revêtue de forêts touffues, d'un aspect agréable, mais sauvage. Forster père découvrit un moment le petit pic de rocher que Bougainville appelle pic de l'Étoile ou pic de l'Averdy; mais les nuages, qui se mouvaient avec beaucoup de vitesse, le couvrirent bientôt.

« A deux heures après midi nous nous approchâmes du milieu de l'île des Lépreux. Les habitans parurent sur le rivage, et nous vîmes de superbes cascades qui se précipitaient des montagnes voisines. Toute la pointe nord-est était plus basse et couverte de différens arbres; les palmiers, en particulier, y sont innombrables et croissent sur des collines. N'étant plus qu'à un demi-mille de terre, la sonde rapporta trente brasses d'eau, fond de sable. A un mille de distance, nous n'avions point trouvé de fond avec une ligne de soixante-dix brasses. Deux pirogues se détachèrent du rivage pour s'avancer vers nous : l'une était montée par trois Indiens, et l'autre par un seul. Elles ne s'approchèrent qu'à un jet de pierre, malgré tous les signes d'amitié que nous nous efforcions de leur faire. Elles ne s'y arrêtèrent pas même long-temps, et retournèrent bientôt à terre, où nous apercevions un grand nombre d'habitans assemblés et armés d'arcs et de flèches.

« Comme je me proposais de m'avancer au sud, afin de reconnaître les terres de ce parage, je continuai d'aller au plus près du vent, entre l'île des

Lépreux et l'île Aurore. Le 20, à midi, nous étions par le travers de la pointe méridionale de l'île Aurore. Sa côte nord-ouest forme une petite baie, dans laquelle nous cherchâmes un mouillage; mais la sonde ne rapporta pas moins de quatre-vingts brasses d'eau, à un demi-mille de la grève. Je suis cependant tenté de croire que, plus près de terre, on trouve moins de profondeur et un ancrage sûr; je pense aussi que le pays fournirait en abondance de l'eau douce et du bois. L'île entière, depuis les bords de la mer jusqu'au sommet des montagnes, paraît couverte de bois, et toutes les vallées y sont coupées de ruisseaux. L'île Aurore a environ douze lieues de long et pas plus de cinq milles de large : ses montagnes sont aiguës et d'une hauteur considérable. L'île des Lépreux est presque aussi grande que celle de l'Aurore, mais elle est plus large. Les habitans se montrèrent sur la plage, et l'on voyait sur la côte des pirogues; mais elles ne vinrent pas près du vaisseau. En quittant la baie, nous entrâmes dans le canal qui sépare l'île Aurore de l'île de la Pentecôte. Celle-ci semblait plus peuplée et plus remplie de plantations que les deux précédentes. A minuit, nous remarquâmes que les feux s'étendaient jusqu'au sommet des collines. Il paraît que l'agriculture fournit aux habitans leurs principaux moyens de subsistance; et puisqu'ils ont peu de pirogues, et que leurs côtes sont très escarpées, nous jugeâmes qu'ils ne s'adonnent pas autant à la pêche que les autres insulaires.

« Le 21, à la pointe du jour, nous nous trouvâmes devant le canal qui sépare l'île de la Pentecôte de la terre au sud, et qui a environ deux lieues de large. La terre au sud parut alors s'étendre du sud à l'ouest, aussi loin que la vue pouvait porter; sur la partie la plus voisine de nous, qui est d'une hauteur considérable, s'élevaient deux grosses colonnes de fumée, que nous jugeâmes partir de quelques volcans. Toute la côte sud-ouest formait, en s'inclinant, une plaine très belle et très étendue, de laquelle jaillissaient des tourbillons innombrables de fumée, entre les bocages les plus riches qu'eussent contemplés nos yeux depuis notre départ de Taïti. L'aspect fertile de l'île et le nombre des feux annonçaient qu'elle est bien peuplée. Dans ce moment, je fis route au sud-sud-ouest, et vers les dix heures nous découvrîmes que cette portion de terre était une île à laquelle les naturels donnent le nom d'*Ambrym*. Nous aperçûmes ensuite dans le sud-est de la pointe méridionale d'Ambrym deux terres hautes. Celle que nous vîmes la seconde a un pic très élevé. Nous conjecturâmes que ces terres appartenaient à deux îles séparées : elles étaient à peu près à la distance de dix lieues. Poursuivant notre route pour reconnaître celle qui était de l'avant à nous, à midi nous n'en étions éloignés que de cinq milles.

« En approchant du rivage, nous remarquâmes une crique qui avait l'apparence d'un bon havre; elle était formée par une pointe basse, ou péninsule qui s'avançait au nord. Sur cette pointe étaient des habitans qui paraissaient nous inviter à descendre à terre; et vraisemblablement ce n'était pas à bonne intention, car ils étaient presque tous armés d'arcs et de flèches. Dans la vue de gagner du terrain et le temps nécessaire pour équiper et mettre dehors les canots, je revirai de bord et courus une bordée, ce qui nous fit découvrir un autre havre une lieue environ plus au sud. Les deux canots que j'avais envoyés pour sonder et chercher un mouillage, nous ayant signalé qu'ils en trouvaient un dans le dernier havre, j'y laissai tomber l'ancre sur onze brasses d'eau à près de deux encablures de la côte et à un mille en dedans de l'entrée.

« L'officier qui commandait les bateaux nous dit que les naturels s'étaient avancés sur leurs pirogues, très près de lui; que loin de lui faire aucune insulte, ils agitaient des rameaux verts, et qu'après avoir rempli leurs mains d'eau salée, ils la versaient sur leurs têtes : l'officier ne manqua pas de leur rendre ce compliment et ce témoignage de bienveillance. Ils s'approchèrent enfin du vaisseau, remuant toujours des plantes vertes, et en particulier les feuilles du dragonnier et d'un beau *croton variegatum* : ils répétaient continuellement le mot *omar*, ou *tomarro;* expression qui semble équivaloir au *tayo* de Taïti. La plupart étaient cependant armés d'arcs, de flèches et de piques. Ils se préparèrent ainsi, à tout événement, à la paix ou à la guerre.

« Dès que nous fûmes à l'ancre, continue Forster, plusieurs arrivèrent dans leurs pirogues. On leur donna des étoffes de Taïti, qu'ils acceptèrent avec empressement; et par reconnaissance, ils offrirent quelques unes de leurs flèches, d'abord celles qui étaient armées seulement de bois, et ensuite d'autres armées de pointes d'os, et barbouillées d'une gomme noirâtre, qui nous les fit croire empoisonnées. On les essaya sur un petit chien de Taïti, qu'on blessa à la jambe; mais cette blessure n'eut aucune suite funeste. La langue de ce peuple est si différente de tous les dialectes de la mer du Sud que nous avions entendus jusqu'alors, que nous n'y comprîmes pas un seul mot : elle était beaucoup plus dure, et remplie de *r*, *s*, *ch*, et d'autres consonnes. Ces insulaires ne ressemblaient pas non plus, par la stature, à leurs voisins; ils étaient tous extrêmement minces, et, en général, leur taille n'excédait pas cinq pieds quatre pouces; leurs membres manquaient souvent de proportion; ils avaient les jambes et les bras longs et grêles, le teint d'un brun noirâtre, les cheveux noirs, frisés et laineux; les traits de leur visage nous paraissaient plus extraordinaires que tout le reste : ils avaient le nez large et plat, les pommettes des joues proéminentes comme les nègres, le front très petit, et quelquefois extrêmement déprimé : le visage et la poitrine de la plupart étaient d'ailleurs peints en noir; ce qui nous blessait encore plus que leur laideur naturelle : quelques uns portaient sur la tête un petit bonnet de natte, mais ils étaient tous absolument nus. La plupart des autres nations se servent d'un pagne par pudeur; mais le rouleau d'étoffe que ces insulaires portent constamment relevé et attaché à la ceinture, blesse tout-à-fait la modestie.

« Ils ne cessèrent de parler autour du bâtiment d'un ton très élevé; mais en même temps ils mirent tant de bonne humeur dans leurs propos, qu'ils nous amusèrent : dès que nous jetions les yeux sur l'un d'eux, il babillait sans aucune réserve, en faisant des grimaces affreuses. D'après leurs manières, leurs figures et leur loquacité, nous les comparions à des singes.

« Le soir ils retournèrent à terre; ils y allumèrent des feux, et on les entendit parler aussi haut entre eux qu'ils avaient parlé près de nous; mais à huit heures ils revinrent tous au vaisseau sur leurs pirogues, avec des tisons brûlans, afin de recommencer une nouvelle conversation. Ils y mêlèrent une activité surprenante; nos répliques avaient un peu moins de volubilité. La soirée fut calme et belle, et la lune brilla par intervalles. Nous fûmes surpris de les voir si empressés autour de nous la nuit, car les Indiens restent rarement autour d'un bâtiment après le coucher du soleil. Quelques personnes de l'équipage pensaient qu'ils venaient, comme espions, pour reconnaître si nous étions sur nos gardes; mais leur conduite paisible ne donnait pas lieu à ce soupçon. Le capitaine défendit d'en laisser monter aucun à bord, et de rien acheter d'eux. Ils se retirèrent vers la côte à minuit ; ils chantèrent et battirent du tambour jusqu'au jour, et même nous en vîmes quelques uns qui dansaient : nous en conclûmes qu'ils sont très gais.

« Le lendemain au point du jour, ils revinrent dans leurs pirogues, et se mirent à nous appeler. Il en monta plusieurs à bord ; ils ne tardèrent pas à se familiariser ; quelques uns grimpèrent avec la plus grande aisance, par les haubans, jusqu'au haut des mâts. Nous n'avons jamais rencontré de peuple si intelligent ; ils comprenaient nos signes et nos gestes comme s'ils les avaient vu pratiquer depuis long-temps ; et en peu de minutes ils nous apprirent un grand nombre de mots de leur langue ; ce qui nous convainquit encore mieux qu'elle est absolument différente de cette langue générale dont on parle les dialectes divers aux îles de la Société, aux îles des Amis, aux Iles-Basses, à l'île de Pâques et à la Nouvelle-Zélande : elle n'est pas difficile à prononcer ; mais elle a plus de consonnes qu'aucune de celles dont on vient de faire mention : le son le plus singulier qu'ils formassent était celui de *brrr*. Ainsi, par exemple, un de nos amis s'appelait *Mambrreum*, et un autre *Bonombrrouàï*.

« Ils désiraient tout ce qu'ils voyaient ; mais ils ne murmuraient point quand on ne le leur accordait pas ; ils admiraient beaucoup les miroirs, et prenaient un extrême plaisir à s'y regarder : ce peuple laid nous semblait plus entiché de sa figure que la belle nation de Taïti et des îles de la Société.

« Ils avaient les oreilles percées, et un trou dans la cloison des narines, où ils portaient un morceau de bâton, ou deux petits cailloux de sélénite ou d'albâtre joints ensemble, de manière qu'ils formaient un angle obtus; des bracelets proprement travaillés, de petites coquilles noires et blanches ornaient la partie supérieure de leurs bras; ces bracelets les serraient si fortement, qu'ils avaient sans doute été mis dans le bas âge; leur corps n'était point tatoué.

« Le 22, nous partîmes dans deux canots, et nous descendîmes en présence de quatre ou cinq cents habitans rassemblés sur le rivage. Quoique tous fussent armés d'arcs, de flèches, de massues et de lances, ils ne firent pas la moindre opposition; au contraire, voyant, dit Cook, que je m'avançais seul, sans armes, un rameau vert à la main, l'un d'eux, qui paraissait être un chef, donna son arc et ses flèches à un autre, et se mit dans l'eau pour venir à ma rencontre; il portait un pareil rameau qu'il échangea contre le mien; et, me prenant ensuite par la main, il me présenta à ses compatriotes. Je leur distribuai aussitôt des présens, tandis que les soldats de marine se rangèrent en bataille sur la plage. Je fis signe à ces insulaires (car nous n'entendions pas un seul mot de leur langue), que nous avions besoin de bois, et ils nous répondirent que nous pouvions en couper.

Dans ce moment, on amena un petit cochon, qu'on m'offrit, et je donnai au porteur une pièce d'étoffe, dont il parut charmé; nous espérions obtenir bientôt de ces Indiens d'autres provisions; nous nous trompions. Le cochon avait été apporté non pour être échangé, mais probablement pour être offert comme le sceau de la pacification. Nous n'obtînmes d'eux qu'une demi-douzaine de cocos, et une très petite quantité d'eau douce. Ils ne mettaient aucune valeur aux clous ni à nos outils de fer, et même ils n'estimaient rien de tout ce que nous avions. De temps à autre, ils échangeaient une flèche pour une pièce d'étoffe, mais ils consentaient rarement à se départir d'un arc. Ils ne voulaient point que nous quittassions le rivage pour entrer dans l'intérieur, et ils désiraient fort que nous retournassions au vaisseau.

» Plusieurs d'entre eux s'assirent volontiers près de nous au pied d'un arbre, afin de nous apprendre leur langage : ils étaient surpris de l'aptitude que nous avions à nous souvenir des mots qu'ils prononçaient, et ils semblaient réfléchir comment avec une plume et du papier, il était possible de conserver des sons. Non seulement ils mettaient du zèle à nous instruire, mais ils désiraient aussi d'apprendre notre langue, dont ils prononçaient si exactement les termes, que nous admirions la vivacité de leur pénétration et l'étendue de leur intelligence. Comme ils avaient les organes de la parole très flexibles, nous essayâmes de leur faire prononcer les sons les plus difficiles des langues de l'Europe, et ils rendirent, sans la moindre difficulté, et après l'avoir entendue une seule fois, la syllabe russe *chtch.* Nous leur apprîmes ensuite les termes numériques anglais, et ils les répétèrent très rapidement sur leurs doigts : en un mot, s'ils ne prêtaient pas une longue attention à nos discours, ils saisissaient et imitaient dès le premier instant tout ce que nous voulions leur dire.

« Ils nous vendirent des flèches empoisonnées, mais en nous avertissant de ne pas en éprouver la pointe contre nos doigts; et ils nous assurèrent, par les signes les plus intelligibles, qu'un trait ordinaire peut transpercer le bras d'un homme sans le faire mourir, mais que la plus légère égratignure de ceux-ci suffit pour le tuer. Si, malgré ces conseils, nous les approchions de nos doigts, ils nous saisissaient amicalement par le bras, comme pour nous préserver d'un danger imminent. Vers midi, toute la foule se retira, et nous retournâmes à bord.

« Le jour était trop avancé pour retourner à terre après dîner; les matelots furent employés aux diverses réparations nécessaires dans les manœuvres; mais, apercevant sur le rivage un Indien qui portait la bouée d'une ancre à jet, qu'il avait prise dans la nuit, j'allai à terre pour la reprendre. Au moment où je débarquai, elle fut rendue par l'homme même, qui se retira sans prononcer une parole. Je dois observer que cette bouée fut l'unique chose que ces insulaires cherchèrent à nous enlever. Comme nous étions descendus près de quelques maisons et de plantations précisément à l'entrée du bois, j'engageai un insulaire à nous y conduire; mais il ne voulut jamais permettre à personne qu'à M. Forster de me suivre : ces cabanes sont assez semblables à celles que nous avions vues dans les autres îles; elles sont un peu basses et couvertes de feuilles de latanier : quelques unes étaient fermées tout autour avec des planches; une ouverture carrée, pratiquée à une extrémité, servait de porte; elle était close alors, et l'on refusa de nous l'ouvrir : en cet endroit, il n'y avait guère que six huttes et quelques petites plantations de racines, etc., entourées d'une haie de roseaux comme aux îles des Amis. On y voyait encore des cocotiers, des arbres à pain, des bananiers; mais ces arbres, en petit nombre, étaient chargés de peu de fruits. Nous aperçûmes une provision assez considérable de beaux ignames qu'on avait mis en tas sur des branchages, ou sur une espèce de plate-forme; une vingtaine de cochons et des poules rôdaient autour de ces habitations. Ayant tout observé, nous rentrâmes dans le canot, et nous rangeâmes le rivage jusqu'à la pointe sud-est du havre, où nous descendîmes pour aller à pied le long de la plage. Nous ne tardâmes pas à découvrir les îles qui sont au sud-est, et dont nous avons fait mention. Nous apprîmes alors les noms de ces îles et de celle où nous étions ; ils l'appellent *Mallicolo* (1). La première, au-dessus de la pointe méridionale d'Ambrym, a le nom d'*Épi*, et l'autre, sur laquelle s'élève un pic, est appelée *Peoum*. Nous trouvâmes sur la plage un fruit ressemblant à une orange, que les insulaires nomment *abbi-mora ;* mais, comme il était pourri, je ne puis pas dire s'il est bon à manger.

« Le 23, à sept heures du matin, je fis lever l'ancre pour profiter du clair de lune. Les Indiens, nous voyant sous voile, arrivèrent dans leurs pirogues. Les échanges se firent avec plus de confiance qu'auparavant, et ils nous donnèrent des preuves si extraordinaires de leur loyauté, que nous en fûmes surpris. Comme le vaisseau marcha d'abord fort vite, nous laissâmes en arrière plusieurs de leurs canots qui avaient reçu nos marchandises, sans avoir eu le temps de donner les leurs en échange. Au lieu de profiter de cette occasion pour se les approprier, comme auraient fait nos amis des îles de la Société, ils employèrent tous leurs efforts pour nous atteindre et nous remettre ce dont ils avaient reçu le prix. Un des Indiens nous suivit pendant un temps considérable ; et le calme survenant, il parvint à nous joindre. Dès qu'il fut le long du vaisseau, il montra ce qu'il avait déjà

---

(1) Ou *mallicola*. Quelques uns de nos gens prononçaient *manicolo* ou *manicola*, et c'est ainsi qu'elle est écrite dans le Mémoire de Quiros que Dalrymple a fait imprimer.

vendu; plusieurs personnes voulurent le lui payer, mais il refusa de s'en défaire jusqu'à ce qu'il aperçût celui qui le lui avait acheté, et il le lui remit. La personne ne le reconnaissant pas, lui en offrit de nouveau la valeur; mais cet honnête Indien ne voulut point l'accepter, et lui fit voir ce qu'il avait reçu en échange. Les pièces d'étoffe et le papier marbré furent fort recherchés de ces insulaires, qui ne mettaient aucun prix à nos clous, à nos outils de fer, à nos grains de verroterie. Les pirogues ne furent jamais plus de huit ensemble devant le vaisseau; on ne voyait pas plus de quatre ou cinq Indiens dans chacune : ce qui prouve qu'ils ne sont pas habiles pêcheurs. Il arrivait quelquefois qu'ils se retiraient subitement au rivage sans avoir fait la moitié des échanges qu'ils paraissaient s'être proposés; et d'autres venaient ensuite les remplacer.

« Comme nous sortions du havre à la marée basse, un grand nombre d'habitans étaient alors sur les récifs qui bordent l'île, pour y ramasser des coquillages. Ainsi notre séjour sur leur côte ne les empêcha point de suivre leurs occupations ordinaires. Sans doute que, ne leur causant aucune inquiétude, si nous eussions fait un plus long séjour, nous aurions lié une plus étroite amitié avec eux. On pourrait presque les regarder comme une espèce de singes, car ils sont très laids et très mal proportionnés; et à tous égards ils diffèrent beaucoup des nations que nous avons visitées dans cette mer. Ces hommes, d'une très petite race, sont d'une couleur bronzée; ils ont la tête longue, le visage plat, et la mine des singes. Leurs cheveux, généralement noirs ou bruns, sont courts et crépus, sans être aussi doux et aussi laineux que ceux d'un nègre d'Afrique. Leur barbe est forte, touffue, et ordinairement noire et courte. Mais ce qui ajoute infiniment à leur difformité, c'est une ceinture ou corde qu'ils portent tous autour des reins, et qu'ils serrent si étroitement sur le ventre que la forme de leur corps est semblable à celle d'une grosse fourmi. Ce cordage est aussi gros que le doigt, et forme une entaille si profonde sur le nombril, que le corps paraît en quelque sorte double Les hommes vont tout nus, et à peine se couvrent-ils les parties naturelles d'un morceau de natte, ou d'une feuille dont ils se servent comme d'un pagne.

« Nous vîmes peu de femmes, et elles n'étaient pas moins hideuses que les hommes. Elles se peignent la tête, le visage et les épaules de rouge : elles portent une espèce de jupe; quelques unes avaient sur le dos une sorte d'écharpe, où elles placent leurs enfans. Il n'en vint aucune à bord; et quand nous étions à terre, elles se tinrent toujours à une certaine distance. Leurs parures sont des pendans d'oreilles d'écaille de tortue, et des bracelets. Un de ces bracelets nous a paru très curieux : sa largeur était de quatre à cinq pouces; il était fait avec de la tresse ou de la ficelle, et garni d'écaille; il se mettait précisément au-dessus du coude. Au poignet droit, ils ont un cercle de dents de cochon et de grands anneaux d'écaille, avec une plaque de bois arrondie autour du poignet gauche. Ils sont encore dans l'usage de se percer la cloison du nez, pour la décorer d'une pierre blanche courbe d'environ un pouce et demi de longueur.

« Les habitans de Mallicolo paraissaient être une nation absolument différente de toutes celles que nous avons vues jusqu'à présent. D'environ quatre-vingts mots de leur langue, que M. Forster a rassemblés, à peine s'en trouve-t-il un qui ait quelque affinité avec les langues des autres îles où nous avons relâché.

« Je crois que leurs fruits ne sont pas si bons que ceux des îles des Amis ou des îles de la Société. J'en suis du moins assuré à l'égard des cocos : leurs arbres à pain et leurs bananiers ne paraissent pas valoir mieux, mais les ignames semblent y être excellens. »

Voici ce que Forster ajoute à cette description : « Mallicolo a environ vingt lieues de long du nord au sud : ses montagnes intérieures sont très élevées, couvertes de forêts, et contiennent, sans doute, de belles sources d'eau douce, quoique nous n'ayons pu les découvrir entre les arbres. Le sol, autant que nous avons pu l'examiner, est gras et fertile comme celui des plaines des îles de la Société; et le voisinage du volcan d'Ambrym nous donne lieu de supposer qu'elle en a un aussi. Ses productions végétales semblent être abondantes et fort variées;

les plantes utiles ne sont pas moins nombreuses qu'aux îles que nous venions de visiter. Peut-être qu'elles y sont moins bonnes, comme le croit le capitaine Cook.

« Les cochons et les volailles sont leurs animaux domestiques; nous y avons ajouté des chiens, en leur donnant un mâle et une femelle, qu'ils reçurent avec un extrême plaisir. Je suis persuadé qu'ils en prendront un grand soin; mais, parce qu'ils les appelaient *broas* (ce qui signifie cochon), nous fûmes convaincus qu'ils étaient absolument nouveaux pour eux. Nous n'y avons point trouvé d'autre quadrupède durant notre courte relâche, et il n'est pas probable que, dans une île si éloignée des continens, il se trouve des quadrupèdes sauvages; à la vérité, un seul jour passé sur une grève stérile ne suffit pas pour se former une idée complète des animaux et des végétaux d'un pays : mais nous avons eu occasion de remarquer que les bois sont habités par plusieurs espèces d'oiseaux, parmi lesquels il y en a sans doute d'inconnus aux naturels.

« A juger du nombre des habitans par la foule que nous aperçûmes au port où nous mouillâmes, on croirait qu'il est considérable, mais vu la grande étendue de l'île, je ne puis pas la supposer très-peuplée. Elle ne contient pas, je pense, plus de cinquante mille insulaires; ils ne sont point dispersés, comme à Taïti, sur les bords des montagnes; ils sont répandus sur plus de six cents milles carrés. Le pays semble être une vaste forêt; ils ont seulement commencé à ouvrir et à planter quelques petits cantons perdus dans ce grand espace, comme de petites îles dans l'Océan. Peut-être que, si l'on venait à bout de pénétrer l'histoire de cette race, on trouverait qu'elle est arrivée sur cette terre beaucoup plus tard que les naturels des îles de la Société et des Amis : il est sûr du moins qu'elle paraît très différente.

« Enfin, comme ils nous ont donné de grandes preuves d'intelligence et de pénétration, et que leur entendement est susceptible de beaucoup de progrès, il ne faudra que l'impulsion d'un homme ambitieux pour les civiliser davantage.

« Le havre, situé sur la côte nord-est de Mallicolo, à très peu de distance de la pointe du sud-est, reçut le nom de *port de Sandwich*. Il a environ une lieue de longueur, et sa largeur est d'un tiers de lieue. En dehors, il part de chaque pointe un récif de peu d'étendue; mais le canal est d'une bonne largeur, et l'on y trouve depuis quarante jusqu'à vingt-quatre brasses d'eau. Dans le port, la profondeur de l'eau est depuis vingt jusqu'à quatre brasses; il est si bien abrité, qu'un vaisseau à l'ancre ne peut jamais y être incommodé des vents. Il offre un autre avantage; on peut mouiller assez près de la grève pour y protéger les travailleurs.

« Le 23 juillet, on leva l'ancre; et en doublant la pointe sud-est de Mallicolo, on distingua au large quatre petites îles qui s'étaient d'abord montrées comme une seule terre. Bientôt on aperçut les îles d'Ambrym, de Péoum, et d'Epi.

« Ambrym, qui contient un volcan, paraît avoir plus de vingt lieues de tour. Péoum a un pic élevé, mais est peu étendue. On ne reconnut point si la terre qu'on avait vue auparavant à l'ouest de cette île lui est jointe. En supposant que ces deux parties ne forment qu'une seule île, la circonférence n'est pas de plus de cinq lieues. Epi a sept lieues de long. La quantité de tourbillons de fumée qui s'élevaient des différentes îles donna lieu de croire que les naturels apprêtent leurs alimens sur la surface de la terre, en plein air. Aux îles de la Société et des Amis, où les habitans cuisent leurs mets sous terre avec des pierres chaudes, on apercevait rarement du feu ou de la fumée.

« Le 24, on découvrit une autre île, remarquable par trois collines qui forment trois pics, circonstance qui lui a fait donner ce nom *Three-Hills*. Elle est fort boisée, et probablement bien peuplée, car on vit sur la côte plusieurs naturels qui ressemblaient à ceux de Mallicolo, et qui étaient comme eux armés d'arcs et de flèches. Ayant doublé *Three-Hills*, on se dirigea sur un groupe de petites îles qui sont au sud-est de la pointe d'Epi; le capitaine les nomma *îles Shepherd*, en l'honneur de son ami, le docteur Shepherd, professeur d'astronomie à Cambridge. Bientôt nous aperçûmes de toutes parts des terres ou des îles. Un calme survenu dans cette position nous causa de vives inquiétudes. Heureusement que dans la nuit un vent d'est vint mettre fin à nos anxiétés.

« Le 25 juillet, au point du jour, nous courûmes une petite bordée dans l'est des îles Shepherd, tenant le plus près du vent jusqu'après le lever du soleil, que, ne voyant plus de terre dans cette direction, nous revirâmes de bord, et gouvernâmes sur une île que nous avions aperçue dans le sud. Nous passâmes à l'est de *Tree-Hills* et d'une île rase qui est à son sud-est, entre un rocher remarquable par sa forme pyramidale, que nous nommâmes *le Monument*, et une petite île appelée *Two-Hills*, à cause de ses deux collines taillées en pics, et séparées par un isthme étroit et bas. Le canal entre cette île et *le Monument* a près d'un mille de largeur, sur un fond de vingt-quatre brasses d'eau. Excepté ce rocher, qui n'est accessible qu'aux oiseaux, nous n'avions pas découvert une seule île inhabitée. Le ressac, en brisant sur *le Monument*, y avait formé des sillons et des tranchées très profonds. Ce rocher est noirâtre, haut de cent cinquante pieds, et n'est pas absolument dénué de verdure.

« Poursuivant notre route au sud, nous nous trouvâmes, à cinq heures après midi, dans le voisinage des terres du sud, qui consistent en une grande île dont les extrémités sud et ouest s'étendent à perte de vue, et trois ou quatre petites situées au large de sa côte nord. Les deux plus septentrionales, qui sont les plus étendues, sont assez hautes. Je nommai l'une *Montagu*, l'autre *Hinchinbrook*, et la plus considérable *Sandwich*, en l'honneur du comte de Sandwich, mon protecteur.

« Sur la fin du jour, nous aperçûmes une pirogue avec une voile triangulaire, qui venait du sud-ouest, et se dirigeait vers *Three-Hills* : les naturels de ces différentes îles communiquent probablement entre eux de la même manière que les habitans des îles des Amis et des îles de la Société.

« L'aspect des trois îles est très riant : des plaines, des bosquets en diversifient agréablement le terrain : du pied des montagnes, qui sont d'une médiocre hauteur, se prolonge une pente douce jusqu'au bord de la mer, défendue par une chaîne de brisans qui les rendent inaccessibles de certains côtés. Sur la plus grande, la côte nord semble se replier pour former une baie à l'abri des vents régnans. En avançant, nous aperçûmes des cocotiers, des palmiers et différens autres arbres, parmi lesquels on découvrait de petites huttes et des pirogues échouées sur la grève. Nous admirions ailleurs des bocages touffus et des espaces considérables de terrain défriché, qui, par leur couleur jaunâtre, ressemblaient exactement aux champs de blé de l'Europe. Nous convînmes tous que cette île est une des plus belles de ce nouveau groupe; elle paraît très bien située pour y faire un établissement européen. A en juger de la distance d'où nous la vîmes, elle nous parut moins habitée que celles que nous avions laissées au nord ; ce qui faciliterait encore l'établissement d'une colonie. D'après ce que nous avons observé à Mallicolo, cette race d'insulaires est très intelligente, et recevrait avec empressement les avantages la civilisation.

« Après avoir été contrariés par les vents, les calmes et les courans, depuis le 27 juillet jusqu'au 4 août, nous parvînmes enfin à l'île d'Irromanga, que nous avions en vue depuis quelques jours. Au point du jour, j'allai avec deux canots examiner la côte, et chercher un lieu propre pour débarquer, et faire de l'eau et du bois. Les insulaires s'assemblèrent alors sur le rivage, et, par leurs signes, nous invitèrent à venir à terre. J'arrivai d'abord à une petite pointe située dans une baie au nord-ouest d'un promontoire très saillant, où je ne trouvai point le débarquement facile, à cause des rochers qui bordent la côte de toutes parts. Néanmoins je poussai l'avant de ma chaloupe sur le rivage, et je distribuai des étoffes, des médailles, etc., aux insulaires. Ils m'offrirent de tirer les bateaux par-dessus les brisans de la pointe sablonneuse. Je ne doutai pas que cette offre ne fût amicale ; mais j'eus ensuite lieu de changer d'opinion. Voyant que nous nous refusions à ce qu'ils désiraient, ils nous firent signe de remonter la baie ; nous y consentîmes, et les insulaires, dont le nombre croissait prodigieusement, nous suivirent en courant. J'essayai de débarquer en deux ou trois endroits ; mais la grève ne paraissant point commode, je ne mis pas à terre.

Les naturels, qui s'étaient sans doute aperçus de ce que je désirais, me conduisirent autour d'une pointe de roche, où, sur une plage d'un très beau sable, je débarquai en présence d'une grande foule, n'ayant à la main qu'un rameau vert que j'avais reçu de l'un d'eux. Je n'étais accompagné que d'une seule personne, et j'ordonnai à l'autre canot de se tenir à une petite distance au large. Les insulaires me reçurent de l'air le plus honnête et le plus obligeant, et s'éloignèrent de ma chaloupe dès que je les en priai par un signe de la main. L'un d'eux, que je pris pour un chef, leur fit former un demi-cercle autour de l'avant du bateau, et il frappa ceux qui tentaient de passer cette ligne. Je le comblai de présens; mes libéralités s'étendirent aussi sur les autres, et je leur demandai par signes de l'eau fraîche, dans l'espérance de voir la source où ils la puisaient. Le chef parla tout de suite à un Indien, qui courut à une maison, d'où il revint avec de l'eau dans un vase de bambou. J'étais par là peu instruit de ce que je voulais savoir. Je demandai ensuite des rafraîchissemens, et à l'instant on m'apporta un igname et des cocos.

« J'étais assez content de leur conduite, et la seule chose qui pût me laisser du soupçon, c'est que la plupart d'entre eux étaient armés de massues, de lances, de dards, d'arcs et de flèches. Par cette raison, j'avais continuellement l'œil sur le chef, et je n'observais pas moins attentivement ses regards que ses actions. Il me fit plusieurs signes pour haler le bateau sur le rivage ; enfin il s'avança dans la foule, où je le vis causer avec plusieurs Indiens : revenant ensuite vers moi, il me répéta par signes de haler le bateau, et il hésita pendant quelque temps à recevoir les clous que je lui offrais. Alors concevant des soupçons, je rentrai aussitôt dans le canot, en avertissant par signes les insulaires que j'allais revenir. Mais leur intention n'était pas que nous nous séparassions si vite, et ils essayèrent de nous obliger de force à ce qu'ils n'avaient pu obtenir par des manières plus douces. La planche de débarquement qui m'avait servi à rentrer dans le canot était malheureusement encore dehors. Je dis malheureusement, car si elle n'en eût pas été ôtée, et si l'équipage eût été plus prompt à pousser le canot au large, les Indiens n'auraient pas eu le temps d'exécuter leur dessein, et la scène fâcheuse qui suivit n'aurait pas eu lieu. Au moment où nous voulions nous éloigner, ils saisirent la planche et la décrochèrent de l'arrière ; mais comme ils ne l'emportaient pas, je crus que cela s'était fait par accident, et j'ordonnai au canot de se rapprocher de terre pour la reprendre. Alors ils l'accrochèrent eux-mêmes sur l'étrave, et essayèrent de tirer le canot sur le rivage; d'autres, en même temps, se jetèrent sur les avirons pour les arracher des mains des matelots. Voyant que je leur présentais le bout de mon fusil, ils lâchèrent prise ; mais un instant après ils revinrent avec la résolution de haler le canot sur la grève. Le chef était à la tête de la troupe, et ceux qui ne pouvaient pas nous serrer de près se tenaient derrière, ayant à la main des traits, des lances, des pierres, des arcs et des flèches, prêts à soutenir les premiers. Les signes et les menaces ne les contenant plus, il fallut penser à notre sûreté. Cependant je ne voulais pas tirer sur la multitude, et je résolus de rendre le chef seul victime de sa perfidie; mais dans cet instant critique, l'amorce brûla sans que le coup partît. Quelque idée qu'ils se fussent formée de nos armes, ils ne devaient plus les regarder que comme des armes d'enfans, et ils montrèrent combien les leurs étaient supérieures, en faisant pleuvoir sur nous une grêle de pierres, de dards et de flèches. Je fus dans la nécessité d'ordonner de tirer. La première décharge les mit dans une grande confusion; mais une seconde fut à peine suffisante pour les chasser du rivage; et malgré ces fusillades, ils continuèrent de jeter des pierres de derrière les arbres et les buissons, et de temps à autre ils s'avançaient afin de lancer des dards. De quatre qui paraissaient être restés morts sur le rivage, nous en vîmes ensuite deux qui se traînèrent dans les broussailles. Ce fut pour eux une chose très heureuse, qu'il n'y eût que la moitié des mousquets qui prît feu; sans cela, il en serait resté sur la place un plus grand nombre. Un des nôtres fut blessé, à la joue, d'un dard dont la pointe était de l'épaisseur du doigt, et qui cependant était entré de deux pouces; ce qui montre avec quelle force le trait avait été lancé.

M. Gilbert fut atteint d'une flèche à la poitrine, à la distance d'environ soixante pieds; cette flèche avait rencontré quelque obstacle, car elle ne fit guère qu'effleurer la peau. Les flèches étaient armées de pointes d'un bois dur.

« Ceux qui étaient restés à bord virent les insulaires courir çà et là, traînant après eux les morts et les blessés, puis se former ensuite en bataille, paraissant disposés à venger la mort de leurs compatriotes.

« Après que le premier feu eut cessé, on en aperçut qui se traînaient à quatre pates dans les buissons; d'autres se cachèrent derrière une élévation sablonneuse, qui leur servait de retranchement, et d'où ils tâchèrent d'assaillir nos gens, qui, à leur tour, les épièrent quelque temps pour les fusiller.

« A notre arrivée à bord, je fis lever l'ançre, dans le dessein de mouiller plus près du lieu du débarquement. Toute la côte occidentale était couverte de palmiers qui produisaient un bel effet, et qui paraissaient différens du cocotier. Sur ces entrefaites, plusieurs habitans parurent à la pointe basse du rocher, et nous montrèrent deux avirons que nous avions perdus dans le démêlé. Je regardai cette démarche comme un signe de leur soumission, et du désir qu'ils avaient de nous les rendre. Néanmoins on tira une pièce de quatre, pour leur donner une idée de nos canons: le boulet ne porta pas jusqu'à eux, mais le bruit leur causa une telle frayeur, qu'ils ne reparurent plus, et ils laissèrent les avirons contre des buissons.

« Le temps était alors calme, mais l'ancre était à peine au bossoir, qu'il s'éleva une brise du nord, dont nous profitâmes pour sortir de la baie; nous n'espérions pas y pourvoir à nos besoins, du moins comme nous l'aurions désiré : d'ailleurs il était toujours en mon pouvoir d'y revenir, en cas que nous ne trouvassions pas une descente plus commode, en nous avançant plus au sud.

« Ces insulaires paraissent être une race différente de celle qui habite Mallicolo; aussi ne parlent-ils pas la même langue : ils sont d'une médiocre stature, mais bien pris dans leur taille, et leurs traits ne sont point désagréables; leur teint est très bronzé : ils se peignent le visage, les uns de noir, et d'autres de rouge; leurs cheveux sont bouclés et un peu laineux. Le peu de femmes que j'ai aperçues semblaient être fort laides; elles portent une espèce de jupe de feuilles de palmiers, ou de quelque autre plante semblable; les hommes comme les habitans de Mallicolo, vont nus, et ils n'ont autour des reins qu'une corde. Je n'ai vu de pirogues en aucun endroit de la côte; ils vivent dans des maisons couvertes de feuilles de palmier; leurs plantations sont alignées et entourées d'une haie de roseaux.

« A deux heures de l'après-midi, nous étions en dehors de la baie, et nous fîmes route au sud-sud-est, en profitant d'un vent du nord-ouest, joli frais.

Au sud du cap que nous doublâmes, en sortant de la baie nord-ouest, on en voit une autre dont le rivage est bas; les terres voisines semblent être très fertiles; elles sont revêtues de forêts touffues et d'un coup d'œil enchanteur; au sud, elles se penchent doucement, et présentent une vaste étendue presque entièrement cultivée. La baie est exposée aux vents du sud-est: par cette raison, jusqu'à ce qu'elle soit mieux connue, celle du nord-ouest est préférable, parce qu'elle est à l'abri des vents régnans, et que ceux auxquels elle est ouverte, soufflent rarement avec une certaine force. J'ai appelé le cap ou la péninsule qui sépare ces deux baies, *le cap des Traîtres*, d'après la conduite perfide des habitans.

« Le 5, au lever du soleil, nous découvrîmes dans le sud-est une autre île, dont les terres étaient hautes et aplaties; et dans le nord-est, une île basse que nous avions doublée la nuit sans l'apercevoir. Nous reconnûmes alors qu'une lumière, que nous avions vue la nuit, était occasionnée par un volcan sur la grande île, d'où sortait une grande quantité de feu et de fumée, avec un bruit sourd qui se faisait entendre à une grande distance.

« C'était la montagne la plus basse d'une rangée qui était elle-même d'une hauteur secondaire, relativement à une autre chaîne. Le volcan était d'une forme conique; au sommet l'on voyait le cratère: il était d'un rouge brun, et consistait en un amas de pierres brûlées, entièrement stériles. Une colonne épaisse de fumée, pareille à un grand arbre, en jaillissait de temps en temps, et sa tête s'élargissait à mesure qu'elle montait. Toutes les fois qu'une nouvelle colonne de fumée était ainsi poussée en l'air, nous entendions un son bruyant pareil à celui du tonnerre, et les colonnes se suivaient de près. La couleur de la fumée n'était pas toujours la même: en général elle nous paraissait blanche et jaunâtre, quelquefois d'un gris sale un peu rouge; nous jugeâmes que cette différence provenait en partie du feu du cratère qui éclairait la fumée et les cendres. Toute l'île, excepté le volcan, est bien boisée, et contient une grande quantité de beaux cocotiers. La verdure y était fort belle, même à cette saison de l'année, qui était l'hiver pour ces climats.

« Nous découvrîmes sur la côte une petite ouverture qui avait l'apparence d'un bon port. Afin de nous en mieux assurer, j'envoyai deux canots armés aux ordres du lieutenant Cooper, pour y sonder. Pendant cette opération, nous tâchâmes de nous maintenir à portée de le suivre, ou de lui donner les secours dont il pourrait avoir besoin. Sur la pointe orientale de l'entrée, nous aperçûmes assez distinctement un certain nombre d'habitans, plusieurs maisons et des pirogues. Au moment que nos canots entrèrent dans le port, les insulaires en lancèrent quelques unes à l'eau pour suivre nos bateaux, mais sans oser en approcher. Bientôt M. Cooper fit signal de bon mouillage, et nous essayâmes aussitôt de le rejoindre. Nous étions à peine entrés dans le port, que le vent nous quitta, et nous fûmes forcés de laisser tomber l'ancre par quatre brasses d'eau : alors je renvoyai les canots sonder; et dans cet intervalle, je fis mettre dehors la chaloupe avec les ancres pour remorquer le bâtiment, aussitôt que nous aurions pris connaissance du canal. Ce fut le seul mouillage où nous restâmes quelque temps dans le vaste groupe d'îles que nous venions de découvrir.

« Tandis qu'on remorquait le vaisseau, les insulaires s'assemblèrent en divers endroits du rivage; tous étaient armés d'arcs, de flèches, etc. Quelques uns s'avancèrent vers nous à la nage, d'autres dans des pirogues : ils se montrèrent d'abord timides, et n'approchèrent qu'à la distance d'un jet de pierre; insensiblement ils devinrent plus hardis, et des pirogues, qui passèrent sous l'arrière, y firent des échanges. Une des premières s'étant approchée d'aussi près que la crainte le lui permit, jeta à bord des cocos; je descendis dans un canot pour la joindre, et je lui donnai quelques pièces d'étoffe et d'autres objets, ce qui engagea les autres à se rendre sous l'arrière et le long des côtés, où leur conduite devint insolente et téméraire. Ils essayèrent d'enlever tout ce qui était à leur portée; ils saisirent le pavillon, en voulant l'arracher de son mât; d'autres s'efforçaient de faire sauter les ferrures du gouvernail. Ce qui nous tracassa le plus, fut leur acharnement après les bouées des ancres; elles ne furent pas plus tôt hors des canots, qu'ils cherchèrent à les enlever. Des coups de fusil tirés en l'air, n'eurent aucun effet; mais au bruit de la décharge d'un canon de quatre, la frayeur les saisit, et ils sautèrent tous hors de leurs pirogues pour se jeter à la nage. Dès qu'ils virent qu'il ne leur était arrivé aucun mal, ils rentrèrent dans leurs canots, poussèrent des cris en nous menaçant de leurs armes, et retournèrent hardiment aux bouées. Il fallut faire siffler quelques balles autour de leurs oreilles. Quoique aucun d'eux n'eût été blessé, on leur avait inspiré assez de crainte pour les écarter : bientôt ils se retirèrent sur le rivage, et il nous fut permis de dîner sans être troublés de leur part.

« Je comptai, observe Forster, les pirogues qui nous entouraient, et elles étaient au nombre de dix-sept; les unes portaient vingt-deux hommes, d'autres dix, sept, cinq, et les plus petites deux; de sorte qu'en tout il y avait plus de deux cents insulaires; ils disaient quelques mots par intervalles, et semblaient nous adresser des questions; mais quand nous prononcions un mot du dialecte de Taïti ou de Mallicolo, ils le répétaient sans paraître le connaître en aucune manière.

« Le premier vol qu'ils entreprirent de commettre, fut de prendre un filet qui contenait la viande salée de notre dîner, qu'on laissait flotter dans la mer pour l'y rafraîchir : on s'en aperçut, et on poussa des cris pour les engager à cesser. Ils s'arrêtèrent effectivement; mais l'un d'eux brandit sa pique contre nous, un second ajusta un trait sur son arc, et sembla viser tour à tour plusieurs personnes placées sur le gaillard d'arrière. Le capitaine, afin de les effrayer, se disposa à tirer un coup de canon; mais auparavant il fit signe aux pirogues de se ranger de côté, pour qu'elles ne fussent pas exposées à l'action du boulet. Ces marques d'autorité ne les offensèrent point, et ils vinrent promptement se placer à notre arrière. Au bruit du canon, on vit les deux cents Indiens se jeter à la mer, et au milieu de cette consternation générale, un jeune homme bien fait, et d'une physionomie très ouverte, resta seul dans sa pirogue, sans donner le moindre indice d'étonnement ou de crainte; mais avec un air de gaîté, il jeta des regards de dédain sur ses compatriotes effrayés. Voyant ensuite que notre bravade n'avait eu pour eux aucune suite funeste, ils causèrent d'un ton très haut, et ils parurent rire de leur propre épouvante.

« J'observai un autre trait de courage dans un vieillard qui se trouvait autour d'une bouée, qu'il voulait probablement enlever : quoiqu'il eût été blessé par un premier coup de fusil, il ne désempara point, et il garda son poste à la seconde et à la troisième décharge; et même après avoir ainsi enduré notre feu, il eut assez de générosité et de hardiesse pour venir nous offrir son amitié et nous présenter un coco.

« Pendant tout ce temps, un vieillard très paisible fit plusieurs voyages du rivage au vaisseau, apportant chaque fois des cocos ou un igname, et prenant en échange tout ce qu'on voulait lui donner. Un second, au moment qu'on tira le canon, était sur le passavant; on ne put le rassurer assez pour l'engager à rester. Vers le soir, après avoir amarré le vaisseau, le capitaine alla avec un fort détachement descendre à l'entrée de la baie. Les Indiens ne s'opposèrent pas à notre descente : ils formaient deux corps, l'un à notre droite, et l'autre à la gauche; tous étaient armés de massues, de dards, de lances, de frondes et de pierres, d'arcs et de flèches. Après avoir distribué aux plus âgés (car nous ne pouvions pas distinguer les chefs) et à quelques autres, des pièces d'étoffe, des médailles, etc., on mit à terre deux pièces à l'eau, pour les remplir à un étang qui se trouvait à environ à vingt pas du débarquement, faisant entendre aux insulaires que c'était une des choses dont nous avions besoin. Ils nous donnèrent alors quelques cocos qui paraissaient être très abondans sur les arbres, mais nous ne réussîmes point à leur faire échanger quelques unes de leurs armes. Ils se tinrent toujours dans l'attitude de gens prêts à se défendre ou à attaquer, et il n'aurait fallu que le plus petit motif pour amener un engagement : c'est du moins ce que nous présumions en les voyant se pousser sur nous, malgré tous nos efforts pour les écarter. Il est probable que nous déconcertâmes leur projet d'attaque en nous rembarquant plus tôt qu'ils ne s'y étaient attendus. Dès que nous fûmes à bord, tous se retirèrent. Le bon vieillard dont on a parlé était dans l'un des groupes; nous le jugeâmes d'un caractère pacifique.

« Quand nous débarquâmes, dit Forster, quelques uns, qui étaient assis sur l'herbe le long du rivage, s'enfuirent; mais ils revinrent dès que nous les eûmes rappelés par signes. Nous les priâmes ensuite de s'asseoir, ce que firent la plupart : nous leur défendîmes de passer une ligne que nous traçâmes sur le sable, et ils obéirent. Dès que nous demandâmes à couper du bois, ils nous montrèrent eux-mêmes des arbres; seulement ils nous invitèrent à ne pas abattre des cocotiers, dont une quantité innombrable couvrait la côte. Quoique les soldats de marine fussent rangés en bataille; quoiqu'au moindre de leurs mouvemens les naturels se missent à fuir à une distance considérable, et qu'il ne restât près de nous que des vieillards, ils ne craignaient pas de se rapprocher dès que nous le désirions. Nous les invitâmes de mettre bas les armes, et la plupart acquiescèrent à cette demande, qui était en elle-même déraisonnable.

« Ils étaient d'une moyenne stature, infiniment plus forts et mieux proportionnés que les habitans de Mallicolo, et, comme ceux-ci, entièrement nus; ils portaient aussi comme eux une corde autour du ventre; mais elle ne coupait pas leur corps d'une manière aussi choquante. Quelques femmes que nous vîmes de loin me paraissaient moins laides que celles de Mallicolo : deux filles tenaient chacune une longue pique à la main.

« En causant avec eux, nous rassemblâmes un grand nombre de mots entièrement nouveaux pour nous ; quelquefois ils exprimaient une même idée par deux termes dont l'un était nouveau pour nous, et le second répondait au langage des îles des Amis ; d'où nous conclûmes qu'ils ont des voisins d'une autre race qui parlent cette langue. Ils nous dirent que leur île s'appelle *Tanna*, mot qui signifie *terre* dans la langue malaise.

« Le soir, nous vîmes briller la flamme du volcan, et de cinq en cinq minutes nous entendions une explosion. Ce phénomène avait attiré notre attention toute la journée : le bruit de quelques unes des explosions égalait celui des plus violens coups de tonnerre, et un fracas sourd retentissait pendant une demi-minute ; l'air était rempli de particules de fumées et de cendres, qui nous causaient beaucoup de douleur, quand elles nous tombaient dans les yeux. Les ponts, les agrès, et toutes les parties du vaisseau furent remplis de cendres noires l'espace de quelques heures, et le même sable mêlé de fraisil et de pierre ponce couvrait la côte de la mer. Ce volcan était éloigné de notre havre de cinq ou six milles ; comme plusieurs montagnes occupaient l'espace intermédiaire, nous n'en apercevions que le sommet, qui vomissait continuellement de la fumée.

« Nous avions besoin, continue Cook, de faire une grande quantité de bois et d'eau, et comme étant à terre j'avais observé qu'on pouvait approcher davantage le vaisseau du lieu du débarquement, ce qui faciliterait considérablement les travaux, puisque nous serions en état de couvrir et de protéger les travailleurs et de contenir les insulaires par la crainte, le 6 août on remorqua le bâtiment à la place désignée pour le nouveau mouillage.

« Tandis qu'on effectuait cette opération, les insulaires arrivaient de toutes parts, et, formant deux corps séparés, ils se rangèrent de chaque côté du débarquement, comme ils avaient fait le jour précédent; ils portaient tous les mêmes armes. Une pirogue montée par un seul homme, et quelquefois par deux ou trois, venait de temps à autre au vaisseau : elle était chargée de cocos ou de bananes qu'elle offrait sans rien demander en retour; mais j'avais soin qu'on lui fît toujours des présens. Leur principal dessein parut être de nous inviter à descendre à terre. Le vieillard qui avait si bien su se concilier notre amitié, fut du nombre de ceux qui se rendirent au bâtiment : je lui fis entendre par signes qu'ils devaient mettre bas leurs armes. Il commença par prendre celles qui étaient dans la pirogue, et les jeta dans la mer. Je lui donnai une grande pièce d'étoffe rouge : je ne pouvais pas douter qu'il ne m'eût compris, et qu'il ne fît connaître ma demande à ses compatriotes; car, dès qu'il fut à terre, nous le vîmes passer successivement de l'un à l'autre corps, et conférer avec les insulaires; et depuis il ne reparut plus avec des armes. L'instant d'après, une pirogue où étaient trois Indiens s'approcha de l'arrière : l'un d'eux, brandissant sa massue d'un air arrogant, en frappa le côté du vaisseau, et commit divers actes de violence; mais il offrit enfin de l'échanger pour un cordon de verroterie et d'autres bagatelles. On les lui descendit du vaisseau avec une corde : au moment qu'il les eut en sa possession, il se retira avec ses compagnons, en forçant de rames, sans vouloir livrer sa massue ou quelque autre chose en retour. C'était là ce que j'attendais, et je n'étais pas fâché d'avoir une occasion de convaincre la multitude qui bordait le rivage, de l'effet de nos armes à feu, en ne leur faisant que le moins de mal possible. J'avais un fusil de chasse chargé à dragées, que je tirai; et quand ils furent hors de la portée du mousquet, on lâcha quelques coups de mousqueton. A ce bruit, ils sautèrent par-dessus bord, se couvrant de leur pirogue, et nageant avec elle jusqu'au rivage. Cette mousquetade ne produisit que peu ou point d'impression sur ces insulaires; ils n'en parurent que plus insolens, et commencèrent à pousser des cris et des huées.

« Après avoir assuré sur ses ancres le vaisseau qui présentait le travers au rivage, et placé l'artillerie de manière à commander tout le havre, je m'embarquai avec les soldats de la marine et un détachement de matelots, dans trois canots, et je fis ramer vers le rivage. Deux troupes d'insulaires, rangées des deux côtés du lieu de débarquement, avaient laissé entre elles un espace d'environ cent à cent vingt pieds, dans lequel étaient placés des régimes de bananes, un igname et deux ou trois racines. Entre ces fruits et le bord de la mer, ils avaient dressé dans le sable (je n'ai jamais su à quel propos) quatre petits roseaux à deux pieds environ l'un de l'autre, sur une ligne perpendiculaire à la mer; ils y étaient encore deux ou trois jours après. Le vieillard dont j'ai déjà parlé, et deux autres, étaient près de ces roseaux, et nous invitaient par signes à descendre à terre; mais je n'avais pas oublié le piége qu'on nous avait tendu, et où je pensai me laisser prendre dans la dernière île. Tout ces apprêts devaient nous donner des soupçons sur leur dessein. Je répondis, en faisant signe aux deux divisions, composées d'environ neuf cents hommes, de se retirer en arrière, et de nous laisser un plus grand espace. Le vieillard parut les y engager; ils n'eurent pas plus d'égard pour lui que pour nous. Ils se rapprochèrent encore davantage; et, à l'exception de deux ou trois, ils étaient tous armés. En un mot, tout tendait à nous faire croire qu'ils se proposaient de nous attaquer à notre descente. Il était aisé d'en prévoir les conséquences; un grand nombre d'entre eux auraient été tués ou blessés, et nous-mêmes aurions difficilement échappé à leurs traits; deux choses que je voulais également prévenir. Voyant qu'ils refusaient de nous laisser de la place, je crus qu'il était plus à propos de les effrayer que de les contraindre à la fuite par des décharges meurtrières. Je fis tirer un coup de mousquet par-dessus la tête de la division de notre droite, qui était la plus nombreuse (il y avait environ sept cents Indiens); mais l'alarme ne fut que momentanée. Bientôt ils revinrent de leur frayeur, et commencèrent à nous menacer avec leurs armes. Un des plus impudens nous montra son derrière dans une attitude qui ne laissait aucune équivoque. Il se frappait les fesses avec sa main, ce qui est un défi et un appel au combat chez toutes les nations de la mer du Sud. Nous répondîmes à ces bravades par trois ou quatre coups de fusil; c'était le signal de commandement pour le vaisseau qui, dans ce moment, fit jouer l'artillerie, et le rivage fut bientôt balayé. Alors nous descendîmes à terre, et marquâmes des limites par une ligne à droite et à gauche. Notre vieil ami était resté seul à son poste, et je reconnus sa confiance par un présent. Les habitans revinrent peu à peu, et en apparence avec des dispositions plus pacifiques; quelques uns même reparurent sans armes, cependant la majeure partie restait armée; et quand nous leur fîmes signe de les mettre bas, ils répondirent que nous devions commencer par poser les nôtres Ainsi, de part et d'autre, on resta toujours armé. Comme ils sortaient peu à peu des buissons pour se rendre sur la grève, nous défendîmes aux nouveaux venus de passer les bornes que nous leur avions établies; et, en ce point, ils obéirent tous. Les présens que je fis aux vieillards, et à quelques autres Indiens de considération, n'eurent que très peu d'effet sur leur conduite. Il est vrai qu'ils montèrent sur des cocotiers, et qu'ils nous en donnèrent les fruits sans en rien exiger; mais j'étais toujours attentif à leur faire accepter quelque chose en échange : ils nous prièrent instamment de ne plus tirer. J'observai que plusieurs craignaient de toucher à ce qui nous appartenait, et qu'ils paraissaient n'avoir aucune notion d'échange. Prenant avec moi le vieillard (son nom, comme je l'appris alors, était Paoouang), je le conduisis dans le bois; là, je lui expliquai que nous étions obligés de couper des arbres et de les prendre à bord du vaisseau; et, dans le même temps, nous en abattîmes quelques uns qu'on transporta dans nos chaloupes, avec de petites pièces à l'eau, dans le dessein de montrer à ces Indiens que c'était principalement ce que nous leur demandions. Paoouang consentit sur-le-champ à la coupe du bois, et les autres n'y formèrent point d'opposition. Il nous supplia seulement de ne pas couper de cocotiers, ce que nous lui promîmes.

« L'après-midi, nous retournâmes à terre pour faire de l'eau. Pas un seul insulaire ne se trouvait sur la grève. A une distance considérable, à l'est, nous en vîmes environ trente assis à l'ombre de leurs palmiers; mais ils ne daignèrent pas venir près de nous. Nous profitâmes de l'occasion pour faire trois ou quatre cents pas dans l'intérieur, où l'on cueillit plusieurs plantes nouvelles. Cette partie de la plaine était en friche et remplie de différens arbres et arbrisseaux; on craignit d'aller plus loin, parce que l'on ne connaissait pas encore le caractère des insulaires : peu à peu ils se rapprochèrent de nous sans armes, et causèrent le mieux qu'ils purent et avec la plus grande cordialité. Ils étaient au nombre de vingt ou trente. Notre bon ami Paoouang, qui se trouvait parmi la foule, nous fit présent d'un petit cochon; ce fut le seul que nous eûmes de cette île. Je n'ai pas appris qu'il y eût eu, ce jour-là ou la veille, quelque Indien blessé ou tué; ce qui était une circonstance très heureuse. Avec nos filets, nous prîmes en trois coups plus de trois cents livres de mulets et d'autres poissons.

« Le 7, dans la même matinée, les habitans se rassemblèrent près de l'aiguade, armés comme auparavant, mais non pas en si grand nombre. Après le déjeuner, nous allâmes à terre pour couper du bois et remplir les futailles. Je trouvai plusieurs insulaires, et surtout les vieillards, disposés à être de nos amis; les plus jeunes furent audacieux et insolens, et nous obligèrent à ne pas quitter nos armes. Je restai avec les travailleurs jusqu'à ce que je fusse comme assuré qu'ils ne commettraient point de désordre, et je retournai à bord, laissant le détachement sous les ordres des lieutenans Clerke et Edgecumbe. Quand ces messieurs arrivèrent pour dîner, ils m'informèrent que les Indiens s'étaient toujours comportés avec la même irrégularité qu'à notre débarquement; que l'un d'eux, plus mutin encore que les autres, avait mis M. Edgecumbe dans la nécessité de lui lâcher son fusil chargé à dragées, et que cette correction les avait enfin rendus plus circonspects. Tous s'étaient retirés en voyant nos canots retourner à bord. Tandis que nous étions à table, un vieillard vint sur *la Résolution*, en examina les différentes parties, et regagna ensuite le rivage.

« L'après-midi, il ne vint à l'aiguade qu'un petit nombre d'Indiens, avec lesquels nous commencions à avoir un peu plus de liaison. Paoouang nous rapporta une hache que les travailleurs avaient laissée dans le bois ou sur le rivage. Quelques autres objets qu'on avait perdus par négligence, ou que les habitans avaient furtivement enlevés, nous furent encore rendus, tant ils craignaient de nous offenser à cet égard.

« Au coucher du soleil ils se dispersèrent tous, excepté quelques uns qui vinrent nous dire qu'ils voulaient aller dormir; ils semblaient nous en demander la permission. Nous leur fîmes signe de partir, et à l'instant ils nous quittèrent. Nous jugeâmes qu'il y avait une espèce de cérémonial dans cette conduite, et qu'ils ne croyaient pas qu'il fût honnête de laisser leurs hôtes seuls dans leur pays; ce qui paraît supposer qu'ils ont des idées de politesse et de décence que nous ne comptions pas trouver chez un peuple aussi peu civilisé.

« Le 9, en quittant le rivage, j'engageai un jeune Indien appelé Ouaagou (1), à me suivre à bord. C'était celui qui montra tant de sang-froid en restant seul dans sa pirogue lorsqu'à l'explosion du canon deux cents autres insulaires se jetèrent pêle-mêle dans la mer. Avant le dîner, je lui montrai toutes les parties du vaisseau; mais je remarquai que rien ne pouvait fixer un moment son attention, ni lui causer la moindre surprise. Il n'avait jamais vu de chèvres, ni de chiens, ni de chats, et il les prenait pour des cochons, en les appelant *bougas*. Je lui fis présent d'un chien et d'une chienne, qu'il paraissait préférer aux autres espèces d'animaux. Un instant après son arrivée à bord, quelques uns de ses amis qui le suivirent dans une pirogue, vinrent le demander, probablement par inquiétude pour sa sûreté. Il regarda par la fenêtre; dès qu'il eut parlé ils retournèrent au rivage, et lui apportèrent aussitôt un coq, une petite canne à sucre, et des cocos qu'il me donna. A table, il ne voulut goûter d'autre viande que du porc salé; il mangea volontiers de l'igname, et but un verre de vin.

« Ainsi que ses compatriotes, il n'avait pas la même facilité de prononciation que les Mallicolais;

(1) Forster lui donne le nom de *Fannòkko*.

et quand il nous demanda nos noms, nous fûmes obligés de les lui dire en les adoucissant, suivant les organes plus flexibles des Taïtiens. Il avait de beaux traits, de grands yeux très vifs, et toute sa physionomie annonçait de la bonne humeur, de l'enjouement et de la pénétration. Forster cite un exemple de son intelligence. Le capitaine Cook et mon père, dit-il, comparant leur vocabulaire, trouvèrent qu'ils avaient chacun noté un mot différent pour exprimer le ciel, et ils s'en rapportèrent à Ouaagou pour savoir lequel des deux termes était le véritable. A l'instant, il étendit une de ses mains vers le ciel et l'appliqua à un des mots; puis plaçant l'autre main par-dessous, il prononça le second mot, nous faisant comprendre par là que le premier signifiait proprement le firmament, et le second les nuages qui se trouvent au-dessous. Il nous apprit aussi les noms de plusieurs îles des environs. Il appelait *Irromanga* celle d'où nous partîmes pour venir à Tanna, et sur laquelle le capitaine eut un malheureux différend avec les naturels; *Immer,* l'île basse que nous avions dépassée en venant vers ce havre; *Irronan,* une île haute que nous avions découverte à l'est de Tanna le même jour; et *Anattom,* une troisième au sud, que nous n'avions pas encore vue. Ses manières à table furent très décentes; la seule chose qui nous parut malpropre, c'est qu'en place de fourchette il se servait d'un petit bâton qu'il portait dans ses cheveux, et avec lequel il se grattait de temps en temps la tête. Comme ses cheveux étaient arrangés, suivant la dernière mode du pays, *à la porc-épic*, et remplis d'huile et de peinture, il nous dégoûta encore davantage; mais il ne croyait pas manquer à la politesse.

« Aussitôt que nous eûmes remis nos hôtes à terre, dit Cook, le jeune homme et quelques uns de ses amis me prirent par la main, dans le dessein, comme je le présumai, de me mener à leurs habitations. Nous n'étions pas encore bien loin, que deux ou trois d'entre eux, je ne sais par quelle raison, ne voulurent pas que j'allasse plus loin. En conséquence, tout le monde s'arrêta; et si je ne me trompai pas, l'un d'eux fut chargé d'aller me chercher quelque chose; car ils me prièrent de m'asseoir et d'attendre, ce que je crus devoir faire. Dans cet intervalle, mes officiers vinrent nous joindre. Cette réunion parut causer de l'ombrage aux insulaires, et ils me pressèrent de retourner à la grève avec tant d'instance que je fus obligé d'y consentir. Ils voyaient avec inquiétude nos excursions dans le pays, et même le long du rivage du havre. Sur ces entrefaites, notre ami Paoouang arriva avec un présent de fruits et de racines, que portaient environ vingt personnes; j'imaginai que c'était dans la vue de le faire paraître plus considérable. L'un portait un régime de bananes, l'autre un igname, un troisième un coco, etc.; assurément deux hommes auraient porté le tout fort à l'aise. Ce présent me fut fait en retour d'un don qu'il avait reçu dans la matinée ; je crus néanmoins devoir payer les porteurs.

« Ces insulaires me firent entendre, d'une manière qui me parut fort claire, qu'ils mangent de la chair humaine, et que la circoncision est pratiquée parmi eux. Ils entamèrent les premiers cette matière en me demandant si nous mangions de cette chair ; sans cela, je n'aurais pas songé à leur adresser cette question. J'ai vu des personnes prétendre que la faim seule peut rendre une nation anthropophage, et rapporter ainsi cet usage à la nécessité. Les habitans de cette île forment au moins une exception à ce système, car ils ont des cochons, des poules, des racines et des fruits en abondance. Cependant, comme nous ne les avons pas vus manger de la chair humaine, quelques personnes pourront douter s'ils sont réellement cannibales.

« Durant la nuit, et toute la journée du 11, le volcan devint excessivement incommode : il grondait d'une manière terrible ; il lançait jusqu'aux nues des torrens de feu et de fumée à chaque explosion, dont l'intervalle n'était guère que de trois ou quatre minutes, et en même temps des pierres d'une prodigieuse grosseur : les petites colonnes de vapeurs qui s'élevaient des environs du cratère nous paraissaient être des feux allumés par les insulaires.

« Tous les matins, observe Forster, nous faisions de petites courses dans l'intérieur du pays.

Différens détours nous conduisirent un jour à des habitations où des femmes apprêtaient le dîner : elles grillaient des racines d'ignames et d'eddoes sur un feu allumé au pied d'un arbre. Notre approche les fit tressaillir et les mit en fuite; mais nos conducteurs les tranquillisèrent, et elles continuèrent leur opération. Nous nous assîmes au pied d'un arbre, devant une des maisons, et nous essayâmes de causer avec les insulaires, tandis que quelques uns d'eux étaient allés nous chercher des rafraîchissemens. Je notai un grand nombre de mots de leur langue, et nous eûmes le plaisir de satisfaire leur curiosité relativement à nos habits, nos armes, etc., sur lesquels ils n'avaient pas encore osé nous adresser une seule question. Les habitans des plantations voisines, apprenant notre arrivée, se rassemblèrent en foule autour de nous, et parurent charmés de ce que nous conversions amicalement et familièrement avec eux. Je fredonnai par hasard une chanson; ils me prièrent instamment de chanter; quoique aucun de nous ne fût habile musicien, nous satisfîmes leur curiosité, et nous leur chantâmes différens airs. Les chansons allemandes et anglaises, surtout les plus gaies, leur plaisaient infiniment; mais les airs suédois du docteur Sparrman obtinrent des applaudissemens universels. Quand nous eûmes fini, nous les priâmes de vouloir bien aussi nous donner une occasion d'admirer leurs talens. L'un d'eux commença à l'instant un air très simple, mais harmonieux;

nous n'en avions jamais entendu un pareil chez les différentes nations du grand Océan. Il embrassait une plus grande quantité de notes que ceux de Taïti, ou même de Tongatabou, et il avait un tour sérieux qui le distinguait avantageusement de la musique plus douce et plus efféminée de ces îles. Les mots paraissaient disposés en mètre, et sortaient de la bouche avec aisance. Dès que le premier insulaire eut fini sa chanson, un autre en entonna une seconde : la composition en était différente, mais toujours dans ce style sérieux qui indique le caractère général du peuple. En effet, on les voyait rarement rire de bon cœur, ou badiner comme les nations plus polies des îles des Amis et de la Société, qui savent déjà mettre un grand prix à ces petites jouissances. Les naturels nous montrèrent aussi en cette occasion un instrument musical composé de huit roseaux, comme le syrinx de Tongatabou, avec cette différence, que la grosseur des roseaux décroissait en proportion régulière, et qu'il comprenait une octave, quoique les roseaux ne fussent pas parfaitement d'accord. Peut-être qu'ils auraient joué devant nous de cet instrument, si l'arrivée de quelques uns de leurs compatriotes, qui venaient nous offrir des cocos, des ignames, des cannes à sucre et des figues, ne nous avait obligés de négliger les musiciens pour nous occuper de ceux qui nous apportaient un pareil présent. Je regrette beaucoup que l'ingénieux ami qui a eu la bonté de me communiquer ses remarques sur la musique des îles des Amis, de Taïti et de la Nouvelle-Zélande, n'ait pas également visité l'île de Tanna.

« Si l'esprit de vengeance est très vif parmi les insulaires de Tanna, il faut convenir en même temps que la bienveillance et l'amour des hommes ne sont pas entièrement bannis de leur cœur. Comme la guerre trouble probablement leur vie, on ne doit pas être surpris de la défiance qu'ils témoignèrent tous à notre égard les premiers jours de notre arrivée; mais dès qu'ils furent convaincus de nos intentions pacifiques, ils se livrèrent à leur véritable caractère. Ils ne firent pas beaucoup d'échanges, parce qu'ils ne jouissent pas d'une opulence égale à celle des Taïtiens; mais l'hospitalité ne consiste point à donner une chose dont on a trop pour une autre dont on n'a pas assez.

« Arrivés sur la grève, nous y passâmes quelque temps au milieu des naturels qui y étaient rassemblés. Il y avait plus de femmes que nous n'en avions encore vu. La plupart étaient mariées, et portaient leurs enfans dans un sac de nattes sur leur dos. Quelques unes avaient, dans des paniers de baguettes pliantes, une couvée de petits poulets; elles nous présentèrent des yambous et des figues. Nous en aperçûmes une qui avait un panier rempli d'oranges vertes : nous n'avions jamais remarqué un seul oranger dans les plantations; nous fûmes charmés de trouver ce fruit à Mallicolo et à Tanna, parce qu'il y a lieu de supposer que c'est aussi une production des îles voisines. Une autre femme nous donna un pâté ou pudding, dont la croûte était de bananes et d'eddoes, et qui contenait en dedans des feuilles de l'okra (*hibiscus esculentus*), mêlées avec des amandes de coco. Ce pudding, d'un excellent goût, montrait que ces femmes ont des connaissances sur la cuisine. Nous achetâmes aussi des flûtes de huit roseaux, des arcs, des traits et des massues.

« L'après-dînée, nous allâmes sur la colline plate faire une autre visite aux naturels. Quelques uns vinrent à notre rencontre à moitié chemin, et nous conduisirent à leurs huttes. Dès que nous fûmes assis avec le père d'une de ces familles, homme d'un moyen âge et d'une physionomie intéressante, nos amis nous prièrent de nouveau de chanter. Nous y consentîmes volontiers, et lorsqu'ils parurent s'étonner de la différence de nos chansons, nous tâchâmes de leur faire comprendre que nous étions de différens pays. Alors, nous indiquant un vieillard dans la foule de nos auditeurs, ils nous dirent qu'il était natif d'Irromanga, et ils l'engagèrent à nous amuser par ses chants. L'Indien s'avança à l'instant au milieu de l'assemblée, et commença une chanson, pendant laquelle il fit différens gestes qui nous divertirent, ainsi que tous les spectateurs. Son chant ne ressemblait point du tout à celui des insulaires de Tanna; il n'était ni désagréable, ni discordant avec la musique. Il paraissait aussi avoir un certain mètre, mais très différent du mètre lent et sérieux que nous avions entendu le matin. Après qu'il eut cessé de chanter, il nous parut que les naturels de Tanna lui parlaient dans sa langue, et qu'il ne connaissait pas la leur. Nous ne pouvons pas dire s'il était venu de son gré dans cette île, ou s'il avait été fait prisonnier. Les Indiens nous apprirent à cette occasion que leurs meilleures massues, faites de bois de casuarina, se tirent d'Irromanga; de sorte qu'ils ont probablement des liaisons de commerce ou d'amitié avec les habitans de cette île. En comparant les traits de sa physionomie avec ceux des Indiens de Tanna, nous n'observâmes aucune différence remarquable; il s'habillait et il s'ornait comme eux, ses cheveux étaient laineux et courts, mais non pas divisés en petites queues. Il était d'un caractère très gai, et il paraissait plus disposé à rire qu'aucun des habitans de Tanna.

« Tandis que l'insulaire d'Irromanga chantait, les femmes sortirent de leurs huttes, et vinrent former un petit groupe autour de nous. En général, elles étaient d'une stature beaucoup moindre que celle des hommes; elles portaient de vieux jupons d'herbes et de feuilles, plus ou moins longs, suivant leur âge. Celles qui avaient fait des enfans, et qui semblaient âgées d'environ trente ans, ne conservaient aucune des grâces de leur sexe, et leurs jupons touchaient à la cheville du pied. De jeunes filles d'environ quatorze ans avaient des traits fort agréables, et un sourire qui devint plus touchant, à mesure que leur frayeur se dissipa. Elles avaient les formes sveltes, les bras d'une délicatesse particulière, le sein rond et plein; elles n'étaient vêtues que jusqu'au genou. Leurs cheveux bouclés flottaient sur leur tête, ou étaient retenus par une tresse, et la feuille de bananier verte qu'elles y portaient ordinairement montrait avec plus d'avantage leur couleur noire. Elles avaient des anneaux d'écaille de tortue à leurs oreilles : nous remarquâmes que la quantité de leurs ornemens s'accroît avec l'âge : les plus vieilles et les plus laides étaient chargées de colliers, de pendans aux oreilles et au nez, et de bracelets. Il me parut que les femmes obéissaient au moindre signe des hommes, qui n'avaient pour elles aucun égard. Elles traînaient tous les fardeaux, et peut-être que ce genre de travail et de fatigue contribue à diminuer leur stature, car les charges ne sont pas toujours proportionnées à leur force.

« Les insulaires de Tanna présentèrent à nos yeux un exemple d'affection qui prouve que les passions et les bonnes qualités des hommes sont les mêmes dans chaque pays. Une petite fille d'environ huit ans, d'une physionomie intéressante, nous examinait furtivement entre les têtes des Indiens assis à terre. Dès qu'elle s'aperçut qu'on la regardait, elle alla en hâte se cacher dans la hutte. Je lui fis signe de revenir, et pour l'y engager, je lui montrai une pièce d'étoffe de Taïti; mais je ne pus pas la déterminer à se rapprocher. Son père se leva, et à force de caresses, il la ramena. Je pris la main de l'enfant, et je lui donnai l'étoffe avec de petits ornemens : la joie et le contentement se peignirent aussitôt sur le visage du père.

« Nous restâmes parmi ces insulaires jusqu'au coucher du soleil; ils chantèrent et firent des tours d'adresse pour nous plaire. A notre prière, ils décochèrent leurs traits en l'air et contre un but; ils ne les lancent pas à une hauteur extraordinaire, mais ils tirent avec beaucoup d'adresse à peu de distance, comme on l'a déjà observé. A l'aide de leurs massues, ils paraient les dards de leurs antagonistes, à peu près comme les Taïtiens. Ils nous dirent que toutes les massues qui ont un tranchant latéral comme une flamme se tirent de l'Ile-Basse, qu'ils appellent *Immer;* mais nous n'avons pas découvert si elles y sont fabriquées par les naturels, ou si l'île est déserte, et s'ils y vont seulement par occasion pour y ramasser des coquillages et couper du bois.

« Avant notre départ des huttes, les femmes allumèrent différens feux dans l'intérieur et en dehors; elles se mirent à apprêter leurs soupers. Les Indiens s'empressaient autour de ces feux, il semblait que l'air du soir était un peu trop froid pour leurs corps nus. Plusieurs avaient à la paupière supérieure une tumeur que nous attribuâmes à la fumée dans laquelle ils sont toujours assis; cette tumeur gênait tellement leur vue, qu'ils étaient obligés de pencher la tête en arrière, jusqu'à ce que l'œil fût dans une ligne horizontale avec l'objet qu'ils désiraient regarder : plusieurs petits garçons de cinq ou six ans avaient cette tumeur ; ce qui nous fit penser qu'elle se propage peut-être d'une génération à l'autre.

« Quand nous arrivâmes au rivage, il ne s'y trouvait plus de naturels. La fraîcheur de la soirée fut délicieuse pour nous qui portions des vêtemens, et nous errâmes dans les bois solitaires jusqu'à la fin du crépuscule. Un nombre prodigieux de petites chauves-souris sortaient de chaque buisson, et voltigeaient autour de nous : nous essayâmes en vain d'en tuer : nous ne les apercevions que lorsque nous en étions très près, et alors nous les perdions tout de suite de vue.

« Le 14 avril, nous partîmes plusieurs avec le capitaine Cook, pour aller reconnaître le volcan d'aussi près qu'il nous serait possible ; mais la grande distance et les alarmes des insulaires ne nous permirent point d'atteindre jusqu'à la montagne où il se trouve. Nous fîmes quelques expériences sur la chaleur des terres du voisinage ; le thermomètre fut enseveli entièrement dans la craie blanche d'où sortait la vapeur : après qu'il y eut resté une minute, il s'éleva à 210°, ce qui est à peu près la chaleur de l'eau bouillante ; il fut à ce point tant que nous le tînmes dans le trou, c'est-à-dire l'espace de cinq minutes. Dès qu'on l'en sortit, il retomba sur-le-champ à 95°, et peu à peu à 80°, point où il était avant l'immersion. La hauteur perpendiculaire de la première solfatarre, au-dessus du niveau de la mer, est d'environ deux cent cinquante pieds.

« Nous découvrîmes ailleurs une source d'eau chaude : on y plongea la boule du thermomètre, et le mercure s'éleva à 191° dans l'espace de cinq minutes. Nous ôtâmes ensuite le sable et les pierres à travers lesquels l'eau coulait doucement dans la mer; nous y replaçâmes l'instrument, de manière qu'il enfonçait au-dessus de la boule; alors il monta derechef à 191°, et il y resta pendant plus de dix minutes. Nous jetâmes dans la source quelques coquillages; ils furent cuits en deux ou trois minutes : une pièce d'argent, qui y avait resté plus d'une demi-heure, en sortit brillante, et sans être ternie; le sel de tartre ne produisit sur l'eau aucun effet visible; mais comme elle était un peu astringente au goût, nous en remplîmes une bouteille, et nous la fermâmes avec soin, pour en faire des expériences plus exactes à mon retour. Nous vîmes beaucoup de petits poissons, seulement de deux pouces de long, qui sautillaient autour des rochers, comme des lézards, auxquels ils ressemblaient : leurs nageoires pectorales faisaient l'office des pieds, leurs yeux étaient placés près du sommet de la tête, comme pour les mettre en garde contre leurs ennemis, quand ils sont hors de l'eau. Ces petits animaux amphibies étaient si agiles, que nous avions peine à les attraper : ils faisaient aisément des sauts de trois pieds de long : ils appartiennent au genre des *blennies*. Le capitaine Cook, dans son premier voyage, remarqua la même espèce, ou une espèce semblable de poisson, sur la côte de la Nouvelle-Hollande. Nous les vîmes une fois acharnés à détruire une couvée de petits grillons, qui semblaient être tombés d'une crevasse de rocher.

« Le capitaine Cook vint de nouveau, le lendemain 18, examiner avec nous les sources chaudes à la marée basse, parce que les expériences de la veille avaient été faites durant le flot qui s'était approché à deux ou trois pieds de celle où l'on plongea le thermomètre, ce qui pouvait avoir contribué à refroidir l'eau : alors nous y plongeâmes le thermomètre, qui, en plein air, se tenait à 78°; le vif-argent ne s'éleva plus qu'à 187, après avoir été une minute et demie dans l'eau chaude : nous en conclûmes que d'autres causes influaient sur la chaleur relative de ces sources. Cette opinion se confirma de plus en plus en examinant une nouvelle source qui jaillissait sur la grande grève au sud. Là, au pied d'un rocher perpendiculaire, formant une partie de la montagne à l'ouest, sur laquelle sont situées les solfatarres, l'eau chaude sort en bouillonnant à travers un sable noir, et court dans la mer. Dès que le thermomètre eut resté une minute dans cette source, il s'éleva à 202° et demi (ce qui est presque le degré de l'eau bouillante), et il se tint plusieurs minutes à ce point. Il paraît que le volcan échauffe ces sources, et qu'elles roulent leurs ondes sous terre jusqu'à ce qu'elles trouvent une issue. Selon toute apparence le feu de cette montagne n'est pas toujours également violent, et il diminue peu à peu dans les intervalles entre les éruptions : les différentes parties peuvent avoir aussi différens degrés de chaleur, et les sources diverses, en traversant un espace plus long ou plus court, doivent perdre plus ou moins de leur chaleur primitive. Les solfatarres qui sont sur la colline, directement au-dessus de ces sources, ont, suivant moi, des communications avec elles, et la vapeur qui en sort à travers les crevasses souterraines est peut-être une portion de la même eau qui monte avant que la fraîcheur du terrain sur lequel elle est portée puisse la condenser en un fluide.

« Comme nous n'attendions plus qu'un vent favorable pour partir, nous cherchâmes à bien employer le reste du temps. Un détachement nombreux descendit à terre; mais chacun se sépara et alla de son côté. Je rencontrai beaucoup d'Indiens qui se rendaient au rivage; ils sortirent tous du sentier pour me faire place, quoique je fusse sans compagnon, et aucun d'eux n'entreprit de m'offenser. Je fis seul plusieurs milles vers un canton que nous n'avions pas encore examiné. Des bocages très épais cachaient le chemin que je suivis, et je n'apercevais que par intervalles les plantations qui couvraient la croupe de la colline. Je vis les naturels couper ou émonder des arbres, ou creuser la terre avec une branche qui leur tenait lieu de bêche, ou planter des ignames, etc. : j'entendis aussi un homme qui, en travaillant, chantait à peu près sur le même ton que les chanteurs dont on a parlé plus haut. La perspective dont je jouissais approchait de celle de Taïti; elle avait même un avantage, c'est que tout le pays, à une distance considérable autour de moi, présentait de petits monticules et des vallées spacieuses, toutes susceptibles de culture; au lieu qu'à Taïti des montagnes escarpées et sauvages s'élèvent tout à coup du milieu de la plaine, qui n'a nulle part deux milles de largeur. La plupart des plantations de Tanna sont en ignames, bananiers, eddoes et cannes à sucre. Toutes ces plantes étant fort basses, permettent à l'œil d'embrasser une grande étendue de terrain. Des arbres touffus occupent çà et là des espaces solitaires, et produisent des scènes très pittoresques. Le sommet de la colline plate qui borde une partie de l'horizon paraît festonné de petits bosquets où les palmiers élèvent leurs têtes par-dessus les autres arbres.

« Ceux qui savent jouir des beautés de la nature concevront le plaisir qu'on goûte à la vue de chaque petit objet minutieux en lui-même, mais important au moment où le cœur s'épanouit et qu'une espèce d'extase transporte les sens. On contemple alors avec ravissement la face sombre des terres préparées pour la culture, la verdure uniforme des prairies, les teintes différentes et la variété infinie des feuillages. Un pareil spectacle dans toute sa perfection était ici étalé à mes regards: quelques arbres réfléchissaient mille rayons ondoyans, tandis que d'autres formaient de grandes masses d'ombrages en contraste avec les flots de lumière qui couvraient tout le reste; les nombreux tourbillons de fumée qui jaillissaient de chaque bocage offraient l'idée de la vie domestique : mes pensées se portèrent naturellement sur le bonheur de ce peuple, en considérant ces vastes champs de bananiers qui m'environnaient de toutes parts, et qui, par leurs fruits, me paraissaient avoir été choisis avec raison pour les emblèmes de la richesse et de la paix. Le paysage, à l'ouest, n'était pas moins admirable que celui dont je viens de parler : la plaine y était entourée d'un grand nombre de collines fertiles, revêtues de bois entremêlés de plantations; et par-derrière s'élevait une chaîne de hautes montagnes qui ne sont pas inférieures à celles des îles de la Société, quoiqu'elles semblent être d'une pente plus aisée. J'examinai cette scène champêtre du milieu d'un groupe d'arbres que les liserons et d'autres plantes grimpantes enlaçaient de leurs fleurs odorantes. La richesse du sol est prodigieuse, car des palmiers déracinés par les vents et couchés à terre avaient poussé de nouveaux branchages. Du milieu du feuillage, différens oiseaux, ornés des plus belles couleurs, m'égayaient par leurs chants; la sérénité de l'air et la fraîcheur de la brise contribuaient d'ailleurs à l'agrément de ma situation. Mon esprit, entraîné par cette suite d'idées douces, se livrait à des illusions qui augmentaient mon plaisir, en me représentant le genre humain sous un point de vue favorable. Nous venions de passer une quinzaine de jours au milieu d'un peuple qui nous avait accueilli avec beaucoup de défiance, et qui s'était préparé à repousser courageusement toute espèce d'hostilité : l'honnêteté de notre conduite, notre modération, avaient dissipé leur frayeur inquiète. Ces insulaires, qui, suivant toute apparence, n'avaient jamais connu d'hommes aussi bons, aussi paisibles, et pourtant aussi redoutables que nous, qui étaient accoutumés à voir dans chaque étranger un ennemi lâche et perfide, conçurent alors des sentimens plus nobles de notre espèce; ils partagèrent avec nous des productions qu'ils ne craignaient plus qu'on leur enlevât par force; ils nous permirent de visiter leurs charmantes retraites, et nous fûmes témoins de leur félicité domestique; bientôt ils commencèrent à aimer notre conversation, et ils conçurent de l'amitié pour nous. Je tombai ensuite dans des rêveries sur la prééminence des sociétés civilisées; un bruit qui frappa mes oreilles dans le lointain m'en fit sortir; je me retournai, et j'aperçus le docteur Sparrman; je lui montrai le spectacle qui me causait tant de joie, et je lui communiquai mes idées. Nous partîmes ensuite pour nous rendre à bord, parce que l'heure de midi approchait. Le premier naturel que nous rencontrâmes s'enfuit et se cacha dans un buisson : nous surprîmes ensuite, à l'entrée d'une plantation, une femme qui n'avait pas eu le temps de s'échapper; elle nous offrit d'une main tremblante, et avec une extrême frayeur, un panier rempli d'yambous : l'effet de ces deux rencontres nous étonna. D'autres naturels qui se tenaient derrière les buissons remuaient leurs mains vers la grève, et nous firent signe de nous y rendre. Enfin, en sortant du bois, nous vîmes deux Indiens assis sur l'herbe, et tenant un de leurs compatriotes mort entre leurs bras; ils nous montrèrent une blessure qu'il avait au côté, et ils dirent, avec des regards touchans : *Il est tué.* (1)

« On nous raconta au camp les détails de ce meurtre, et nous ne pûmes nous empêcher d'en gémir. Un insulaire avait voulu s'avancer au-delà des limites que gardait la sentinelle; probablement il n'était jamais venu sur cette grève, et ne connaissait point les défenses que nous nous étions permis de faire : le soldat de marine le repoussa durement parmi le reste de ses compatriotes, qui étaient déjà accoutumés à ce traitement injurieux, et qui s'y soumettaient : le nouveau venu refusa d'être dominé dans son propre pays par un étranger, et il se prépara à passer une seconde fois ces fatales bornes, uniquement peut-être pour montrer qu'il était le maître de marcher

(1) Ils exprimèrent cela d'une manière encore plus frappante par un mot de leur langue, *markom.*

où il lui plaisait. La sentinelle l'ayant repoussé, il tendit son arc; le soldat aussitôt lâcha son fusil, et tua un Indien qui se trouvait à côté du prétendu coupable.

« Nous fûmes étonnés, le docteur Sparrman et moi, de la modération des insulaires, qui nous avaient laissé passer sans nous attaquer, lorsqu'ils pouvaient aisément venger sur nous l'assassinat d'un de leurs compatriotes. Nous nous rendîmes à bord avec le capitaine Cook, fort en peine de mon père, qui était toujours dans les bois, suivi d'un seul matelot : nous eûmes cependant le plaisir de le voir un quart d'heure après, sain et sauf au milieu des soldats de marine qu'on avait laissés à terre pour garder nos futailles. Une chaloupe alla tout de suite le chercher : il avait été aussi bien traité des naturels que nous.

« Ainsi une action détestable détruisit toutes les chimères de mon imagination. Les naturels, au lieu d'avoir meilleure opinion de nous que des autres étrangers, avaient droit de nous abhorrer davantage, puisque nous venions les exterminer sous le masque spécieux de l'amitié : quelques personnes de l'équipage regrettaient qu'au lieu d'expier ici les différens actes de violences que nous avions commis sur la plupart des îles durant le voyage, nous nous y fussions au contraire rendus coupables de la plus grande cruauté. Le capitaine Cook avait résolu de punir très rigoureusement le soldat de marine pour avoir transgressé ses ordres positifs;

mais l'officier qui commandait à terre déclara que, sans avoir donné des ordres particuliers à la sentinelle, il lui en avait donné d'autres, suivant lesquels la moindre menace de la part des naturels devait être punie de mort sur-le-champ. Le soldat sortit donc des fers, et le droit que s'appropriait l'officier sur la vie des insulaires passa pour incontestable.

« Les productions de l'île sont le fruit à pain, les bananes, les cocos, un fruit ressemblant à la pêche qu'on nomme pavie, l'igname, la patate, la figue sauvage, un fruit pareil à l'orange, qui n'est pas mangeable, et quelques autres dont je ne sais pas le nom. Je ne puis douter que la noix muscade n'y croisse, car M. Forster en trouva une dans le gésier d'un pigeon qu'il venait de tuer. Les fruits à pain, les cocos et les bananes n'y sont pas si abondans ni si bons qu'à Taïti; mais les cannes à sucre et les ignames s'y trouvent en plus grande quantité, plus gros et meilleurs. Un de ces ignames pesait cinquante-six livres. Les cochons ne parurent point rares; nous ne vîmes pas beaucoup de poules; ce sont les seuls animaux domestiques qu'aient les habitans. Les oiseaux de terre n'y sont pas à beaucoup près si nombreux qu'aux îles de la Société; mais on y trouve de petits oiseaux du plus joli plumage, et dont l'espèce nous était inconnue. Les arbres et les plantes qui croissent sur cette terre sont aussi variés dans leur espèce que dans aucune des îles où nos botanistes ont eu le temps d'herboriser.

« Parmi les plantes dont sont remplis les bois, un grand nombre étaient nouvelles pour nous, et d'autres croissent aux îles des Indes orientales. Les terres cultivées en contiennent en outre quarante espèces inconnues aux îles de la Société et des Amis.

« Je crois que ces insulaires vivent principalement du produit de la terre, et que la mer contribue peu à leur subsistance. Cela vient-il de ce que leur côte n'est pas poissonneuse, ou de la maladresse de leurs pêcheurs? Je n'ai vu dans l'île aucune espèce de filet, ni aucun habitant pêcher ailleurs que sur les récifs ou le long du rivage du port, où ils épiaient le poisson qui passait à leur portée pour le darder; ils montrent de la dextérité à cet exercice. Ils admiraient notre manière de prendre le poisson avec la seine.

« Les coquillages sont rares sur la côte. Les habitans vont en chercher sur les autres îles; ils mettent quelque prix aux grandes nacres de perle.

« Dans les commencemens, nous pensions que les naturels de cette île, ainsi que ceux d'Irromanga étaient une race intermédiaire entre celle des îles des Amis et celle de Mallicolo; mais en les observant plus particulièrement, nous fûmes convaincus qu'ils n'ont presque aucune affinité, ni avec les uns ni avec les autres, à l'exception de leurs cheveux, qui diffèrent peu de ceux des insulaires de Mallicolo. Ces cheveux, noirs chez les uns, et bruns chez les autres, sont crépus et frisés.

Nous en avons remarqué quelques uns jaunâtres à la pointe. Ils les séparent en petites mèches, autour desquelles ils roulent l'écorce mince d'une plante, jusqu'à un pouce de l'extrémité; et à mesure que les cheveux croissent, ils continuent de rouler l'écorce autour; ce qui fait l'effet d'un paquet de cordelettes qui leur pendent de la tête.

« Ils portent leur barbe courte : elle est forte et épaisse. Les femmes ont généralement des cheveux courts, ainsi que les jeunes gens jusqu'à l'âge de virilité. Nous avons vu des hommes et des femmes qui avaient des cheveux comme les nôtres; mais on s'apercevait aisément qu'ils étaient d'une autre race; et je crois qu'on nous fit entendre qu'ils venaient d'Erronam. C'est à cette île qu'appartient une des deux langues qu'ils parlent, et qui est presque la même que celle des habitans des îles des Amis. Il est très probable que c'est de ces îles qu'Erronam a tiré ses habitans, et que, par une longue communication avec Tanna et les autres terres voisines, chaque île a appris la langue de l'autre.

« Celle que parlent les habitans de Tanna, ceux d'Irromanga et d'Anattom, leur est particulière. Elle diffère de celle de toutes les autres îles, et n'a aucune affinité avec celle de Mallicolo; de sorte qu'il paraît que la population de ces trois îles forme une nation absolument distincte. Mallicolo, Épi, etc., sont des noms qui leur étaient inconnus; ils n'avaient même jamais entendu parler de l'île Sandwich, qui est bien moins éloignée. Je me donnai assez de peine pour savoir jusqu'où s'étendaient leurs connaissances géographiques, et je trouvai qu'elles ne passaient pas les bornes de leur horizon.

« Ces insulaires sont d'une médiocre stature et minces de taille; on en voit beaucoup de petits, peu de gros ou de robustes, et ils sont bien de figure; mais on remarque rarement à Tanna ces beaux traits si communs parmi les insulaires des îles de la Société, des Amis et des Marquésas. Je n'ai pas trouvé un seul homme gras; ils sont tous pleins de vivacité et de feu, ils ont le nez large, les yeux pleins et doux. La physionomie de la plupart est ouverte, mâle et prévenante. Ils sont, comme les peuples des tropiques, agiles et dispos; ils excellent à manier leurs armes, et montrent de l'aversion pour le travail; jamais ils ne voulurent nous aider en quelque ouvrage que ce fût, tandis que les habitans des autres îles s'en faisaient un plaisir : leur penchant pour l'oisiveté se manifeste surtout par la manière indigne dont ils traitent les femmes, qui ne sont proprement que des bêtes de somme. J'en ai vu marcher une ayant un gros paquet et un enfant sur le dos, et un autre paquet sous le bras, tandis qu'un jeune homme, qui allait devant elle, ne tenait à la main qu'une massue ou une lance. Nous avons fréquemment observé le long de la plage, sous l'escorte d'un certain nombre d'hommes armés, de petits troupeaux de femmes chargées de fruits et de racines; mais rien n'est plus rare que de rencontrer des hommes portant des fardeaux.

« Je ne dirai pas que les femmes y sont belles; mais je pense qu'elles sont assez jolies pour les habitans, et qu'elles le sont trop pour l'usage qu'ils en font; elles ne portent qu'une corde autour des reins, et quelques brins de paille qui y sont attachés devant et derrière. Les deux sexes sont d'une couleur très bronzée, mais non pas noire; ils n'ont même aucun trait des nègres; ils paraissent plus bruns qu'ils ne le sont naturellement, parce qu'ils se peignent le visage avec un fard; ils usent aussi d'un fard rouge, et d'une troisième sorte brunâtre, ou d'une couleur entre le rouge et le noir. Ils se mettent de larges couches de tous ces fards, non seulement sur le visage, mais encore sur le cou, les épaules et la poitrine. Pour appliquer ces peintures, ils se servent d'huile de coco; ils se font des barres obliques de deux ou trois pouces de large; ils emploient rarement la couleur blanche; mais ils couvrent quelquefois une moitié du visage de rouge, et l'autre moitié de noir.

« Les hommes n'ont d'autre vêtement qu'une ceinture et un pagne, qu'ils placent d'une manière aussi indécente que les habitans de Mallicolo. Les femmes s'enveloppent aussi d'une pièce d'étoffe qui les couvre de la ceinture aux genoux, en forme de jupe, et cette étoffe est de fibres de bananiers.

Les enfans prennent ces feuilles à l'âge de six ans.

« Une espèce de pierre argileuse, mêlée avec des morceaux de craie, forme la plupart des rochers que nous examinâmes. Elle est communément d'une couleur brune ou jaunâtre, et se trouve en couches presque horizontales d'environ six pouces d'épaisseur. En plusieurs endroits, nous observâmes une pierre noire, tendre, composée des cendres et des schorls vomis par le volcan, mêlée d'argile ou d'une sorte de tripoli. Cette substance est placée quelquefois en couches alternatives avec la pierre noire. Le même sable volcanique, mêlé au terreau végétal, forme le sol le meilleur de l'île, où comme je l'ai déjà dit, tous les végétaux croissent en abondance. Le volcan qui brûle sur l'île modifie sans doute beaucoup ces productions minérales, et nous aurions peut-être fait des observations nouvelles dans cette partie, si les naturels ne nous avaient pas empêchés constamment de l'examiner. Nous avons trouvé le soufre natif dans la terre blanche qui couvre les solfatarres d'où s'élèvent les vapeurs aqueuses : cette terre est très alumineuse, et peut-être imprégnée de particules de sel. Nous avons aussi remarqué, près de ces endroits, un bolus rouge et une pierre blanche séléniteuse dont les naturels ornent les cartilages de leurs narines. Nous y avons vu des échantillons de grosses laves; mais comme nous n'avons jamais approché du volcan, nous n'en avons pas trouvé en grande quantité.

« Le 21 août au soir, nous fîmes route à l'est; et, après avoir reconnu qu'au-delà de l'île d'Erronam ou Toutana, il n'y avait plus de terre, nous retournâmes au sud, et nous ne vîmes rien non plus dans cette direction. La côte méridionale de Tanna nous parut très escarpée, mais sans brisans. Nous tournâmes alors au nord-est, et nous vîmes les hautes terres d'Irromanga, puis Sandwich, et Mallicolo, dont nous aperçûmes ainsi les côtes opposées à celles que nous avions prolongées en allant au sud.

Nous passâmes ensuite par le détroit entre Mallicolo et la Tierra del Spiritu Santo de Quiros, et je fis reconnaître la baie à laquelle ce grand navigateur a donné le nom de *Saint-Jacques et Saint-Philippe.* Nous aperçûmes dans des pirogues les insulaires, qui ressemblaient assez à ceux que nous avions vus dans cet archipel.

« Telles furent nos découvertes dans ce point du globe que nous avons désigné sous le nom de *Nouvelles-Hébrides.* Ce groupe d'îles, que nous avons examiné rapidement en quarante-six jours, semble mériter l'attention des navigateurs à venir, surtout de ceux qu'on enverra faire des découvertes dans les différentes parties des sciences : on ne prétend pas dire qu'ils y trouveront l'argent et les perles dont Quiros était obligé de parler, pour engager une cour intéressée et avare à favoriser ses grandes et nobles entreprises. Ces petits mensonges ne sont pas nécessaires, depuis que plusieurs monarques de l'Europe ont appris au genre humain qu'ils peuvent ordonner des expéditions uniquement afin de hâter les progrès des connaissances humaines. Ils ont reconnu que les sommes prodiguées par leurs prédécesseurs à de vils courtisans suffisaient pour produire une révolution nouvelle et importante dans l'état des sciences, qui, avec peu de dépenses, peuvent triompher des obstacles sans nombre que leur opposent l'ignorance, l'envie et la superstition. Les productions naturelles des Nouvelles-Hébrides, sans parler des richesses artificielles, sont dignes seules de l'attention des voyageurs.

« Au lever du soleil, le 1er septembre 1774, après avoir couru la nuit au sud-ouest, nous perdîmes toute terre de vue. Le vent continuant de régner dans la partie du sud-est, nous poursuivîmes notre route au sud-ouest.

« On aperçut, le 4, une terre que Cook nomma *le cap Colnett*, nom du volontaire qui la découvrit le premier. Ensuite on vit plus distinctement une longue côte et un canal dans lequel on crut pouvoir entrer afin d'accoster la terre. Je voulais y atterrir, dit Cook, non seulement pour la reconnaître, mais plus encore pour avoir occasion d'y observer une éclipse de soleil qui devait bientôt arriver. Dans ce dessein, je fis mettre le vaisseau en travers, et je chargeai deux canots armés d'aller sonder le canal; sur ces entrefaites, dix à douze grandes pirogues à la voile n'étaient qu'à une petite distance de nous. Toute la matinée, nous les avions vues partir de différens endroits du rivage : quelques unes s'étaient arrêtées près des récifs, où nous supposâmes qu'elles s'occupaient à la pêche. Aussitôt qu'elles furent rassemblées, elles s'avancèrent toutes à la fois sur le vaisseau, et elles en étaient assez près quand nous mîmes dehors nos canots, qui probablement les alarmèrent; car, sans s'arrêter, elles allèrent vers un récif, et nos bateaux les suivirent. Nous reconnûmes alors que ce que nous avions pris pour des ouvertures dans la côte n'était qu'une terre basse sans interruption. On peut en excepter l'extrémité occidentale, qui formait une île connue sous le nom de *Balabéa*, ainsi que nous l'apprîmes ensuite.

« Les canots nous ayant fait le signal pour le passage, et l'un d'eux s'étant placé près de la pointe et au vent du récif, nous entrâmes dans le canal; sur notre route, nous prîmes à bord l'autre canot. L'officier qui le commandait m'informa que la mer où nous devions passer avait seize et quatorze brasses d'eau, fond de sable fin, et qu'il avait abordé deux pirogues, dont les Indiens s'étaient montrés obligeans et civils; ils lui offrirent quelques poissons, et en échange il leur présenta des médailles, etc. Dans une des pirogues était un jeune homme fort et robuste, que nous prîmes pour un chef; ses camarades lui donnaient tout ce qu'ils recevaient.

« A peine eut-on mouillé l'ancre, que nous

fûmes environnés d'une foule d'Indiens, qui nous avaient suivis dans seize ou dix-huit pirogues, et dont la plupart étaient sans armes. Ils n'osèrent pas d'abord accoster le vaisseau ; mais bientôt nous leur inspirâmes la confiance de s'approcher assez pour recevoir des présens. Nous les leur descendions au bout d'une corde, à laquelle ils attachaient en échange des poissons tellement gâtés, que l'odeur en était insupportable; ce qui était déjà arrivé dans la matinée. Ces échanges formant entre nous une sorte de liaison, deux Indiens hasardèrent de monter à bord, et bientôt les autres remplirent le vaisseau. Quelques uns s'assirent à table avec nous. La soupe aux pois, le bœuf et le porc salés étaient des mets qu'ils n'eurent pas la curiosité de goûter; mais ils mangèrent des ignames que nous avions encore, et qu'ils nommèrent *oubi*. Ce nom diffère peu d'*oufi*, ainsi qu'on les appelle dans la plupart des îles, à l'exception de Mallicolo : comme toutes les nations que nous avions récemment visitées, ces Indiens sont presque nus ; à peine se couvrent-ils les parties naturelles d'une espèce de pagne, telle qu'on en porte à Mallicolo. Ils furent curieux d'examiner tous les coins du vaisseau, qui leur causait une extrême surprise. Les chèvres, les cochons, les chiens et les chats leur étaient si inconnus, qu'ils n'avaient pas même de termes pour les nommer. Ils paraissaient faire un grand cas des clous et des pièces d'étoffe, parmi lesquelles les rouges étaient les plus estimées.

« Après le dîner, nous allâmes à terre avec deux canots armés. Un de ces insulaires, qui s'était attaché à moi de son propre mouvement, nous accompagnait. Nous débarquâmes sur une plage sablonneuse, en présence d'un grand nombre d'habitans qui s'étaient rassemblés pour nous voir; aussi nous reçurent-ils avec des démonstrations de joie, et cette surprise naturelle à un peuple qui voit des hommes et des objets dont il n'a pas encore d'idée. Je fis des dons aux insulaires que me présenta mon nouvel ami, et qui étaient ou des vieillards, ou des gens de considération; mais il ne marqua aucun égard pour quelques femmes placées derrière la foule, et il me retint la main lorsque je voulus leur donner des grains de verroterie et des médailles. Nous retrouvâmes ici le même chef qu'on avait vu le matin dans une des pirogues. Il se nommait *Téabouma*, comme nous l'apprîmes alors; nous ne fûmes pas à terre dix minutes, qu'il fit faire silence. Tout le peuple lui ayant donné cette marque d'obéissance, il prononça un petit discours. A peine eut-il fini, qu'un autre chef imposa silence à son tour, et parla. Ces harangues étaient composées de phrases courtes, à chacune desquelles deux ou trois vieillards répondaient par des branlemens de tête, et une espèce de murmure, sans doute en signe d'applaudissement; peut-être aussi qu'il proposait des questions auxquelles on lui répondait. Il nous était impossible de deviner le sens de ses harangues, qui, nous étant adressées, ne contenaient vraisemblablement rien que de favorable pour nous. Tout le temps que ces chefs parlèrent, j'observai le peuple, et je ne vis rien qui dût nous inspirer de la défiance.

« Nous nous mêlâmes ensuite dans la foule pour les mieux examiner; plusieurs qui paraissaient affectés d'une espèce de lèpre, avaient les jambes et les bras prodigieusement gros : il étaient absolument nus, si on en excepte un cordon qu'ils portaient autour de leur ceinture et un second autour de leur cou. Le petit morceau d'étoffe d'écorce de figuier qu'ils replient quelquefois autour de la ceinture, ou qu'ils laissent flotter, mérite à peine le nom d'une couverture; il ne sert pas plus de voile que celui des Mallicolais; et aux yeux des Européens il était plutôt malhonnête que décent. Chaque habitant de cette île, ainsi que les naturels de Tanna et de Mallicolo, était une figure ambulante du dieu Priape. Les idées de modestie sont différentes dans chaque pays, et changent aux différentes époques de la civilisation. Lorsque tous les hommes vont nus comme à la Nouvelle-Hollande, où par pudeur on ne porte pas le moindre vêtement, on se regarde avec autant de simplicité que si on était vêtu. Les habits à la mode, et les armures des quinzième et seizième siècles, dans toutes les cours d'Europe, passeraient à présent pour fort indécens,

Qui osera dire qu'il y avait alors moins de modestie qu'aujourd'hui?

« Cette même pièce d'étoffe que les habitans de la Nouvelle-Calédonie contournent d'une manière si indécente, est souvent d'une telle longueur qu'ils en attachent l'extrémité à la corde qui est autour de leur cou : plusieurs portaient à cette corde de petits grains d'une pierre néphrétique d'un vert pâle, qui est de la même espèce que celle de Tanna, et presque semblable à celle de la Nouvelle-Zélande; quelques uns avaient sur leur tête des bonnets cylindriques noirs, d'une natte très grossière, entièrement ouverts au deux extrémités, et de la forme d'un bonnet de hussard : ceux des chefs étaient ornés de petites plumes rouges; de longues plumes noires de coq en décoraient la pointe. A leurs oreilles, dont l'extrémité est étendue jusqu'à une longueur prodigieuse, et dont tout le cartilage est fendu comme à l'île de Pâques, ils suspendent une grande quantité d'anneaux d'écaille de tortue, ainsi que les insulaires de Tanna, et ils mettent dans le trou un rouleau de feuilles de canne à sucre. Ils sont d'une grande stature et bien proportionnés, d'une figure intéressante, et d'un châtin foncé; ils ont la barbe et les cheveux noirs, et si frisés, que plusieurs individus paraissent laineux.

« Dès que je leur eus fait entendre que nous avions besoin d'eau les uns nous montrèrent l'est, et d'autres l'ouest. Mon ami se chargea de nous conduire, et s'embarqua avec nous. Nous rangeâmes la côte vers l'est l'espace d'environ deux milles, et nous la vîmes presque partout couverte de mangliers. Nous entrâmes à travers ces arbres dans une crique étroite, ou rivière, qui nous porta au pied d'un petit village au-dessus des mangliers; là nous débarquâmes, et l'on nous montra une source d'eau douce. Le sol des environs était très bien cultivé, planté de cannes à sucre et de bananiers, d'ignames et d'autres racines, et arrosé par de petits canots conduits avec art depuis le principal ruisseau qui avait sa source dans la montagne. Du milieu de ces belles plantations s'élevaient des cocotiers dont les rameaux épais ne paraissaient pas fort chargés de fruits. Nous entendîmes le chant des coqs, mais nous n'en vîmes aucun. Les habitans cuisaient alors des racines dans une jarre de vingt à trente pintes; nous ne doutâmes point que ce vase de terre ne fût de leur propre fabrique. Comme nous remontions la crique, M. Forster tira un canard qui volait au-dessus de nous; ce fut le premier usage que ce peuple nous vit faire de nos armes. Mon ami le demanda; et quand nous mîmes à terre, il raconta à ses compatriotes de quelle manière cet oiseau avait été tué.

« M. Forster répéta la même expérience, afin de leur donner, par ces innocens moyens, une idée de notre puissance. La rivière n'ayant pas plus de quarante pieds de large, nous débarquâmes sur ses bords, élevés d'environ deux pieds au-dessus de l'eau. Nous y vîmes des familles d'insulaires : les femmes et les enfans vinrent familièrement autour de nous, sans montrer la moindre marque de défiance ou de mauvaise volonté. Le teint des femmes était en général de la même couleur que celui des hommes, et leur stature moyenne; quelques unes étaient grandes, leurs formes un peu grossières et robustes. A voir leur vêtement qui les défigurait beaucoup, on les croyait accroupies; c'était un jupon court, composé de filamens ou de cordelettes d'environ huit pouces de long, repliées plusieurs fois autour de la ceinture; les cordelettes étaient placées les unes au-dessus des autres, en différentes rangées qui formaient autour du corps une espèce de couverture de chaume qui ne cachait pas plus d'un tiers de la cuisse : elles étaient quelquefois teintes en noir; mais communément les extérieures étaient seules de cette couleur, tandis que les autres étaient couleur de paille sale. Ces femmes portaient, de même que les hommes, des coquillages et des morceaux de jade comme pendans d'oreilles; d'autres avaient trois lignes noires qui se prolongeaient longitudinalement de la lèvre inférieure jusqu'au bas du menton. Ce tatouage avait été fait de la même manière qu'aux îles des Amis et de la Société.

« Le 6, nous eûmes la visite de quelques centaines d'Indiens; les uns arrivaient dans des pirogues, et les autres à la nage; ils avaient dans chacune des feux qui brûlaient sur des pierres. Bientôt les ponts et toutes les parties du vaisseau en furent pleins. Mon ami, qui était du nombre, m'apporta des racines; tous les autres n'avaient avec eux aucune sorte de provisions. Des femmes accompagnaient les hommes; mais elles ne vinrent point à bord. Quelques uns qui étaient armés de massues et de dards, échangèrent ces armes pour des clous, des pièces d'étoffe, etc. Après le déjeuner, j'envoyai deux canots armés aux ordres du lieutenant Pickersgill, pour découvrir une source d'eau douce; car celle que nous avions trouvée le jour précédent ne pouvait nous convenir en aucune manière. Dans le même temps, M. Wales et le lieutenant Clerke allèrent sur la petite île faire les préparatifs nécessaires pour observer l'éclipse de soleil qui devait arriver l'après-midi. M. Pickersgill revint bientôt à bord pour m'informer qu'il y avait sur la petite île un ruisseau d'eau douce, où les canots arriveraient très commodément : aussitôt on mit la chaloupe en mer pour remplir les futailles, et je me rendis ensuite sur l'île afin d'être un des observateurs.

« L'éclipse commença vers une heure après-midi; des nuages ne nous permirent point d'en observer le commencement, et nous perdîmes le premier contact : nous fûmes plus heureux pour la fin.

« La latitude de l'île ou du lieu de l'observation est de 20° 17′ 39″ sud; la longitude de 164° 41′ 21″ à l'est. Nos observations finies, nous retournâmes à bord où était le chef Téabouma, qui bientôt après quitta le vaisseau sans que je m'en aperçusse, et par-là perdit le présent que je voulais lui faire.

« Ayant, le 6, mis à terre à l'endroit où nous débarquâmes la veille, nous longeâmes la grève, qui était sablonneuse et bornée par un hallier épais; nous atteignîmes bientôt une cabane, d'où des plantations se prolongeaient derrière la grève et le bois : nous parcourûmes ensuite un canal qui arrosait les plantations, mais dont l'eau était très saumâtre. De là nous gravîmes une colline qui était près de nous, et où le pays paraissait changé; la plaine était revêtue d'une couche légère de sol végétal, sur lequel on avait répandu des coquilles et des coraux brisés pour le marner, parce qu'il était très sec. L'éminence, au contraire, était un rocher composé de gros morceaux de quartz et de mica; il y croissait des herbes d'environ deux ou trois pieds de haut; mais elles étaient fréquemment très clair semées; et à quarante-cinq ou soixante pieds les uns des autres, nous vîmes de grands arbres noirs à la racine, qui avaient une écorce parfaitement blanche et des feuilles longues et étroites comme nos saules. Ils étaient de l'espèce que Linné appelle *melaleuca leucadendra*, et Rumphius, *arbor alba* : ce dernier écrivain dit que les habitans des Moluques tirent l'huile de cayputi des feuilles qui sont extrêmement odorantes; on n'apercevait pas le moindre arbrisseau sur cette colline, et la vue se portait fort loin, sans être interceptée par les bois. Nous distinguâmes de là une ligne d'arbres et d'arbustes touffus qui se prolongeaient du bord de la mer vers les montagnes.

« Nous gagnâmes bientôt le ruisseau où l'on remplissait nos futailles. Les bords étaient garnis de mangliers, au-delà desquels un petit nombre d'autres plantes et d'arbres occupaient un espace de quinze ou vingt pieds, où une couche de terreau végétal humide produisait un gazon de la plus belle verdure sur laquelle l'œil aimait à se reposer après avoir contemplé un canton brûlé et stérile. Les arbrisseaux et les arbres qui bordaient la côte nous offrirent des richesses en histoire naturelle. Nous trouvâmes des plantes inconnues, et nous y vîmes une grande variété d'oiseaux de différentes classses qui, pour la plupart, étaient entièrement nouveaux; mais le caractère des naturels, et leur conduite amicale à notre égard, nous causèrent plus de plaisir que tout le reste : le nombre de ceux que nous aperçûmes était peu considérable, et leurs habitations très éparses : nous rencontrions communément deux ou trois maisons situées près les unes des autres sous un groupe de figuiers élevés, dont les branches étaient si bien entrelacées, que le ciel se montrait à peine à travers le feuillage : une fraîcheur agréable entourait toujours les cabanes. Cette charmante position leur procurait un autre avantage; car des milliers d'oiseaux voltigeaient continuellement au sommet des arbres, où ils se mettaient à l'abri des rayons brûlans du soleil. Le ramage de quelques grimpereaux produisait un concert charmant, et causait un vrai plaisir à tous ceux qui aiment cette musique simple. Les habitans eux-mêmes s'asseyaient communément au pied de ces arbres, qui ont une qualité remarquable : de la partie supérieure de la tige, ils poussent de larges racines aussi rondes que si elles étaient faites au tour : elles s'enfoncent en terre à dix, quinze et vingt pieds de l'arbre, forment un cordeau très droit, extrêmement élastique, et aussi tendu que la corde d'un arc au moment que le trait va partir. Il paraît que c'est de l'écorce de ces arbres que les habitans tirent les petits morceaux d'étoffe qui leur servent de pagnes.

« Ils nous apprirent quelques mots de leur langue, qui n'avait aucun rapport avec celle des autres îles. Leur caractère était doux et pacifique, mais très indolent : ils nous accompagnaient rarement dans nos courses. Si nous passions près de leurs huttes, et si nous leur parlions, ils nous répondaient; si nous poursuivions notre route sans leur adresser la parole, ils ne faisaient pas attention à nous. Les femmes étaient cependant un peu plus curieuses ; elles se cachaient dans des buissons écartés pour nous observer; mais elles ne consentaient à venir près de nous qu'en présence des hommes.

« Ils ne parurent ni fâchés ni effrayés de nous voir tuer des oiseaux à coups de fusil; au contraire, quand nous approchions de leurs maisons, les jeunes gens ne manquaient pas de nous en montrer, pour avoir le plaisir de les voir tirer ; il semble qu'ils étaient peu occupés à cette saison de l'année; ils avaient préparé la terre et planté des racines et des bananes dont ils attendaient la récolte l'été suivant; c'est peut-être pour cela qu'ils étaient moins en état que dans un autre temps de vendre leurs provisions; car d'ailleurs nous avions lieu de croire qu'ils connaissent ces principes d'hospitalité qui rendent les insulaires du grand Océan si intéressans pour les navigateurs.

« Ce même soir, vers les sept heures, mourut notre boucher, homme estimé dans le vaisseau; en tombant, le jour précédent, du haut de l'écoutille, il s'était blessé mortellement.

« Le 7, de très bonne heure, le piquet de l'aiguade et un détachement de soldats de marine aux ordres d'un officier furent envoyés à terre. Bientôt après je m'embarquai avec plusieurs autres personnes pour prendre une vue générale du pays. Dès que nous fûmes à terre, nous fîmes comprendre notre dessein aux insulaires, et deux d'entre eux s'offrirent pour nous servir de guides; ils nous conduisirent sur les montagnes par des chemins assez praticables. Dans la route, nous rencontrâmes des Indiens qui pour la plupart vinrent avec nous; de sorte que notre cortége se trouva enfin très nombreux. Quelques uns parurent désirer que nous retournassions sur nos pas; mais nous n'eûmes aucun égard à leurs signes, et nous ne remarquâmes point qu'ils fussent mécontens de nous voir poursuivre notre route. Après avoir atteint le sommet d'une des montagnes, nous aperçûmes en deux endroits, entre quelques montagnes avancées, la mer à un côté opposé à celui où nous avions mouillé, c'est-à-dire au sud-ouest de la terre. Cette découverte nous était d'autant plus utile, qu'elle nous faisait juger de la largeur de l'île qui, dans cette partie, n'excédait pas dix lieues.

« Parmi ces montagnes avancées et la chaîne sur laquelle nous étions est une grande vallée dans laquelle serpente une rivière. Ses bords sont ornés de diverses plantations et de quelques villages dont nous avions rencontré les habitans sur notre route, et que nous trouvâmes en plus grand nombre au sommet de la chaîne, d'où vraisemblablement ils observaient le vaisseau. La plaine ou le terrain uni qui s'étend le long de la rive de notre mouillage, se présentait, à cette hauteur, sous l'aspect le plus avantageux : les sinuosités des ruisseaux qui l'arrosent, des plantations, de petits villages, la variété des groupes dans les bois, et les îlots au pied de la côte, diversifiaient tellement la scène, qu'il n'est pas possible d'imaginer un ensemble plus pittoresque. Sans le sol fertile des plaines et des flancs des collines, la contrée entière n'offrirait qu'un point de vue triste et stérile. Les montagnes et d'autres endroits élevés ne sont pour la plupart susceptibles d'aucune culture. Ce ne sont proprement que des masses de rochers dont plusieurs renferment des minéraux. Le peu de terre qui les couvre est desséché, ou brûlé par les rayons du soleil; cependant il y croît une herbe grossière et d'autres plantes, et çà et là s'élèvent des arbres et des arbustes. Le pays en général ressemble beaucoup à quelques cantons de la Nouvelle-Hollande situés sous le même parallèle : plusieurs des productions naturelles paraissent y être les mêmes, et les forêts y manquent de broussailles comme dans cette île. Les récifs sur la rive, et d'autres objets de ressemblance, frappèrent tous ceux qui avaient vu les deux pays. Nous observâmes que toute la côte nord-est était remplie d'écueils et de brisans qui s'étendent au-delà de l'île de Balabéa à perte de vue. Après avoir fait toutes ces remarques, nos guides ne se souciant par d'aller plus loin, nous descendîmes les montagnes par un chemin différent de celui que nous avions suivi pour y monter. Ce dernier nous conduisit dans la plaine, à travers des plantations dont la distribution très judicieuse annonçait beaucoup de soin et de travail. On voyait des champs en jachère, quelques uns récemment défrichés, et d'autres qui depuis long-temps étaient en état de culture, et qu'on recommençait à fouiller. J'ai observé que la première chose qu'ils font pour défricher un terrain, c'est de mettre le feu aux herbes qui en couvrent la surface. Ils ne connaissent d'autres moyens pour rendre au sol épuisé sa première fertilité, que de le laisser quelques années en jachère. Cet usage est général chez tous les peuples de cette mer. Ils n'ont aucune idée des engrais; du moins je n'en ai jamais vu d'employés.

« Le rocher, partout de la même nature, était un mélange d'une espèce de mica et de quartz, dont la teinte rougeâtre plus ou moins foncée provenait de particules ferrugineuses. A mesure que nous avancions vers le haut des montagnes, la grosseur et la hauteur des arbres diminuaient, excepté dans quelques vallées profondes où coulaient de petits ruisseaux qui fertilisaient tellement le terrain, que les plantes y croissaient avec vigueur. Près du sommet d'une colline, nous nous arrêtâmes pour examiner des pieux fichés çà et là en terre : des branchages et des arbres secs traversaient ces pieux. Les naturels nous dirent qu'ils enterraient les morts sur cette colline, et que les pieux indiquaient les endroits où ils avaient déposé les corps. Les insulaires nous voyant d'ailleurs fatigués de la chaleur excessive, et altérés, nous apportèrent des cannes à sucre; mais je ne puis pas concevoir comment ils purent les trouver sitôt, car nous n'en aperçûmes point, et rien ne nous donna lieu de penser qu'il en croissait dans le voisinage. Les sommets des collines, presque entièrement stériles, offraient toujours la même espèce de pierre; ce qui semble indiquer que la Nouvelle-Calédonie contient des minéraux précieux: leur hauteur ne paraît pas fort considérable; elle doit être inférieure à celle de la montagne de la Table, au cap de Bonne-Espérance, qui, suivant l'abbé de La Caille, est de trois mille trois cent cinquante pieds du Rhin.

« A midi, nous étions de retour de cette excursion : l'un de nos guides nous avait quittés, mais nous retînmes les autres à bord pour dîner, et nous récompensâmes leur fidélité à peu de frais. Nous trouvâmes un grand nombre de naturels qui examinaient chaque partie du vaisseau et qui vendaient leurs massues, leurs piques et leurs ornemens. L'un d'eux était prodigieusement grand; il paraissait avoir au moins six pieds cinq pouces : le bonnet noir cylindrique qu'il portait l'exhaussait encore de huit pouces.

« Ils commençaient à recevoir dans le commerce nos grands clous; mais voyant les taquets et les anneaux de fer auxquels les cordages étaient attachés, ils montrèrent un grand désir d'en avoir. Ils n'essayèrent jamais de nous voler la moindre bagatelle, et ils se comportèrent avec beaucoup d'honnêteté. Plusieurs vinrent à la nage, de la côte éloignée de plus d'un mille : ils tenaient d'une main leur morceau d'étoffe brune hors de l'eau, et de l'autre ils fendaient les flots, en élevant une pique ou massue, qui n'était pourtant pas de casuarina, parce que cette espèce est trop pesante pour être portée de cette manière.

« L'après-midi, Forster continua ses courses : nous trouvâmes, dit-il, sur la grève une grande masse irrégulière de rochers de dix pieds cubes, d'un amphibole d'un grain serré, étincelant partout de grenats un peu plus gros que des têtes d'épingles; cette découverte nous persuada davantage que cette île renferme des minéraux précieux : dans la partie que nous avions déjà reconnue, elle différait de toutes celles que nous avions examinées, en ce qu'elle n'offrait point de productions volcaniques. Après nous être enfoncés dans les bois très épais qui bordent la côte de toutes parts, nous y rencontrâmes de jeunes arbres à pain qui n'étaient pas encore assez gros pour porter du fruit; mais ils semblaient être venus sans culture; ce sont peut-être des arbres indigènes dans cette île. J'y recueillis aussi une espèce de fleur de la passion : on croyait que cette fleur ne se trouvait qu'en Amérique. Je me séparai de mes compagnons : je parvins à un chemin creux et sablonneux, rempli des deux côtés de liserons et d'arbrisseaux odorans, et qui paraissait avoir été le lit d'un torrent ou d'un ruisseau : il me conduisit à un groupe de deux ou trois huttes, environnées de cocotiers. A l'entrée de l'une d'elles, j'observai un homme assis, tenant sur son sein une petite fille de huit ou dix ans, dont il examinait la tête : il fut d'abord surpris de me voir; mais, reprenant bientôt sa tranquillité, il continua son opération : il avait à la main un morceau de quartz transparent; et, comme l'un des bords de ce quartz était tranchant, il s'en servait, au lieu de ciseaux, pour couper les cheveux de la petite fille. Je leur donnai à tous les deux des grains de verroterie noire, dont ils semblèrent fort contens. Je me rendis alors aux autres cabanes, et j'en trouvai deux placées si près l'une de l'autre, qu'elles enfermaient un espace d'environ dix pieds carrés, entouré en partie de haies. Trois femmes, l'une d'un moyen âge, la seconde et la troisième un peu plus jeunes, allumaient du feu sous un grand pot de terre : dès qu'elles m'aperçurent, elles me firent signe de m'éloigner; mais, voulant connaître leur méthode d'apprêter les alimens, je m'approchai. Le pot était rempli d'herbes sèches et de feuilles vertes, dans lesquelles elles avaient enveloppé de petits ignames : ces racines sont donc cuites dans ce pot à peu près de la même manière qu'à Taïti, dans un trou rempli de terre et de pierres chaudes. Ce fut avec peine qu'elles me permirent d'examiner leur pot; elles m'avertirent de nouveau par signes de m'en aller; et montrant les cabanes, elles remuèrent leurs doigts à différentes reprises sous leur gosier : je jugeai que si on les surprenait ainsi seules dans la compagnie d'un étranger, on les étranglerait ou on les tuerait. Je les quittai donc, et je jetai un coup d'œil furtif dans les cabanes qui étaient entièrement vides. En regagnant le bois, je rencontrai le docteur Sparrman; nous retournâmes vers les femmes, afin de les revoir et de me convaincre si j'avais bien interprété leurs signes. Elles étaient toujours au même endroit; nous leur offrîmes tout de suite des grains de verroterie qu'elles acceptèrent avec de grands témoignages de joie; elles réitérèrent cependant les signes qu'elles avaient faits quand j'étais seul : elles semblèrent même y joindre la prière et les supplications; afin de les contenter, nous nous éloignâmes à l'instant. Quelque temps après nous rejoignîmes le reste de nos compagnons; et comme nous avions soif, je demandai de l'eau à l'homme qui coupait les cheveux de la petite fille : il me montra un arbre auquel pendaient une douzaine de coques de cocos remplies d'eau douce qui nous parut un peu rare dans ce pays : nous retournâmes à l'aiguade par terre et en chaloupe. Chemin faisant, je tuai plusieurs des oiseaux curieux dont l'île est remplie, et entre autres une espèce de corneille commune en Europe. Il y avait à l'aiguade un nombre considérable de naturels : quelques uns, pour un petit morceau d'étoffe de Taïti, nous portèrent, en sortant de la chaloupe ou en y entrant, l'espace de cent vingt pieds, parce que l'eau était trop basse pour que les canots vinssent jusque sur le rivage : nous y aperçûmes des femmes qui, sans craindre les hommes, se mettaient au milieu de la foule, et s'amusaient à répondre aux caresses et aux avances des matelots. Elles les invitaient communément derrière des buissons; mais dès que les amans les suivaient, elles s'enfuyaient avec tant d'agilité, qu'on ne pouvait les attraper. Elles prenaient ainsi plaisir à déconcerter leurs adorateurs, et elles riaient de bon cœur toutes les fois qu'elles leur jouaient ce tour.

« Les travailleurs et la garde retournèrent à terre comme à l'ordinaire. L'après-midi, l'officier de garde informa le capitaine que le chef Téabouma était venu avec un présent d'ignames et de cannes à sucre. Il lui envoya en retour deux jeunes chiens, un mâle et une femelle. Le chien est blanc, tacheté de feu, et la chienne a le poil entièrement roux, ou de la couleur d'un renard d'Angleterre. On rapporte cette particularité, parce que ces deux chiens pourront très bien propager leur espèce dans cette contrée. Ce chef ne pouvait d'abord se persuader qu'on lui donnât les deux chiens; dès qu'il en fut convaincu, il parut transporté de joie, et à l'instant même il les conduisit à son habitation.

« Le 10, deux canots se rendirent à l'île de Balabéa; le chef, appelé *Téaby*, et les habitans qui s'étaient assemblés sur le rivage, afin de voir les Européens, leur firent l'accueil le plus obligeant. Néanmoins, pour n'être point trop pressés par la foule, les officiers tirèrent une ligne, et avertirent les insulaires de ne point passer outre. Ils se conformèrent à cette défense, et bientôt après l'un d'eux sut la tourner à son avantage : il avait quelques cocos qu'un des nôtres voulut lui acheter, et qu'il ne jugeait pas à propos de vendre. S'étant retiré, et se voyant suivi par l'acheteur, il s'assit sur le sable, traça autour de lui un cercle, comme il l'avait vu faire aux gens de l'équipage, et signifia à celui qui l'importunait de ne point dépasser sa ligne de démarcation : on souscrivit à ses intentions. Comme ce fait a été bien attesté, je ne l'ai pas cru indigne de trouver place dans ce journal.

« L'aspect de cette île vers l'extrémité nord-ouest, est assez semblable à la partie qui faisait face à notre mouillage ; mais elle est plus fertile, plus cultivée, et couverte d'une plus grande quantité de cocotiers.

« L'un des naturels qui accompagnaient les canots à Balabéa s'appelait *Boubik;* il était très facétieux, et à cet égard fort différent de la plupart de ses compatriotes : il parla d'abord beaucoup à nos gens ; mais ensuite les vagues s'élevant et inondant le bateau, il devint silencieux, et se glissa dans la couverture de la chaloupe, pour se mettre à l'abri des vagues et dissiper le froid que le vent produisait sur son corps nu. Comme il n'avait point pris de provisions, la faim le pressa tout à coup, et il reçut avec reconnaissance ce qu'on lui donna.

« Les naturels de cette île sont exactement de la même race que ceux de la Nouvelle-Calédonie ; leur caractère est aussi doux ; ils vendirent volontiers leurs armes pour de petits ouvrages de fer ou des étoffes de Taïti.

« Le détachement se retira le soir sous des buissons, et, après avoir grillé le poisson qu'il avait acheté, il soupa. Quelques naturels restèrent avec M. Pickersgill, et parlèrent d'une grande terre qu'ils disaient être au nord, et qu'ils appelaient *Mingha,* dont les habitans étaient leurs ennemis, et fort adonnés à la guerre. Ils indiquèrent aussi un tertre, ou *tumulus* sépulcral, où était enterré un de leurs chefs tué par un naturel de Mingha. Comme quelques uns des matelots rongeaient des os de bœuf sur la fin du souper, les Indiens se mirent à causer entre eux d'un ton fort haut et avec agitation ; ils regardaient nos gens d'un air surpris et dégoûté ; enfin ils s'en allèrent tous ensemble, témoignant par des signes qu'ils soupçonnaient les étrangers de manger de la chair humaine. M. Pickersgill essaya de les détromper ; mais il ne put pas se faire entendre : cela eût été d'autant plus difficile, que les insulaires n'avaient jamais vu de quadrupèdes en vie. »

Forster fut très affligé de ce qu'une maladie l'eût mis hors d'état d'être de ce voyage. A cette occasion, il fait une remarque bien humiliante pour la plupart de ses compagnons de voyage. « Nos recherches, dit-il, rencontraient des obstacles dans ceux mêmes qui auraient dû nous donner toutes sortes de secours. Les sciences et la philosophie ont toujours été méprisées des ignorans, et nous avons partagé cette disgrâce sans murmurer. Mais comme nous ne pouvions pas acheter avec de l'or la bienveillance de chaque petit tyran, on nous empêchait de profiter des observations des autres. Des faits connus de tous ceux qui nous entouraient restaient des mystères impénétrables pour nous. Il est extraordinaire, sans doute, que des hommes occupés de sciences, envoyés sur un vaisseau appartenant à la nation la plus éclairée de la terre, soient privés des moyens d'étendre les connaissances, et qu'on emploie pour les contrarier des expédiens dignes de barbares; mais sûrement le voyageur qui visite les ruines de l'Égypte et de la Palestine n'essuie pas plus d'obstacles de la part des Bédouins et des Arabes que nous n'en avons éprouvé : chaque recherche de minéralogie que nous entreprenions de faire semblait contenir un trésor qui devenait l'objet de l'envie. Sans quelques personnes, dont le caractère généreux et l'amour désintéressé pour les sciences ranimaient notre courage, nous aurions probablement succombé sous cette malveillance que les ordres positifs du capitaine Cook ne pouvaient pas toujours réprimer. »

« Comme le chef Théabouma n'avait point reparu depuis qu'il avait reçu les deux chiens en présent, et que je désirais, continue Cook, laisser sur cette terre de quoi y produire une race de cochons, j'embarquai dans ma chaloupe un mâle et une femelle, et j'allai à la crique des mangliers pour y trouver mon ami, afin de les lui donner. Mais en y arrivant, on nous dit qu'il était dans l'intérieur de l'île, et qu'on allait le chercher Je ne sais si l'on prit cette peine; mais ne le voyant pas arriver, je résolus de mettre les cochons à la garde du plus distingué des insulaires qui étaient présens. Apercevant l'Indien qui nous avait servi de guide sur la montagne, je lui fis entendre que je me proposais de laisser les deux cochons sur le rivage, et j'ordonnai qu'on les fît sortir de la chaloupe. Je les présentai à un grave vieillard, dans la persuasion que je pouvais les lui confier avec sûreté; mais, secouant la tête, il me fit signe, ainsi que tous les autres, de reprendre les cochons dans le canot, parce qu'il en était épouvanté. Il faut convenir que la forme de ces quadrupèdes n'est pas attrayante, et ceux qui n'en ont jamais vu ne doivent pas prendre du goût pour eux. Comme je persistais à les leur laisser, ils parurent délibérer ensemble sur ce qu'ils devaient faire, et ensuite notre guide me dit de les envoyer à l'ériki. Nous nous fîmes conduire à l'habitation de ce chef, que nous trouvâmes assis dans un cercle de huit ou dix personnes d'un âge mûr. Dès que je fus introduit avec mes cochons, on me pressa très civilement de m'asseoir, et alors je leur vantai l'excellence des deux quadrupèdes, et je m'efforçai de leur persuader combien la femelle leur donnerait, en une seule fois, de petits, qui venant eux-mêmes à se multiplier, leur en produiraient un nombre considérable. J'exagérais ainsi la valeur de ces animaux pour engager ces Indiens à les nourrir avec le plus grand soin, et je crois qu'à cet égard je réussis pleinement. Dans cet intervalle, deux personnes qui avaient quitté la compagnie revinrent avec six ignames, qu'elles me présentèrent. Je pris ensuite congé d'eux, et je revins à bord.

« L'après-midi, je retournai à terre, où, sur un grand arbre, voisin de l'aiguade et proche du rivage, je fis graver une inscription contenant le nom du vaisseau, la date de notre arrivée, etc., comme un témoignage que nous avons les premiers découvert cette contrée; j'ai observé cette formalité sur toutes les nouvelles terres que nous avons reconnues. Nous congédiâmes nos amis et retournâmes au vaisseau; et je fis hisser nos canots à bord, dans le dessein d'être prêts le lendemain à reprendre la mer. »

Tout était disposé pour le départ, en sorte qu'on leva l'ancre le 13 septembre, après avoir passé sept jours et demi dans ce havre. « Mais, observe Forster, dès le troisième jour, nous nous étions empoisonnés en mangeant un poisson, et nous perdîmes ainsi l'occasion de profiter de notre relâche : au moment du départ nous n'étions pas entièrement guéris; nous ressentions encore de violens maux de tête, des douleurs spasmodiques dans tout le corps, et nous avions des boutons aux lèvres. Notre faiblesse, qu'augmentait de plus en plus la privation des nourritures fraîches, nous empêcha de nous livrer à nos occupations ordinaires.

« C'est ainsi que nous quittâmes une île située dans la partie la plus occidentale du grand Océan, éloignée seulement de douze degrés de la Nouvelle-Hollande, et habitée par une race d'hommes très différens de ceux que nous avions vus jusqu'alors. Comme ils sont proche de la côte de la Nouvelle-Hollande, on pourrait supposer cependant qu'ils ont la même origine que le peuple de ce continent; mais en comparant les relations des voyageurs qui ont abordé sur ces côtes, les habitans des deux contrées n'ont point de ressemblance entre eux, et leurs vocabulaires sont absolument différens.

« Après avoir rangé toute la côte septentrionale de la Nouvelle-Calédonie, nous avons jugé qu'il n'y a pas plus de cinquante mille âmes sur une rive de près de deux cents lieues de longueur. Le pays ne paraît pas propre à la culture dans la plupart des cantons; la plaine étroite qui l'environne est remplie de marais jusqu'au rivage, et couverte de mangliers : il est difficile de dessécher cette partie avec des canaux; le reste de la plaine est un peu plus élevé, mais d'un sol si aride, qu'il faut l'arroser par des rigoles. Derrière s'élèvent plusieurs collines revêtues d'une terre sèche et brûlée, où croissent çà et là quelques espèces d'herbes chétives, le cayputy et des arbrisseaux. De là, vers le centre de l'île, les montagnes intérieures, presque entièrement dépouillées de terre végétale, n'offrent qu'un mica rouge et brillant, et de gros morceaux de quartz. Ce sol ne peut pas produire beaucoup de végétaux : il est même surprenant qu'il en porte autant qu'on y en voit. Ce n'est que dans quelques parties de la plaine que les bois sont remplis d'arbrisseaux, de liserons, de fleurs et d'arbres touffus. Nous étions frappés de ce contraste entre la Nouvelle-Calédonie et les Nouvelles-Hébrides, où le règne végétal brille dans toute sa splendeur : la diversité du caractère des deux peuples ne nous étonna pas moins. Tous les naturels des îles du grand Océan, si on en excepte ceux que Tasman trouva à Tongatabou et à Anamocka, essaient de chasser les étrangers qui abordent sur leur côte. Ceux de la Nouvelle-Calédonie, au contraire, nous reçurent comme amis : dès la première entrevue, ils montèrent sur notre vaisseau sans la moindre marque de défiance ou de crainte, et ils nous permirent d'errer librement dans leur pays.

« Comme la nature a répandu ses faveurs avec réserve sur cette île, il est très étonnant que les habitans, au lieu d'être sauvages, défians et guerriers comme à Tanna, soient paisibles, bienveillans et peu soupçonneux. Ce qui n'est pas moins remarquable, en dépit de la stérilité de tout le pays et du peu de secours qu'ils tirent des végétaux pour se nourrir, ils sont plus gros et plus grands, et leur corps est plus nerveux : peut-être qu'il ne faut pas chercher uniquement dans la diversité des nourritures les causes de la différence de stature et de taille des nations. La race primitive d'où descend ce peuple peut y avoir contribué. Supposons, par exemple, que les naturels de la Nouvelle-Calédonie viennent d'une nation qui, vivant dans l'abondance et sous un heureux climat, avait pris une forte croissance; la colonie qui s'est établie sur le mauvais sol de cette île, conservera probablement, pendant plusieurs générations, l'habitude de corps de ses ancêtres. Le peuple de Tanna a peut-être subi une révolution contraire, et s'il descend d'une race petite et grêle, telle que celle des Mallicolais, la richesse de son île n'a peut-être pas encore pu changer ces germes primitifs de faiblesse.

« Les Indiens de la Nouvelle-Calédonie sont les seuls du grand Océan qui n'aient pas à se plaindre de notre arrivée parmi eux. Quand, d'après les nombreux exemples cités dans ce voyage, on considère combien il est aisé de provoquer la violence des marins qui se jouent si légèrement de la vie des Indiens, on doit avouer qu'il leur a fallu un degré extraordinaire de douceur pour ne pas attirer sur eux un seul acte de brutalité.

« La simplicité des insulaires doit régner aussi dans le gouvernement. Téabouma, chef du canton vis-à-vis de notre mouillage, vivait comme le reste de ses compatriotes : ils ne lui donnaient aucune marque extérieure de déférence; la seule chose qui annonçât quelques égards de leur part, c'est qu'ils lui remirent les présens que leur fit M. Pickersgill à la première entrevue. Les cantons voisins sur lesquels ne s'étendait point l'autorité de Téabouma, ont probablement leurs chefs particuliers, ou peut-être que chaque famille est gouvernée par le père.

« Nous n'avons rien remarqué qui semblât avoir un rapport même éloigné à la religion, et nous n'avons observé aucune coutume qui offrît la moindre apparence de superstition. Leurs idées sur ces matières sont vraisemblablement aussi simples que le reste de leur caractère. Nous avons vu quelques uns de leurs cimetières : sans doute des cérémonies accompagnent leurs funérailles, mais nous ne les connaissons pas.

« Nous longeâmes la côte de l'île depuis le 14 jusqu'au 23; et nous donnâmes à sa pointe sud-est le nom de *promontoire de la Reine Charlotte;* et à une autre pointe moins avancée, celui de *cap du Promontoire.* On découvrit sur ce dernier un grand nombre de pointes très élevées et des terres basses. Nous ne pouvions pas nous accorder sur la nature de ces objets. Je supposais que c'était une espèce singulière d'arbres, par la raison qu'ils étaient très nombreux, et que d'ailleurs une grande quantité de fumée sortit tout le jour de leur centre, près du promontoire. « Nos philosophes, dit le « capitaine, pensaient que c'était la fumée d'un « feu interne et perpétuel. » Je leur représentai que le matin il n'y avait point eu de fumée dans cette même place; car ce feu, prétendu éternel, cessa avant la nuit; et depuis on n'y en aperçut plus.

« Depuis le 13 jusqu'au 28, nous naviguâmes parmi les rochers qui bordent la Nouvelle-Calédonie. Le 23, après avoir reconnu son extrémité sud-est, nous nous trouvâmes au milieu d'îles basses très nombreuses, couvertes de grands arbres; puis nous découvrîmes une île plus grande, que je nommai *l'île des Pins*, à cause du grand nombre d'arbres de cette espèce que nous y aperçûmes, et qui, de loin, représentaient des colonnes. J'étais déjà bien las de suivre une côte qu'il était difficile de reconnaître plus loin, sans m'exposer au risque évident d'un naufrage qui ferait perdre tout le fruit de cette expédition. Je ne pouvais cependant me résoudre à l'abandonner avant d'avoir reconnu les arbres qui avaient été le sujet de nos conjectures, et que nos naturalistes avaient persisté à regarder comme des colonnes de basalte. Ils semblaient d'ailleurs offrir d'excellens bois de construction; et comme nous n'en avions vu nulle part que sur la partie méridionale de cette terre, cette circonstance piquait davantage notre curiosité. Après avoir couru une bordée au sud pour doubler les écueils que nous avions de l'avant, je portai donc au nord, espérant trouver un ancrage sous le vent de quelques petites îles où croissent ces arbres. Vers les huit heures, nous nous trouvâmes en vue de brisans qui s'étendent entre l'île des Pins et le promontoire de la Reine Charlotte; les sondes furent en ce moment de cinquante-cinq à quarante et trente-six brasses, fond de sable fin. Plus nous approchions de ces écueils, plus ils semblaient se multiplier, et nous n'apercevions aucun passage entre les deux terres.

« Comme nous n'étions que de quelques milles au vent des îles basses situées sous le cap, nous fîmes voile pour atteindre la moins éloignée. A mesure que nous l'approchâmes, nous découvrîmes qu'elle n'était pas liée avec les écueils des environs, et que probablement nous pourrions mouiller sous le vent de cette île, ou sur son côté occidental.

Je me dirigeai donc vers cette île, d'après l'indication d'un officier placé au haut du mât. Après bien des difficultés, nous parvînmes à y mouiller; on mit aussitôt un canot dehors : je m'y embarquai avec les botanistes, et nous descendîmes sur l'île. Nous trouvâmes que les gros arbres étaient des pins très propres pour des espars dont nous avions besoin. Leurs branches croissaient autour de la tige, en formant de petites touffes; mais elles avaient rarement dix pieds de longueur; elles étaient minces en proportion. Ce fait bien constaté, nous nous hâtâmes de revenir à bord, afin d'avoir plus de temps l'après-midi. Nous retournâmes sur l'île avec deux canots, où s'embarquèrent plusieurs officiers, le charpentier et les ouvriers qui devaient choisir les arbres qui nous étaient nécessaires. Tandis qu'on coupait les arbres, je pris les relèvemens de plusieurs terres autour de nous, et je déterminai la vraie direction de la côte, depuis le promontoire jusqu'à la pointe sud de la Nouvelle-Calédonie, que j'appellerai *le cap du Prince de Galles*. Son gisement est par 22° 29′ de latitude sud, et par 170° 57′ de longitude à l'est. Ce cap est d'une hauteur considérable; et quand on commence à le découvrir sur l'horizon, il se présente comme une île. De cette pointe, la côte court vers le nord-ouest.

« La petite île sur laquelle nous débarquâmes n'est proprement qu'un banc de sable, qui n'a pas plus de trois quarts de mille de tour. Elle produit, outre les pins, l'arbre que les Taïtiens nomment *eto*, et beaucoup d'autres, ainsi que des arbustes et des plantes. Nos botanistes ne manquèrent pas d'occupation; et c'est ce qui me la fit appeler *l'île de la Botanique.* On y compta trente espèces de plantes, dont plusieurs sont nouvelles. Le sol est très sablonneux sur les côtes; mais il est mêlé, dans l'intérieur, de terre végétale : c'est l'effet des feuilles des arbres et des plantes qui y tombent continuellement en pourriture.

« On y trouva des serpens aquatiques, des pigeons et des tourterelles différentes en apparence de toutes celles que nous avions vues. Un des officiers tira un faucon pareil à ceux qu'on trouve sur les côtes d'Angleterre, et nous prîmes une nouvelle espèce de gobe-mouche. Les débris de quelques feux, des branchages, des feuilles encore fraîches, et des restes de tortue, annonçaient que ce canton avait été visité récemment par les Indiens. Une pirogue, précisément de la forme de celles de Balabéa, était échouée sur le sable. Nous ne fûmes plus en peine de savoir quels arbres ces Indiens employaient à la construction de leurs canots; ils se servent sûrement des pins. Sur cette petite île, il s'en trouvait de vingt pouces de diamètre, et de soixante à soixante-dix pieds de haut. On aurait fort bien pû en faire un mât pour *la Résolution*, s'il eût été nécessaire. Puisque des arbres de cette taille croissent dans une aussi petite île, il est probable qu'il y en a de plus gros sur la principale terre et sur des îles plus grandes ; nous pouvons même l'assurer, si nous n'avons pas été déçus par les apparences.

« Je ne connaissais alors aucune île du grand Océan, à l'exception de la Nouvelle-Zélande, où un vaisseau pût mieux se fournir de mâts et de vergues. Ainsi la découverte de cette terre est précieuse, ne fût-ce qu'à cet égard. Mon charpentier, qui n'était pas moins habile à faire un mât qu'à travailler à la construction d'un vaisseau, pensait que ces arbres donneraient de très bons mâts. Le bois en est blanc, le grain serré, dur et léger. La térébenthine était sortie de la plupart des branches; le soleil l'avait épaissie en une résine attachée au tronc et autour des racines. Ces arbres poussent leurs branches comme les pins d'Europe, avec cette différence que leurs branches sont plus courtes et plus petites : de sorte que les nœuds deviennent à rien quand la tige est façonnée par le travail. J'observai que les plus grands de ces arbres avaient les branches plus petites et plus courtes, et que leur cime ressemblait à un rameau qui était terminé par une touffe. C'était là ce qui les avait fait prendre d'abord, avec si peu de fondement, pour des colonnes de basalte par M. Forster : il est vrai qu'on ne pouvait guère s'attendre à trouver de pareils arbres sur cette terre. La semence est dans des cônes : nous n'en vîmes aucun qui en renfermât, du moins dans un état propre à la reproduction. Outre ces arbres, on en rencontra un autre de l'espèce des sapins; mais il est très petit, et c'est moins un arbre qu'un arbrisseau. Nous rencontrâmes encore sur cette île une espèce de cresson et une plante grasse (*tetragonia*), qui, étant bouillie, se mange comme des épinards.

« L'objet pour lequel nous étions venus mouiller près de cette île étant rempli, il ne restait plus qu'à fixer la route que je voulais prendre.

« Nous avions eu, du haut des mâts, une vue de la mer autour de nous, et observé qu'à l'ouest elle était entièrement semée d'îlots, de bancs de sable et de brisans qui s'étendaient aussi loin que l'horizon. Tous ces écueils étaient séparés par des canaux sinueux; mais en considérant que l'étendue de cette côte du sud-ouest était déjà suffisamment déterminée, le risque évident qu'il fallait courir pour achever cette reconnaissance, et le temps qu'elle nous aurait pris à cause des dangers multipliés qu'il fallait éviter, m'empêchèrent de naviguer plus loin au vent de ce nombre prodigieux de brisans qui pouvaient nous enfermer. La difficulté d'en sortir nous aurait fait perdre la saison favorable pour naviguer au sud : je souhaitai alors d'avoir le petit bâtiment dont nous avions les couples à bord. J'avais songé à le faire construire durant notre dernier séjour à Taïti; mais on n'aurait pu exécuter cet ouvrage sans négliger le calfatage et les autres réparations dont *la Résolution* avait besoin, ou sans faire une plus longue relâche que ne le permettait la route que je projetais. Il était alors trop tard pour penser à la construction d'un pareil bâtiment, et s'en servir ensuite à la découverte de cette côte; et dans notre campagne au sud, il n'était d'aucune utilité.

« Nous appareillâmes, le 30, au point du jour, et nous eûmes quelques bordées à courir pour doubler les écueils au vent de l'île de la Botanique; mais à peine en fûmes-nous dehors, que le vent commença à nous manquer. A trois heures après midi, il y eut un calme absolu. La lame et le courant, de concert, nous poussaient au sud-ouest vers les brisans que nous avions encore en vue de ce côté. Ainsi nous fûmes dans de continuelles appréhensions jusqu'à dix heures, que le vent s'étant levé du nord-nord-ouest, nous gouvernâmes à l'est-sud-est; cette route était opposée à celle que nous voulions faire; mais nous n'osions pas gouverner au sud avant le jour.

« Le lendemain, 1er octobre, à trois heures du matin, le vent passa au sud-ouest et souffla avec force et par rafales suivies de pluie. Nous fûmes contraints de rester à la cape jusqu'au jour. Les vents soufflaient avec impétuosité du sud-sud-ouest, et la mer devint si grosse, que nous eûmes tout lieu de nous applaudir d'être sortis des écueils avant d'avoir été surpris par ce temps orageux. Quoique tout me fît penser que c'était la mousson de l'ouest, il était difficile de le croire. Premièrement, il s'en fallait encore de près d'un mois que la saison ne fût assez avancée pour ces vents : en second lieu, nous ne savions point si ces mêmes vents règnent jamais dans ces parages; et enfin il est très ordinaire de voir les vents d'ouest souffler entre les tropiques. Néanmoins je n'avais jamais trouvé que ces vents soufflassent avec tant de violence, ni si loin au sud. Quoi qu'il en soit, il ne nous restait d'autre parti que de faire route au sud-est, et c'est aussi ce que je fis. A midi, nous avions perdu de vue la terre.

« Les vents impétueux continuèrent, sans presque aucun changement, jusqu'au lendemain à midi; alors on eut un faible vent du sud et de grosses lames de cette même direction. On vit des compagnies de pailles-en-cul, de fous, et des frégates.

« Le 3, vers les huit heures du matin, le vent passa au sud-ouest par rafales, reprit sa première impétuosité, et fut accompagné de grains. Je perdis alors toute espérance de nous rallier de la terre que nous venions de quitter. En considérant la vaste étendue de mer que nous avions à parcourir au sud, l'état du vaisseau, et le défaut d'approvisionnemens de première nécessité que je commençais à ressentir; que d'ailleurs nous touchions à l'été de cette partie du globe, et que tout accident un peu considérable pourrait nous retenir encore une autre année dans cette mer, je ne pensai point qu'il fût prudent d'essayer de nouveau de regagner la terre. La nécessité nous contraignit donc, pour la première fois, de quitter une côte que j'avais découverte sans l'avoir entièrement reconnue. Je nommai cette terre la *Nouvelle-Calédonie*; elle est peut-être, la Nouvelle-Zélande exceptée, la plus grande île du grand Océan; elle a environ quatre-vingt-sept lieues de long, mais sa largeur n'est pas considérable, et rarement elle excède dix lieues. C'est une contrée tout entrecoupée de montagnes de différentes hauteurs, qui laissent entre elles des vallées plus ou moins profondes. De ces montagnes, s'il est permis de juger du tout par les parties que nous avons vues, sortent une infinité de sources, dont les eaux qui serpentent dans les plaines, portent partout la fertilité, et fournissent aux besoins des habitans. Les sommets de la plupart de ces montagnes semblent stériles, quoique les flancs soient couverts de bois par-ci par-là, comme le sont les vallées et les plaines. La terre étant ainsi coupée de montagnes, plusieurs parties de la côte, vues dans l'éloignement, paraissent dentelées; on croirait qu'il se trouve de grandes ouvertures entre les montagnes. Cependant, en serrant le rivage, nous avons toujours reconnu que la terre est continue, mais basse, et formant une lisière qui règne le long de la côte, entre le rivage et le pied des montagnes. C'est du moins ce que nous observâmes partout où nous approchâmes de la grève; et il est probable qu'il en est de même sur toute la côte. Je la crois encore entièrement, ou pour la plus grande partie, défendue par des récifs, des basses et des brisans, qui en rendent l'accès très difficile et très périlleux, mais qui servent à la mettre à l'abri de la violence des vents et de la fureur des flots, à assurer aux pirogues une navigation aisée et une pèche abondante, et à former probablement de bons ports pour le mouillage des vaisseaux. La majeure partie de la côte, sinon le tout, est habitée, sans en excepter l'île des Pins; car le jour nous y vîmes de la fumée, et la nuit des feux de tous les côtés. Dans l'étendue que j'ai donnée à cette île je comprends les terres rompues ou isolées qui sont au nord-ouest. Je ne nie pas que ces différentes côtes ne puissent être liées par des terres basses; cependant je pense que ce sont des îles, et que la Nouvelle-Calédonie finit celle qui est le plus au sud-est; mais j'avertis que mon opinion n'est fondée que sur les apparences, et je ne la donne que comme une conjecture.

« Soit que ces terres forment des îles ou qu'elles soient liées à la Nouvelle-Calédonie, il n'est point du tout certain que nous ayons déterminé leur étendue à l'ouest Je penche même à ne pas le croire, puisque les écueils ne se terminaient point avec la terre que nous avions en vue, et qu'ils conservaient leur direction dans le nord-ouest, au-delà de la route de Bougainville, sous la latitude de 15 degrés ou de 15 degrés et demi; et même, il est assez probable qu'une chaîne de bancs de sable et de récifs peut s'étendre à l'ouest jusqu'à la Nouvelle-Galles méridionale. L'étendue orientale des îles et des brisans au large de cette côte, entre les 15 et les 23 degrés de latitude, ne nous est pas connue. La ressemblance des deux contrées, la bâture de Diane reconnue par Bougainville à soixante lieues environ de la côte, les indices qu'il eut de la terre dans le sud-est; tout, en un mot, tend à accroître cette probabilité. J'avoue que c'est pousser un peu loin la conjecture de dire que cette chaîne d'îles et de brisans se continue l'espace d'environ deux cents lieues; mais cela devient en quelque manière indispensable, ne fût-ce que pour mettre les navigateurs futurs sur leurs gardes.

« Tant que nous fûmes le long de la côte du nord-est, les courans portaient au sud-est et à l'ouest ou au nord-ouest de l'autre côté; mais leur effet n'est pas bien sensible, et peut-être encore faut-il autant l'attribuer à l'effet de la marée qu'à des courans réguliers. Dans les canaux étroits qui séparent les bancs, et dans ceux qui communiquent à la mer, les marées sont très fortes; cependant elles ne font pas monter les eaux à plus de trois pieds et demi. »

Forster finit la description de ces terres par les remarques suivantes : « La côte méridionale de la Nouvelle-Calédonie n'a point encore été examinée. Nous avons reconnu la direction de sa côte nord; mais ses productions animales, végétales et minérales sont encore inconnues, et offrent un vaste champ au naturaliste. L'aspect des pins ou plutôt des cyprès, dans la partie de l'est, semble prouver que la nature du sol et les minéraux y sont absolument différens de ceux de Balabéa, que nous avions examinés en courant; et d'après ce que nous avons vu sur la petite île sablonneuse de la Botanique, des espèces nouvelles de plantes doivent y couvrir la terre, et de nouveaux oiseaux habiter les bois : ainsi les navigateurs pourront un jour compléter nos découvertes, et employer plus de temps à examiner les richesses de cette contrée. Différens espaces du grand Océan ne se trouvent pas compris dans les routes des premiers vaisseaux, tels, par exemple, que les parages entre le parallèle du 6e degré de latitude sud et la ligne, dans toute l'étendue de l'Océan, de l'Amérique à la Nouvelle-Bretagne, ceux qui sont entre les 10e et 14e degrés sud, et les 140e et 160e degrés ouest, entre les 30e et 20e degrés sud, et les 140e et 175e degrés ouest; enfin, l'espace entre la plus méridionale des îles des Amis et la Nouvelle-Calédonie, et celui qui est entre la Nouvelle-Calédonie et la Nouvelle-Hollande. La route de Surville est la seule qui se trouve entre ces deux pays; mais la Nouvelle-Guinée, la Nouvelle-Bretagne et toutes les terres voisines demandent à être examinées plus en détail. Quand on aura bien parcouru tous ces parages du grand Océan, la partie septentrionale de la même mer exigera plusieurs voyages avant d'être reconnue en entier.

« Le 10 octobre 1774, *la Résolution,* dans sa route vers la Nouvelle-Zélande, découvrit une île assez haute et d'environ cinq lieues de circuit; on la nomma l'*île de Norfolk.* Elle est inhabitée; plusieurs grands rochers brisés s'avancent de tous les côtés dans la mer : les roches de cette île sont le calcaire jaune commun que nous avions trouvé à la Nouvelle-Zélande. On y trouve de petits morceaux de lave poreuse, rougeâtre, qui semblaient rongés de vétusté. Les plantes y croissent vigoureusement sur une couche de terreau noir, que les débris de végétaux pourris y accumulent depuis des siècles.

« Nous reconnûmes, observe le capitaine Cook, beaucoup d'arbres et de plantes qui croissent à la Nouvelle-Zélande, et spécialement le phormium, dont la végétation est ici infiniment plus vigoureuse que sur l'autre terre; mais la principale production est une espèce de pin qui est très abondante. Ces arbres ont la tige droite et très haute, et il en est plusieurs que deux personnes peuvent à peine embrasser. Ce pin est une espèce moyenne entre ceux de la Nouvelle-Zélande et de la Nouvelle-Calédonie. Le feuillage diffère en quelque chose des uns et des autres : le bois n'en est pas si dur que celui des premiers, ni si léger ni d'un grain si serré que celui des seconds. Dans un espace d'environ six cents pieds, à partir du rivage, le terrain est tellement fourré d'arbrisseaux et de plantes, que ce n'est qu'avec peine qu'on parvient à pénétrer dans l'intérieur. Les bois sont entièrement libres et dégagés d'arbrisseaux : le sol paraît fertile et profond.

« Nous y trouvâmes la même espèce de pigeons, de perruches, de perroquets qu'à la Nouvelle-Zélande, des râles et des petits oiseaux. On y voyait aussi des poules d'eau, des fous blancs, des mouettes, etc., qui se multiplient et vivent dans un doux repos sur le rivage de la mer, et dans les creux des rochers. Ces oiseaux produisaient un concert charmant dans ce coin de terre désert.

« Cette île a des sources d'eau douce : le sol y produit en abondance des choux-palmistes, de l'oseille sauvage, du laiteron, de la bacille ou fenouil marin ; toutes ces plantes croissent en quantité sur le rivage ; nous rapportâmes à bord toutes celles que le temps nous permit de cueillir. Les palmistes ne sont pas plus gros que la jambe d'un homme, et n'ont guère que de dix à vingt pieds d'élévation. Ils sont de la classe du cocotier ; comme eux, ils ont de grandes feuilles empennées ; c'est le même palmier que celui de la seconde espèce, trouvée dans la partie septentrionale de la Nouvelle-Galles méridionale.

« En quittant l'île de Norfolk, je fis route pour la Nouvelle-Zélande, mon intention étant de toucher au port de la Reine Charlotte, pour rafraîchir l'équipage et mettre le vaisseau en état de soutenir la navigation des hautes latitudes méridionales.

« Le 17, au point du jour, nous eûmes la vue du mont Egmont, couvert d'une neige éternelle ; l'aspect de cette montagne, située à la côte occidentale de la Nouvelle-Zélande, et qui forme la pointe nord du détroit de Cook, est majestueux ; les collines voisines ressemblent à des mondrains ; la base s'aplatit peu à peu ; elle forme enfin de tous côtés une plaine étendue, et son sommet se termine en une petite pointe. D'après l'espace qu'occupe la neige, on suppose que sa hauteur n'est guère inférieure à celle du pic de Ténériffe.

« Nous mouillâmes pour la troisième fois dans l'anse appelée *Ship-cove*, dont nous étions partis onze mois auparavant. La vue des différens objets qui avaient déjà frappé nos regards nous causait une sensation agréable, malgré l'aspect sauvage de la contrée : l'espoir de rétablir notre santé et de réparer nos forces nous inspirait une gaîté extraordinaire : quoique des pluies fréquentes et des coups de vent nous fatiguassent, nous nous trouvions heureux d'être sur les côtes de la Nouvelle-Zélande. La saison n'était pas avancée dans ce climat rigoureux : rien n'annonçait encore la verdure du printemps.

« Après midi, on ne put point lever l'ancre; j'allai avec la seine dans l'anse, pour essayer d'y prendre du poisson. En descendant sur le rivage, je songeai d'abord à visiter l'endroit où, à mon départ la dernière fois, j'avais laissé une bouteille qui renfermait des instructions pour *l'Aventure*. Elle avait été enlevée; mais était-ce par les insulaires ou par l'équipage du capitaine Furneaux?

« Le bruit des mousquets annonça notre arrivée; les insulaires parurent et nous hélèrent; mais, à mesure que nous approchâmes de leurs habitations, ils se retirèrent tous dans les bois, à l'exception de deux ou trois qui restèrent les armes à la main sur une éminence près du rivage. Au moment de la descente, ils nous reconnurent. La joie prit alors la place de la crainte, les autres insulaires accoururent et nous embrassèrent en frottant leurs nez contre les nôtres à la manière du pays : ils sautèrent et dansèrent autour de nous de la manière la plus extravagante; mais j'observai qu'ils ne permirent pas à des femmes, que nous voyions dans l'éloignement, de venir près de nous. On leur fit présent de haches, de couteaux, de clous, des étoffes de Taïti que nous avions dans le bateau; ils nous donnèrent en retour une grande quantité de poissons. Parmi ces Indiens il s'en trouvait peu que nous reconnussions. Je leur demandai pourquoi ils avaient paru nous craindre; ils répondirent d'une manière si ambiguë, que tout ce que nous y pûmes comprendre, c'est qu'il était question de meurtre.

« Ils avaient des vêtemens vieux, déchirés et sales. Leurs cheveux flottaient en désordre; ils exhalaient au loin la puanteur. Je remarquai qu'après nous avoir parlé de batailles et de morts, ils nous demandaient de temps en temps si nous étions fâchés: et ils semblaient douter de la sincérité de nos protestations d'amitié. Nous craignîmes qu'il ne fût arrivé une dispute entre les naturels et l'équipage de quelque vaisseau européen : le sort de *l'Aventure* nous inquiétait : nous employâmes tous les moyens possibles pour gagner la confiance des naturels; et nous y réussîmes.

« Le 25, de très bonne heure, nos amis se rendirent à bord, conformément à leur promesse de la veille : ils avaient avec eux quantité de beaux poissons, qu'ils échangèrent pour des étoffes de Taïti.

« L'un deux, d'un moyen âge, qui semblait être le principal personnage de cette petite troupe, nous dit qu'il s'appelait *Piteri;* il nous témoigna plus d'amitié que les autres. Nous les quittâmes en admirant leur courage, qui dédaignait de se cacher au moment où ils craignaient que nous ne profitassions de notre supériorité de nombre; nous ignorions alors combien ils avaient lieu de craindre notre ressentiment, ce qui donne encore plus d'éclat à leur bravoure.

« Ce chef revint, le 6 novembre, nous vendre du poisson. Nous l'entendîmes souvent chanter à terre et quelquefois à bord, ainsi que le reste des naturels. Leur musique est beaucoup plus variée que celle des îles de la Société et des îles des Amis. Je crois que les insulaires de Tanna peuvent seuls entrer en concurrence avec eux sur ce point. Le lieutenant Burney a noté celle-ci ; elle suffira pour donner une idée du goût de ce peuple : elle surpasse de beaucoup les misérables bourdonnemens des Taïtiens, et les quatre notes du peuple des îles des Amis.

« Ils chantent les deux premières mesures de ce

ton jusqu'à ce que les paroles de leurs chansons soient près de finir, et alors ils finissent avec la dernière. Quelquefois ils chantent en second dessus, qui est d'une tierce plus bas, excepté les deux dernières notes qui sont à l'unisson.

« M. Burney y a remarqué aussi une espèce de chant funèbre sur la mort de Topia. Les Zélandais des environs de la baie Tolaga semblaient avoir beaucoup de respect pour ce Taïtien. Les paroles sont d'une simplicité extrême, mais elles paraissent symétriquement arrangées, et, par la lenteur de leurs mouvemens, elles expriment l'affliction des pleureurs.

Aghi, matté aouhay, Topaya!
Parti, mort, hélas, Topaya!

« Dans les premières effusions de chagrin, on ne babille point : on n'est occupé que de sa perte, et cette seule idée prend la forme de la plainte. Je ne prétends pas décider si la simplicité du ton est agréable et bien imaginé.

« A la finale, ils descendent d'ut à l'octave d'en bas, par une progression qui ressemble à celle d'un doigt qui glisse le long d'une corde sur le manche du violon.

« Les naturels nous apportèrent chaque jour une quantité de poissons assez grande pour en saler une partie : on en remplit plusieurs futailles, qui servirent de provision durant notre traversée de cette île à la Terre du Feu, et qui se conservèrent très bien. Nous eûmes soin d'embarquer aussi les oiseaux que nous pouvions trouver, afin de manger le plus long-temps possible des nourritures fraîches.

« Dans les trois relâches que nous fîmes à la Nouvelle-Zélande, le pays nous fournit des rafraîchissemens qui dissipèrent tous les symptômes du scorbut et ranimèrent nos forces. Le poisson fut pour nous un aussi bon restaurant que les plantes anti-scorbutiques : l'air vif qu'on ressent, durant les beaux jours, dans ce pays, ne contribua pas peu à raffermir nos fibres relâchées par une longue campagne dans des climats plus chauds; et l'exercice que nous y fîmes nous fut d'ailleurs avantageux à plusieurs égards. Nous arrivâmes sur cette côte pâles et défaits; mais la santé reparut bientôt sur nos visages. Si les naturels ont une grande stature, s'ils sont nerveux et bien proportionnés (1), il faut l'attribuer en partie à la pureté de l'air et à la simplicité de leurs alimens, qui sont faciles à digérer.

---

(1) Il en faut excepter leurs jambes, qui sont mal faites, à cause de leur manière de s'asseoir.

Plusieurs circonstances semblent prouver que le poisson est assez abondant sur leurs côtes pour les nourrir toute l'année; car nous avons observé des amas prodigieux de poissons secs pour l'hiver. »

Sitôt que le vaisseau fut réparé, le 10 novembre 1774, on débouqua par le détroit de Cook, et l'on fit route vers la Terre du Feu.

« Nous commençâmes cette navigation, dit Forster, avec plus de gaîté que la dernière campagne que nous avions faite au sud : d'ailleurs les vents d'ouest qui dominent dans ces latitudes étaient en notre faveur; nous savions que les travaux et les fatigues de notre long voyage approchaient de leur fin. Nous nous croyions déjà hors de tout danger : l'espérance de revoir l'Europe après tant de périls et de peines semblait nous inspirer une nouvelle ardeur.

« Le 12 à midi, on aperçut un poisson extraordinaire de l'espèce des baleines : quelques personnes l'appelèrent *un monstre de mer*. Il était long d'environ soixante pieds; il avait la tête oblongue et écrasée, creusée en dessus de deux sillons longitudinaux, auxquels correspondaient deux proéminences; deux petites ouvertures en demi-lune lui servaient à jeter l'eau. Il était partout tacheté de blanc; deux grandes nageoires s'élevaient derrière la tête; il n'en avait aucune sur le dos. Ce poisson semble inconnu jusqu'à présent. L'après-midi les pétrels damiers commencèrent à paraître.

« Les vents d'ouest soufflèrent avec une violence

surprenante : les lames étaient d'une extrême grosseur, et quelquefois de plusieurs centaines de pieds de longueur ; le roulis du vaisseau devenait extrêmement désagréable quand le vent venait de l'arrière. On dit communément que l'inclinaison d'un vaisseau, dans le roulis le plus fort, ne surpasse jamais vingt degrés : nous l'observâmes de plus de trente degrés, et M. Wales l'observa ensuite de plus de trente-huit. Quoique *la Résolution* fût un lourd voilier, nous fîmes un jour plus de quarante lieues.

« Le 27 novembre, nous étions par 55° 6′ de latitude australe, et 138° 56′ de longitude ouest. Je renonçai alors à tout espoir de rencontrer une terre dans cette partie de l'Océan, et je me décidai à faire voile directement vers l'entrée occidentale du détroit de Magellan, dans le dessein de ranger la côte méridionale de la Terre du Feu jusqu'au détroit de Le Maire, en doublant le cap de Horn. Comme cette côte est imparfaitement connue, je pensai qu'en la prolongeant je rendrais un plus grand service à la géographie et à la navigation que par tout ce que je pouvais espérer de trouver dans une latitude plus haute. L'après-midi le vent souffla par rafales, et enleva le grand mât de perroquet.

« Le 17 décembre, on aperçut la terre par 51° 21′ sud, et environ 77° ouest. Durant toute notre navigation, le temps avait été singulièrement orageux et froid.

« J'ai enfin terminé avec l'Océan Pacifique méridional. Je me flatte que personne ne pensera que je ne l'ai pas suffisamment exploré, ou que, dans un voyage ayant pour but de l'examiner, l'on aurait pu faire plus que nous n'avons fait dans le nôtre.

« La Terre du Feu offre l'aspect le plus sauvage, le plus stérile et le plus désolé que j'aie jamais vu. Elle semble entièrement composée de rochers et de montagnes, sans la moindre apparence de végétation. Ces montagnes se terminent par des précipices horribles dont les bords escarpés s'élèvent à une hauteur prodigieuse. Les montagnes de l'intérieur étaient couvertes de neige; celles de la côte en étaient dégagées. Nous jugeâmes que les premières appartenaient au corps de la Terre du Feu, et que les autres étaient des îles rangées de manière à présenter l'apparence d'une côte continue. »

Le 21 décembre, on arriva sur la rade de Noël (*Christmas Sound*). Dès le lendemain, Cook envoya les lieutenans Clerke et Pickersgill, et quelques autres officiers, examiner et lever le plan d'un canal voisin d'une île près de laquelle on était mouillé, puis s'embarqua sur un canot, accompagné de MM. Forster et du docteur Sparrman, afin de reconnaître les parties septentrionales du passage. Il est très spacieux et environné au nord et à l'est par plusieurs rangées de hautes montagnes.

« La roche, observe Forster, est une espèce de schiste jaunâtre, disposé en couches horizontales et couvert d'un lit de terreau. Nous cueillîmes, sur une des îles de la baie où était mouillé le bâtiment, quelques plantes nouvelles, et nous trouvâmes sur la côte une nouvelle espèce de gobe-mouches, qui se nourrit de coquillages et de vers, et qui a un bec beaucoup plus fort que ne l'ont communément les oiseaux de ce genre. Des branches d'arbres composaient toute la charpente des huttes des insulaires, des feuilles vertes les recouvraient, preuve que les habitans les avaient quittées depuis peu. L'aspect horrible et sauvage de ce canal nous fit supposer, en y entrant, que les habitans de la Terre du Feu ne descendent jamais sur cette côte, et qu'ils se bornent à rôder autour du détroit de Magellan.

« Après avoir pris les relèvemens nécessaires, ajoute Cook, nous doublâmes l'extrémité orientale de l'île que nous venions de visiter, jusqu'à une côte que nous prîmes pour celle de la Terre du Feu, où nous trouvâmes un très beau havre environné de rochers escarpés et fort hauts, sur les flancs desquels coulaient plusieurs ruisseaux très limpides : au pied des rochers croissaient des bouquets d'arbres qui n'étaient bons qu'à brûler.

« Ce havre, que je distinguerai par le nom de *Bassin du Diable*, est divisé en deux parties, l'une intérieure, l'autre extérieure : elles communiquent de l'une à l'autre par un canal étroit. Le havre intérieur est très sûr, mais extrêmement sombre. L'élévation prodigieuse des âpres rochers qui l'entourent le prive, même pendant le jour, des rayons du soleil. Le havre extérieur a aussi un peu de cet inconvénient ; mais il est beaucoup plus clair que l'autre ; il est d'ailleurs plus commode sans être moins sûr. Je découvris encore un bon mouillage à l'ouest de ce havre, devant un courant d'eau qui sort d'un lac ou d'un grand réservoir, entretenu constamment par une cascade qui s'y précipite.

« En quittant cette plage, nous longeâmes la côte à l'ouest, et nous aperçûmes d'autres havres que je n'eus pas le temps d'examiner ; on trouve dans tous de l'eau douce et du bois à brûler ; mais, excepté de petites touffes d'arbrisseaux, tout le pays est un rocher nu, condamné par la nature à une stérilité éternelle. Les îles basses, et même quelques unes des plus hautes qui sont dispersées çà et là au fond et au bas du canal, sont la plupart couvertes d'arbustes et d'herbages. Le sol, espèce de tourbe noire et humide, a été évidemment formé de végétaux tombés en putréfaction.

« J'eus occasion de vérifier ce que nous avions observé en mer ; savoir, que la côte est composée d'un certain nombre d'îles grandes et petites, et que tous les goulets qu'on remarque sont formés par la jonction de plusieurs passages ; c'est du moins ce que nous vîmes ici.

« Les bords inférieurs du Bassin du Diable étaient bordés d'arbres plus grands que tous ceux que nous avions vus dans les environs. Un nombre prodigieux d'oiseaux perchés sur chaque branche, chantaient autour de nous à l'éclat du soleil. Ils étaient d'espèces très différentes; mais, ne connaissant pas les hommes, ils se juchaient si près de nous, qu'il était impossible de les tirer. Beaucoup de mousses, de fougères et de liserons croissaient entre les arbres et nous embarrassaient dans notre marche.

« Parmi différens canards sauvages que nous trouvâmes dans un autre port où nous débarquâmes, nous en vîmes un de la grosseur d'une oie, qui courait sur la surface de la mer avec une vitesse étonnante, en battant les flots de ses ailes et de ses pieds. Son mouvement était si vite, qu'il fut impossible de le tirer; dans la suite, nous vînmes à bout d'en tuer quelques uns : cet oiseau ressemblait au canard, excepté par sa grosseur et l'extrême brièveté de ses ailes. Il avait un plumage gris et un petit nombre de plumes blanches, le bec et les pieds jaunes, et deux grandes bosses calleuses nues, de la même couleur, à la jointure de chaque aile : nos matelots l'appelèrent *cheval de course,* à cause de sa vitesse; mais aux îles Falkland, les Anglais lui ont donné le nom du *canard lourdaud :* de grosses mouettes faisaient leurs nids dans des herbes sèches sur une des îles.

« Nous eûmes le bonheur de descendre sur une île entièrement couverte d'un arbousier chargé de fruits rouges de la grosseur des petites cerises aigrelettes et douces : ces fruits étaient très bons à manger. Les rochers de la même île, jusqu'au bord de l'eau, étaient remplis de grosses moules, meilleures que des huîtres. Au milieu des roches sauvages de cette contrée, nous dinâmes de ces fruits, de ces coquillages, et de quelques morceaux de biscuit et de bœuf salé.

« Nous aperçûmes peu de gibier pendant cette expédition : nous ne tuâmes qu'un canard, deux ou trois nigauds, et à peu près autant de râles ou de pies de mer. L'autre canot était arrivé quelques heures avant nous : il avait rencontré deux havres, tous les deux sûrs et commodes ; l'accès en paraissait pourtant un peu embarrassé.

« En faisant le tour de l'extrémité méridionale de l'île située en face du bord, je remarquai qu'une grande quantité de nigauds font leurs nids dans les fentes des rochers. Nous en tuâmes plusieurs des vieux, mais nous ne pûmes pas approcher des jeunes. Une multitude innombrable de ces oiseaux construisent leurs nids tout près les uns des autres ; l'instinct leur a appris à choisir pour cela les endroits où les rochers font une saillie au-dessus de la mer, et les plus perpendiculaires, afin que si les petits tombent, ils ne se blessent point et culbutent dans l'eau. Le schiste dont les rochers sont composés dans cette partie de l'île n'est pas très dur ; il est cependant surprenant que ces oiseaux aient pu y faire des trous, et en agrandir assez les cavités naturelles pour que leurs petits y trouvent des places suffisantes : ces nigauds retournaient toujours à leurs nids dès que nous avions tiré un coup de fusil, et s'envolaient si pesamment, que nous ne trouvions pas beaucoup de difficulté à les tirer au vol. Les Français les ont appelés *nigauds* aux îles Falkland, à cause de leur stupidité, qui paraît si grande, qu'ils ne peuvent apprendre à éviter la mort.

« Sur la côte est de l'île, nous aperçûmes des oies; à peine eûmes-nous débarqué, que nous en tuâmes trois. Elles étaient remarquables par la différence de couleur entre le mâle et la femelle. Le jars était un peu moindre qu'une oie ordinaire apprivoisée, et parfaitement blanc, excepté les pieds qui étaient jaunes, et le bec qui était noir. La femelle, au contraire, était noire, et avait des barres blanches en travers, une tête grise, quelques plumes vertes. Cette différence est heureuse pour la femelle, car étant obligée de conduire ses petits, sa couleur plus brune la cache aux faucons et aux autres oiseaux de proie.

« A neuf heures du soir, nous fûmes de retour à bord : M. Pickersgill, qui venait d'y arriver, m'apprit que la terre opposée à notre mouillage était une île dont il avait fait le tour : que sur une autre plus au nord il avait trouvé des œufs d'hirondelle de mer, et qu'en dehors de la grande île, entre la côte et la pointe est, il y a une anse dans laquelle il avait vu des oies : il tua une mère et de petits oisons.

« Ce rapport de M. Pickersgill nous engagea à entreprendre le lendemain deux parties de chasse :

M. Pickersgill et ses camarades retournèrent sur le canot, et je m'embarquai avec MM. Forster et le docteur Sparrman dans la pinasse. Le lieutenant alla par le côté nord-est de la grande île, qui fut appelée *île des Oies*, et moi par le côté sud-ouest. Dès que nous fûmes au-dessous de l'île, nous aperçûmes dans les rochers une grande quantité de nigauds; mais, sans perdre notre temps à les tirer, nous continuâmes notre route, et bientôt nous vîmes beaucoup d'autre gibier; car au sud de l'île, le nombre des oies est prodigieux. Comme c'était la saison de la mue, la plupart changeaient de plumes, et ne pouvaient s'enfuir : un fort ressac rendit notre débarquement très difficile : il nous fallut ensuite traverser des rochers par de fort mauvais chemins; de sorte que des centaines d'oies nous échappèrent : quelques unes s'envolèrent dans la mer, et d'autres dans l'île. Nous en tuâmes ou prîmes cependant soixante-deux.

« Plusieurs cavernes profondes coupaient les rochers, et formaient des voûtes élevées souvent de cent pieds au-dessus de nos têtes; le ressac se calmant par intervalles, nous pouvions entrer quelquefois dans ces retraites obscures avec le canot; les oiseaux qui s'y trouvaient récompensaient bien notre peine. Plusieurs de ces antres avaient cent vingt à cent cinquante pieds de longueur; les rochers qui leur servaient de murailles étaient communément l'asile des nigauds, auxquels nous ne faisions alors aucune attention. Le schiste de ces rochers était aussi rempli de fentes et de crevasses énormes qui devenaient fatales aux oies: ces oiseaux trop lourds, ayant rarement la force de traverser l'ouverture, tombaient, et nos matelots les prenaient en vie.

« Nous retournâmes à bord bien fatigués, et nous mangeâmes à souper une partie de ce que la chasse de la veille avait produit. M. Pickersgill, et son détachement, arrivés quelque temps avant nous, avaient rapporté trois cents œufs d'hirondelles de mer et quatorze oies. Je pus ainsi en distribuer à tout l'équipage; ce qui fit d'autant plus de plaisir aux matelots, que Noël approchait; sans cette heureuse rencontre ils n'auraient eu pour régal que du bœuf et du porc salés.

« J'appris que les naturels, sur neuf pirogues, étaient venus le long du vaisseau et que quelques uns étaient montés à bord : il ne fut pas nécessaire de les presser beaucoup pour cela, car ils paraissaient fort bien connaître les Européens, et ils avaient plusieurs couteaux de fer.

« Le lendemain ils nous firent une autre visite : je m'aperçus qu'ils étaient de la même nation que j'avais vue autrefois dans la baie de Bon-Succès, et que Bougainville distingue sous le nom de *Pecherais*, mot que ces Indiens prononçaient à tout moment. Ils sont petits, laids et très maigres; ils ont les yeux fort petits et sans expression, les cheveux noirs et lisses, flottant en désordre et barbouillés d'huile; ils n'avaient sur le menton que quelques poils clair-semés, et leur nez répandait continuellement du *mucus* dans leur bouche ouverte : toute leur figure annonçait la misère et la saleté la plus horrible. Leurs épaules et leur estomac sont larges et osseux, et le reste de leur corps si mince et si grêle, qu'en voyant séparément ces différentes parties, nous ne pouvions croire qu'elles appartinssent à la même personne; leurs jambes étaient arquées, et leurs genoux d'une largeur disproportionnée. Je n'en ai pas vu un seul de grand : ils étaient presque nus; une peau de phoque leur servait de vêtemens; quelques uns en portaient deux ou trois cousues ensemble, de manière qu'elles formaient un manteau qui descendait jusqu'au genou; mais la plupart n'en avaient qu'une seule, assez large pour couvrir leurs épaules; les parties inférieures du corps étaient absolument découvertes. On nous dit que les femmes se cachent le milieu du corps avec un morceau de peau de phoque, mais que d'ailleurs elles sont vêtues comme les hommes. Elles restèrent dans les pirogues, ainsi que les enfans.

« Je remarquai de loin que ces femmes avaient autour de leur cou un grand nombre de coquillages suspendus à un cordon de cuir, et que leur tête était couverte d'une espèce de bonnet composé de grandes plumes d'oies blanches, placées toutes droites; de sorte que cette parure ressemblait aux fontanges françaises du dernier siècle. Leur teint naturel paraissait être un brun olivâtre, luisant comme le cuivre; le visage de plusieurs était bariolé de raies de peinture rouge et quelquefois blanche. J'observai deux enfans à la mamelle entièrement nus : par là on les endurcit dès leur naissance à la fatigue et au froid. Les enfans ne prononçaient guère que le mot *pecherai*, que nous prîmes quelquefois pour un terme de tendresse, et d'autres fois pour une expression de malaise ou de douleur. Ces Indiens avaient des arcs, des traits et des dards, ou plutôt des harpons d'os placés au bout d'un bâton : je crois qu'avec ces armes ils tuent des phoques, des poissons, et peut-être aussi des baleines, comme le font les Esquimaux.

« Je leur fis donner du biscuit; mais je ne remarquai pas qu'ils l'aimassent autant qu'on me l'avait dit. L'instinct leur a peut-être appris que cet aliment n'est pas aussi bon pour eux que la viande de phoque pourrie. Ils préféraient les médailles, les couteaux, etc. Il y avait dans chacune de leurs pirogues un feu autour duquel se serraient et se réchauffaient les femmes et les enfans : je ne puis pas supposer qu'ils portent du feu dans leurs canots uniquement pour cet usage : c'est plutôt afin d'être toujours prêts à en allumer à terre, partout où ils débarquent; car, quelle que soit leur méthode de s'en procurer quand ils n'en ont point, ils ne sont pas sûrs de trouver toujours du bois sec qui s'enflamme à la première étincelle. Ils ont aussi dans leurs pirogues de grandes peaux de phoques, que je jugeai destinées à les abriter quand ils sont en mer, et à couvrir leurs huttes à terre : ils les employaient quelquefois comme des voiles. Leurs pirogues étaient très grossières, et d'écorce d'arbres; de petits bâtons servaient à maintenir la courbure de l'écorce; leurs pagaies étaient mauvaises, et ils manœuvraient fort lentement : chaque canot contenait de cinq à huit personnes, y compris les enfans : bien différens de tous les insulaires du grand Océan, ils gardaient un profond silence en approchant du vaisseau. Ceux qui montèrent à bord ne témoignèrent pas la moindre curiosité : ils ne parurent charmés de rien ; ils acceptèrent des grains de verroterie sans reconnaissance et sans y mettre aucun prix; ils nous abandonnèrent avec la même indifférence leurs armes et leurs peaux de phoques déchirées. Ils ne semblaient pas même remarquer notre supériorité sur eux, et nous ne surprîmes pas dans leurs regards ni dans leurs gestes un seul signe d'admiration à la vue de tous les objets que contient un vaisseau, toujours merveilleux aux yeux des sauvages. Tout en eux annonçait la stupidité et l'insouciance.

« Quelques uns proférèrent un petit nombre de mots, outre celui de *pecherai*, dans lesquels je remarquai beaucoup de consonnes et de gutturales, surtout le *ll* des Gallois (Fl.) : ils semblaient tous grasseyer fortement; ce qui contribua à rendre inintelligible ce qu'ils disaient. Nous leur fîmes en vain les gestes que les plus misérables insulaires du grand Océan avaient aisément compris : ils ne montrèrent pas la moindre envie de nous instruire de leur langage; et comme aucune de nos richesses n'excitait leurs désirs, ils ne prenaient pas de peine pour se faire comprendre.

Toutes les personnes qui avaient été du voyage de *l'Endeavour* convinrent que les Indiens qu'ils avaient vus à la baie de Bon-Succès étaient plus à leur aise et plus heureux que ceux-ci : leur taille était plus haute; ils portaient des bottines, ce qui rendait leur pied plus sûr; enfin ils étaient plus communicatifs, et avaient des idées de civilité : ceux-ci, au contraire, étaient si stupides, si indolens et si misérables, qu'ils ne voulaient ou ne pouvaient point se préserver de la rigueur du temps : je ne puis pas imaginer un être plus misérable que celui qui est privé de raison au point d'être incapable de combiner de pareilles idées.

« Ces sauvages, en mangeant la chair de phoque pourrie, préféraient la partie huileuse, et la seule attention qu'ils eurent pour les matelots fut de leur en offrir. Tous les peuples des hautes latitudes aiment cette huile par instinct; on dit qu'elle réchauffe leur corps contre la rigueur du froid. Les vêtemens, les armes, les ornemens, les ustensiles, et tout le corps de ces sauvages, exhalaient une puanteur si insupportable, que nous ne pouvions demeurer long-temps parmi eux : les yeux fermés, nous les sentions à une distance considérable. On aura peine à le croire, et cependant c'est un fait, ces mauvaises exhalaisons réprimèrent tellement les désirs des matelots les plus sales et les plus déterminés, qu'ils n'essayèrent pas de contracter de liaisons avec les femmes.

« Nous n'avons remarqué aucune espèce de subordination parmi ces sauvages : leur vie approche plus de celle des brutes que celle d'aucune autre nation. Il est très probable que ce sont de malheureux proscrits de quelque tribu voisine qui mène une vie plus douce; et que, réduits à vivre dans cette partie sauvage de la Terre du Feu, ils ont insensiblement perdu toutes leurs idées, excepté celles que renouvellent sans cesse les besoins les plus pressans : ils errent peut-être cherchant de la nourriture d'une baie ou d'un golfe à l'autre; car nous avons lieu de croire qu'ils passent leur hiver dans le canton le moins rigoureux de cet horrible pays.

« Ils se retirèrent tous avant dîner, et ne partagèrent pas notre régal de Noël : je crois que personne ne les y invita, car leur saleté et leur puanteur suffisaient pour ôter l'appétit à l'Européen le plus vorace : c'eût été dommage de ne pas profiter des nourritures fraîches que nous avait fournies le hasard. On servit donc des oies rôties et bouillies, des pâtés d'oies, etc. Il nous restait encore quelques bouteilles de vin de Madère, la seule de nos provisions qui se fût améliorée en mer; de sorte que nos amis d'Angleterre ne fêtèrent peut-être pas Noël plus gaîment.

« Les matelots, ayant commencé cette fête la veille, burent encore toute la journée du 26 : la plupart étaient morts-ivres; le capitaine les fit jeter dans les canots comme des animaux, et on les mena à terre où ils reprirent leurs sens à l'air.

« Le capitaine Cook a donné à cette rade le nom de *Noël*, à cause de cette fête que l'équipage y célébra. L'entrée, qui a trois lieues de large, gît par 55° 27′ de latitude sud, et 70° 16′ de longitude ouest. Les îles de Saint-Ildefonse, éloignées de dix lieues dans le nord-est, sont le meilleur indice pour la trouver. Il est inutile de faire une description détaillée de ce canal; car peu de navigateurs en profiteraient. Toutes les anses et tous les havres offrent du bois, de l'eau douce et des oiseaux sauvages.

« Le 29, à six heures du matin, on doubla le cap de Horn, et l'on quitta le grand Océan pour entrer dans l'Océan atlantique.

« Le 30, on passa le détroit de Le Maire. Le climat de la partie orientale de la Terre du Feu paraissait plus doux que celui de la côte que l'on venait de quitter. Les pentes des montagnes étaient moins escarpées; elles se prolongeaient en promontoires aplatis et couverts de bois. L'on ne voyait de la neige que sur les plus hautes cimes.

« Le 1er janvier 1775, on s'arrêta devant des îles, et l'on alla reconnaître un port que l'on découvrit sur la côte nord-est de la Terre des États, et qui reçurent le nom d'*îles* et de *port du Nouvel-An*.

« La côte sud-ouest de la Terre du Feu, relativement aux goulets, îles, etc., peut, observe Cook, être comparée à celle de Norwége; car je ne crois pas qu'il s'y trouve un espace de trois lieues où l'on ne voie un goulet ou un havre capable de contenir et d'abriter le plus gros vaisseau; seulement jusqu'à ce que ces goulets soient mieux connus, il faut déterrer soi-même un mouillage. Plusieurs rochers cachés règnent le long de la côte, mais heureusement aucun n'est éloigné de la terre; la sonde peut en indiquer l'approche, en supposant que le temps obscur empêche de les voir; car, à en juger par les endroits que nous avons sondés, il est plus que probable que tout le long de la côte et à plusieurs lieues en mer, la sonde trouve fond : en un mot, cette côte ne me paraît point aussi dangereuse qu'on l'a représentée.

« La Terre des États a à peu près dix lieues de long dans la direction de l'est à l'ouest; sa largeur n'est nulle part de plus de trois ou quatre lieues. La côte est de roche, fort dentelée, et paraît former plusieurs baies ou goulets. Elle présente une surface de collines escarpées, qui s'élèvent à une hauteur considérable, surtout près de l'extrémité occidentale : excepté les sommets de ces collines, la plus grande partie était couverte d'arbres et d'arbrisseaux ou d'herbages; on n'y apercevait que peu ou point de neige. Les courans entre le cap Déséada et le cap Horn portent de l'ouest à l'est, c'est-à-dire, dans la même direction que la côte; mais ils sont peu considérables. A l'est du cap, leur force s'augmente beaucoup, et leur direction est nord-est vers la Terre des États; ils sont rapides au détroit de Le Maire, et le long de la côte méridionale de la Terre des États.

« Les îles du Nouvel-An sont si différentes de la Terre des États, qu'elles méritent une description particulière : celle où nous débarquâmes présente une surface d'une hauteur égale, et élevée d'environ trente à quarante pieds au-dessus de la mer, dont elle est défendue par une côte de roches : l'intérieur est couvert d'une sorte de glaïeul très vert et fort long, qui croît sur de petits mondrains de deux ou trois pieds de diamètre, et d'environ autant d'élévation, en grosses touffes qui paraissent composées des racines de la plante nattées ensemble : parmi ces mondrains, on voit beaucoup de sentiers tracés par les ours de mer et les manchots, qui se retirent au centre de l'île. On y marche difficilement, car les chemins sont si sales, qu'on est quelquefois dans la boue jusqu'au genou. Outre cette plante, nous y remarquâmes d'autres graminées, une espèce de bruyère et du céleri. Toute la surface est humide ou mouillée, et sur la côte on distingue plusieurs ruisseaux. L'herbe qui fut surnommée *glaïeul* semble être la même qui croît aux îles de Falkland, et dont parle Bougainville comme d'une espèce de *gladiolus*, ou plutôt d'une sorte de graminée.

« Nous avons remarqué sur cette petite terre les

espèces de phoques nommés lions et ours de mer, divers oiseaux de mer, et quelques uns de terre. Comme c'était le temps des amours, nous avons vu un phoque mâle entouré de vingt ou trente femelles, très occupé à les retenir toutes près de lui, et écartant, à force de coups, les autres mâles qui voulaient se mêler dans son sérail. Plusieurs avaient une moindre quantité de lionnes. Quelques uns n'en avaient qu'une ou deux; et nous en observions çà et là un couché seul, et grondant dans un lieu écarté, sans souffrir que les mâles ni les femelles se tinssent dans les environs; nous jugeâmes que ceux-là étaient vieux et accablés par l'âge.

« Les ours de mer ne sont pas, à beaucoup près aussi gros que les lions, mais ils le sont un peu plus que les phoques communs. Ils n'ont point ce long poil qui distingue le lion; le leur est partout d'une longueur égale, et plus beau; il ressemble à celui de la loutre, et en général il est gris de fer. Il n'était pas dangereux de marcher au milieu de ces animaux, car ils s'enfuyaient alors, ou ils restaient tranquilles. On courait seulement des risques à se placer entre eux et la mer; si quelque chose les épouvante, ils se précipitent vers les flots en si grand nombre, que si l'on ne sort pas de leur chemin, l'on est terrassé. Quelquefois, lorsque nous les surprenions tout à coup, ou que nous les éveillions (car ils dorment beaucoup et ils sont très lourds), ils élevaient leurs têtes, ils ronflaient, et montraient les dents d'un air si farouche, qu'ils semblaient vouloir nous dévorer; mais dès que nous avancions sur eux, ils s'enfuyaient.

« Le manchot est un oiseau amphibie très connu; je ferai observer seulement qu'il y en a des quantités prodigieuses sur ces îles : de sorte que nous en assommions autant qu'il nous plaisait avec un bâton. Je ne puis pas dire qu'ils sont bons à manger : souvent dans la disette nous les trouvions excellens; mais c'était faute d'autres alimens frais. Ils ne pondent pas ici, ou bien ce n'était pas la saison, car nous n'aperçûmes ni œufs ni petits.

« Les nigauds pullulent aussi en grand nombre, et nous en emportâmes beaucoup à bord, parce qu'ils sont bons à manger. Ils s'approprient certains cantons, et y construisent leurs nids près du bord des rochers, sur les petits mondrains où croît le glaïeul : une autre espèce, plus petite que celle-ci, pond dans les crevasses des rochers.

« Les oies sont de l'espèce de celles de la rade de Noël : nous en aperçûmes peu; quelques unes avaient des petits. M. Forster en tua une différente de celles-ci, en ce qu'elle était plus grosse, qu'elle avait un plumage gris et des pieds noirs. Les autres faisaient un bruit exactement pareil à celui du canard. Les canards sont en petit nombre; quelques uns sont de ceux que nous avons appelés *chevaux de course*. Ceux que nous tuâmes pesaient de vingt-neuf à trente livres; ils étaient assez bons.

« Les oiseaux de mer étaient des mouettes, des hirondelles de mer, des goelands bruns, et un grand oiseau brun de la grosseur d'un albatros, que Pernetty appelle *quebrantahuessos* : nous le trouvâmes assez bon. Les oiseaux de terre sont des aigles ou des faucons, des vautours à tête chauve, des grives et quelques petits oiseaux.

« J'oubliais de dire qu'il s'y trouve des pies de mer ou des oiseaux auxquels nous donnions le nom de *corlieux* quand nous étions à la Nouvelle-Zélande; mais nous en vîmes seulement quelques couples dispersés çà et là. Il ne sera pas inutile de faire observer que les nigauds sont les mêmes oiseaux que Bougainville appelle *becs-scies;* mais il s'est trompé en disant que les quebrantahuessos sont leurs ennemis; car cet oiseau est de la classe des pétrels : il ne se nourrit que de poisson, et on le trouve dans toutes les hautes latitudes méridionales.

« On est étonné de la paix dans laquelle vivent les animaux de ce petit canton : ils paraissent avoir formé une ligue pour ne pas troubler leur tranquillité mutuelle. Les lions de mer occupent la plus grande partie de la côte, les ours de mer habitent l'intérieur de l'île, et les nigauds, les rochers plus élevés : les manchots s'établissent où il leur est plus aisé de communiquer avec la mer, et les autres oiseaux choisissent des lieux plus retirés. Nous avons vu tous ces animaux se mêler et marcher ensemble comme un troupeau domestique, ou comme des volailles dans une basse-cour, sans jamais essayer de se faire du mal. J'ai souvent observé les aigles et les vautours eux-mêmes assis sur les mondrains parmi les nigauds, sans que ceux-ci, jeunes ou vieux, fussent alarmés de ce voisinage. On demandera peut-être comment vivent ces oiseaux de proie; je crois qu'ils se nourrissent de carcasses de phoques et des oiseaux qui meurent de différentes manières; il est probable qu'ils ne manquent pas d'alimens.

« Des vaisseaux qui entreprendraient des expéditions pareilles à la nôtre pourraient se rafraîchir sur ces îles; quoique la chair des phoques et des manchots ne soit pas très bonne à manger, elle est infiniment plus salutaire que la viande salée. Si on cherchait avec soin les productions de ces différentes terres, il est vraisemblable qu'on y trouverait une quantité suffisante de céleri et de cochléaria pour en fournir à tout un équipage; car nous avons remarqué ces deux plantes dans nos excursions. Les matelots mangèrent plusieurs jours des petits nigauds et des manchots; ils comparaient les premiers à des poulets : ils rôtirent aussi plusieurs jeunes phoques; mais la chair avait un degré de mollesse qui la rendait dégoûtante : les jeunes ours de mer qui avaient pris toute leur croissance étaient préférables, et d'un goût pareil à celui d'un mauvais bœuf; mais il était impossible de toucher à celle des vieux lions et des vieux ours de mer.

« On quitta l'île du Nouvel-An le soir du 3 janvier 1775. Le lendemain, le vent du sud-est continua à souffler grand frais jusqu'à six heures du soir, qu'il sauta au nord-ouest en rafales violentes, qui nous assaillirent si subitement que, n'ayant pas le temps de serrer les voiles, nous perdîmes un mât de perroquet, le bout-dehors d'une bonnette et une bonnette; la bourrasque finit par une grosse pluie; mais le vent resta au sud-ouest. Notre route fut sud-est, dans la vue de découvrir la côte étendue que marque Dalrymple dans sa carte, et où l'on place le golfe de Saint-Sébastien. Je projetai d'attaquer la pointe occidentale de ce golfe, afin d'avoir toutes les autres parties devant moi. Doutant un peu de l'existence de cette côte, cette route me parut la meilleure pour éclaircir cette matière et reconnaître la partie australe de cet océan.

« Le 14 janvier, par 53° 56′ $\frac{1}{2}$ sud, et 39° 24′ ouest, on vit quelque chose que l'on prit d'abord pour une île de glace; mais, dans la soirée, on reconnut que c'était une terre d'une hauteur considérable. En consultant le journal de Duclos-Guyot, il parut certain que c'était la terre qu'il avait vue à la fin de juin 1756, et qu'il avait nommée *île Saint-Pierre*.

« Le 15, on découvrit une île isolée, qui fut appelée *Willis*, du nom de la personne qui la vit la première. Il venait du sud une houle très forte, indice certain qu'il n'y avait point de terre dans cette direction. Cependant la grande quantité de neige qui couvrait celle que nous avions en vue nous donna lieu de penser qu'elle était d'une étendue considérable, et je préférai de commencer par explorer sa côte nord.

« Le 16, j'arrivai sur l'île de Willis. En avançant au nord, nous découvrîmes une autre île à l'est de l'île de Willis, entre celle-ci et la grande terre : remarquant qu'il existait un passage entre les deux îles, je gouvernai pour y entrer; à cinq heures, je me trouvai au milieu, et j'observai qu'il était large d'environ deux milles.

« L'île de Willis est un rocher élevé, peu étendu et entouré d'îlots de roches. L'autre île, que je nommai l'*île Bird* (de l'Oiseau), à cause du grand nombre d'oiseaux dont elle était remplie, n'est pas si élevée; mais elle est beaucoup plus étendue, et elle est tout près de la pointe nord-est de la grande terre, que j'appelai *le cap Nord.*

« La côte sud-est de cette terre paraît former plusieurs baies ou goulets au fond desquels nous observâmes des masses énormes de neige ou de glace, et surtout dans une baie qui gît à dix milles au sud-sud-est de l'île de l'Oiseau.

« Après avoir traversé le passage, nous rangeâmes la terre à une lieue de distance, jusqu'à près de dix heures du soir. A deux heures du matin du 17, on fit route vers la terre, avec un joli vent du sud-ouest; je gouvernai le long de la côte, à la distance de quatre ou cinq milles, jusqu'à sept heures; voyant alors l'apparence d'un goulet, je m'y dirigeai. Dès que nous approchâmes de la côte, on mit en mer un canot sur lequel je montai avec MM. Forster et le docteur Sparrman, afin de reconnaître la baie avant d'y conduire le vaisseau :

quand je quittai *la Résolution*, nous étions à environ quatre milles de la côte, la sonde rapportait quarante brasses. Je continuai à sonder sur la route, mais je ne trouvai point de fond par trente-quatre brasses, longueur de la ligne que j'avais dans la chaloupe; cette ligne fut aussi trop courte pour sonder la baie dans tous les endroits où je la remontai; elle est large d'environ deux milles, et bien à l'abri de tous les vents; je jugeai qu'elle peut avoir un bon mouillage. Comme j'étais résolu de ne pas y mener le vaisseau, je ne crus pas devoir employer mon temps à examiner ces lieux, car il ne me paraissait pas probable qu'aucun navigateur dût profiter de mes découvertes: je débarquai en trois différens endroits, déployai notre pavillon, et pris possession du pays au nom du roi d'Angleterre, en faisant une décharge de mousqueterie.

« Le fond de la baie et les environs de chaque côté se terminaient par des rochers de glace perpendiculaires d'une hauteur considérable. Il s'en détachait continuellement des morceaux : pendant que nous étions dans la baie, une masse énorme tomba, et fit un bruit pareil à celui du canon.

« Ces masses sont absolument les mêmes que celles qu'on trouve dans les havres du Spitzberg : la glace ressemblait beaucoup à ces îles détachées que nous avions vues flotter en grande quantité dans les hautes latitudes méridionales.

« L'intérieur du pays n'était ni moins sauvage, ni moins affreux. Les cimes des rochers se perdaient dans les nues, et les vallées étaient couvertes d'une neige éternelle; on ne voyait pas un arbre, pas le plus petit arbrisseau : les seuls végétaux que nous y remarquâmes furent une sorte de graminée grossière, dont le chaume était fort et qui croissait en touffes (*dactylis glomerata*), la pimprenelle, et une plante pareille à la mousse, qui sortait des rochers.

« Les rochers sont d'un schiste gris bleuâtre, en couches horizontales; plusieurs fragmens de ce schiste couvraient partout la grève. Autant que nous pûmes les examiner, ils ne contenaient pas de minéraux.

« Les phoques étaient assez nombreux, mais plus petits que ceux de la Terre des États : peut-être que nous ne vîmes guère que des femelles, car les côtes fourmillaient de leurs petits : nous n'en aperçûmes aucun de l'espèce que nous appelons lions; mais il y en avait quelques uns de ceux que le rédacteur du Voyage d'Anson décrit sous ce nom.

« L'un de ceux-ci que nous tuâmes avait tout le corps d'un gris foncé, avec une légère teinte olive, à peu près comme les phoques de l'hémisphère septentrional : il ressemblait aussi à ces animaux par la forme de ses pieds de devant, et il n'avait pas non plus d'oreilles extérieures. Son nez, très saillant au-delà de sa bouche, était surmonté d'une peau ridée et flottante : peut-être qu'elle est mobile, et que, quand le phoque est en colère, elle forme une espèce de crête telle que la représente la figure qui est dans le Voyage d'Anson (1). Celui que nous examinâmes était long d'environ treize pieds, mais à proportion plus mince que le lion de mer à crinière de la Terre des États.

« Tous les phoques y étaient plus hardis que ceux des îles du Nouvel-An, ils ne s'enfuyaient pas pour nous faire place. Les petits aboyaient après nous; ils nous poursuivaient quand nous passions près d'eux, et ils essayaient de nous mordre les jambes.

« Les manchots étaient les plus gros que j'aie jamais vus; nous en rapportâmes à bord quelques uns qui pesaient de vingt-neuf à trente-huit livres: ils avaient trente-neuf pouces de long. Leur ventre était d'une grosseur énorme, et couvert d'une grande quantité de graisse: ils ont de chaque côté de la tête une tache ovale d'un jaune brillant, ou de couleur d'orange bordée de noir: tout le dos est d'un gris noirâtre; le ventre, le dessous des nageoires, et l'avant du corps sont blancs; ils étaient si stupides, qu'ils ne nous fuyaient point, et nous les tuâmes à coups de bâton.

« On voit, par la description que fait Bougainville des animaux des îles Falkland, que ces manchots s'y trouvent. Il y avait aussi des albatros, des mouettes communes, des goelands bruns, des hi-

(1) Ce lion de mer du lord Anson (*phoca leonina* Linn.) semble être le même que celui que les Anglais ont appelé aux îles Falkland *clap-match-seal*.

rondelles de mer, des nigauds, des plongeons, et de petits oiseaux blancs et jaunes : nous en tuâmes deux qui étaient d'un excellent goût.

« Nous ne vîmes d'autres oiseaux de terre que de petites alouettes : nous n'y rencontrâmes aucun quadrupède. M. Forster, à la vérité, observa de la fiente qu'il jugea être celle d'un renard, ou de quelque autre animal semblable. Les terres, ou plutôt les rochers qui bordent la côte de la mer, n'étaient pas couverts de neige, comme l'intérieur du pays. Après avoir fait ces observations, je me rembarquai avec une assez grande quantité de phoques et de manchots, que je distribuai à l'équipage. Je donnai le nom de *baie de Possession* à celle que nous avions visitée : quelques milles à l'ouest de la baie de Possession, entre cette baie et le cap Buller, se trouve la *baie des Iles*, que j'ai ainsi appelée à cause de plusieurs petites îles qui gisent par son travers et dans son intérieur.

« Dès que la chaloupe fut remontée, nous fîmes voile le long de la côte jusqu'à une pointe avancée, qui a obtenu le nom de *cap Saunders*. Au-delà de ce cap, s'ouvre une baie assez large, que j'ai nommée *baie Cumberland*. En plusieurs endroits du fond de cette baie, ainsi que dans quelques autres baies de moindre étendue qui gisent entre le cap Saunders et la baie de Possession, on voyait de grands espaces couverts de neige glacée, ou de glace solide.

« L'aspect de la terre est à peu près le même

partout : les montagnes, extrêmement élevées au sud, offraient des cimes déchirées et aiguës.

« Le 18, nous découvrîmes au sud-ouest une île qui reçut le nom de *Cooper*, mon premier lieutenant.

« A deux heures du matin du 20, nous fîmes voile au sud-ouest pour doubler l'île Cooper. C'est un rocher d'une hauteur considérable, d'environ cinq milles de tour, et situé à un mille de la grande terre, dont la côte prend ici une direction sud-ouest.

« On vit, en allant au sud-ouest, que la côte de la grande terre se dirigeait au nord-ouest. A neuf lieues de distance, dans cette direction, était une île qui fut appelée île *Pickersgill*, du nom de mon troisième lieutenant : bientôt une pointe de la grande terre au-delà de cette île se montra dans la direction du nord-ouest. Il nous fut démontré par-là que cette grande terre, que nous avions jugée comme faisant partie d'un grand continent, n'est qu'une île de soixante-dix lieues de tour.

« Qui aurait jamais pensé qu'une terre aussi peu étendue que celle-ci, située entre le 54e et le 56e parallèle, fut, au milieu de l'été, couverte presque en entier, à plusieurs brasses de hauteur, d'une neige glacée, et surtout sur sa côte sud-ouest? Les flancs et les sommets escarpés des hautes montagnes étaient eux-mêmes revêtus de neige et de glace; mais la quantité qui se trouva dans les vallées est incroyable; et au fond des baies, la côte aboutissait à une muraille de glace d'une élévation considérable. Sans doute il se forme ici, pendant l'hiver, beaucoup de glaces, qui, au printemps, se détachent et se dispersent sur la mer; mais cette île ne peut pas produire la dix millième partie de celle que nous vîmes; de sorte qu'il doit y avoir d'autres terres ou la glace se forme en pleine mer. Ces réflexions m'ont conduit à penser qu'une terre vue la veille appartenait peut-être à une côte étendue : j'espérais donc toujours découvrir un continent. Il faut avouer que je ne fus pas beaucoup affligé en reconnaissant que je me trompais.

« Je donnai à cette terre le nom d'*île de Géorgie*, en l'honneur de S. M. Georges III : elle gît entre 53° 57′ et 54° 57′ de latitude sud, et entre 38° 13′ et 35° 34′ de longitude ouest : elle s'étend du sud-est au nord-ouest; elle a trente-une lieues de long dans cette direction, et sa plus grande largeur est d'environ dix lieues. Elle paraît remplie de baies et de havres, surtout sur la côte du nord-est; mais la prodigieuse quantité de glaces doit la rendre inaccessible la plus grande partie de l'année, ou du moins il doit être dangereux d'y mouiller, à cause de la rupture des rochers de glace. Il faut remarquer que, sur toute la côte, nous ne vîmes pas une rivière ou un courant d'eau douce. Il est très probable que les sources y tarissent quelquefois, et que l'intérieur, étant fort élevé, ne jouit jamais d'assez de chaleur pour fondre toute la neige qui serait nécessaire à la formation d'une rivière ou d'un courant d'eau. La côte seule reçoit une chaleur suffisante pour fondre la neige, ce qui arrive seulement sur la partie nord-est ; car l'autre se trouvant exposée aux vents froids du sud, est un peu privée des rayons du soleil par la hauteur extraordinaire des montagnes. J'avais supposé que Bouvet ne découvrit que de grandes îles de glace, dans la persuasion que la côte d'une terre située par 54 degrés de latitude, ne pouvait pas, au milieu de l'été, être entièrement couverte de neige; mais, après avoir vu celle-ci, je n'eus plus de doute sur l'existence du cap de la Circoncision, et je crus que je rencontrerais plus de terre que je ne pourrais en reconnaître. C'est avec ces idées que je quittai la côte, et je dirigeai ma route à l'est-sud-est, vers celle que nous avions vue la veille.

« Nous ne nous fûmes pas plus tôt éloignés de la côte, que le temps, qui avait été très beau depuis quatre jours et très favorable pour explorer les terres nouvelles, vint à changer. Il s'éleva un coup de vent accompagné de brume et de pluie : heureusement qu'il ne dura que jusqu'à minuit. La terre vers laquelle on se dirigeait était si enveloppée dans la brume, que l'on n'était pas sûr de sa position. Les brouillards continuèrent les 21, 22 et 23; ce qui nous obligea de changer fréquemment de route.

« Le 23, tandis que par la bordée que l'on courait on croyait s'éloigner de terre, le lieutenant Clerke aperçut à onze heures des brisans à un demi-mille à l'avant; en même temps des cormorans, qui ne s'éloignent pas beaucoup de terre, vinrent à bord. Nous reconnûmes alors que nous avions, sans le savoir; tourné fort heureusement tout autour d'une terre sur laquelle, sans cela nous nous serions brisés. C'était un groupe d'îlots qui reçut le nom de *Clerke*.

« On a supposé, observe Forster, que toutes les parties de ce globe, même celles qui sont les plus affreuses et les plus stériles, sont propres à être habitées par des hommes. Avant d'aborder sur la Géorgie, nous n'étions pas éloignés d'adopter cette opinion, puisque les rochers sauvages de la Terre du Feu sont peuplés : mais le climat de la Terre du Feu est doux en comparaison de celui de la Géorgie; car le thermomètre était ici au moins de 10 degrés plus bas. L'extrémité sud de l'Amérique a d'ailleurs l'avantage de produire assez d'arbrisseaux et de bois pour fournir aux besoins des naturels, qui peuvent se garantir de la rigueur du froid, et rendre, par la cuisson, leurs alimens plus sains. Comme la Nouvelle-Géorgie ne produit ni bois, ni aucun combustible qui puisse en tenir lieu, je crois qu'il serait impossible à une race d'hommes de s'y perpétuer, lors même qu'à la place de la stupidité des Pecherais ils auraient toute l'industrie des Européens. Les étés de cette nouvelle île sont très froids : le thermomètre n'a jamais monté à plus de 10° au-dessus du point de congélation pendant notre séjour sur la côte; et, quoique nous ayons lieu de croire que les hivers n'y sont pas aussi froids en proportion que dans notre hémisphère, il est probable qu'il existe au moins entre les deux saisons une différence de 20 ou 30 degrés suffisante pour tuer tout homme qui aurait survécu aux rigueurs de l'été, surtout s'il n'avait pas contre la rigueur des élémens d'autres préservatifs que ceux que fournit le pays; mais, outre que la Géorgie australe est inhabitable, elle ne paraît pas contenir de productions qui puissent y attirer de temps en temps les vaisseaux européens. Les phoques, dont la graisse est un objet de commerce, sont beaucoup plus nombreux sur les côtes désertes de l'Amérique méridionale, des îles Falkland et du Nouvel-An, et on les y prend avec bien moins de danger. Si nos pêches annuelles dépeuplent entièrement l'Océan septentrional de baleines, peut-être qu'on recourra à l'autre hémisphère, où elles abondent; mais il semble qu'il serait peu nécessaire, pour en rencontrer, de s'avancer au sud jusqu'à la Nouvelle-Géorgie, puisque les Portugais et les habitans de l'Amérique nord en ont dernièrement tué une grande quantité sur la côte de l'Amérique méridionale sans dépasser les îles Falkland. Il est donc probable que, si jamais la Géorgie australe devient importante dans l'histoire du monde, cette époque fort éloignée n'arrivera peut-être que lorsque la côte des Patagons et la Terre du Feu seront civilisées comme l'Écosse et la Suède.

« Le 25 janvier 1775, *la Résolution* fit route à

l'est, et bientôt les îles de glace et les glaçons flottans reparurent. Un temps brumeux, accompagné de neige et de pluie, rendait la navigation dangereuse et fatigante ; on fut obligé de changer plusieurs fois de route.

« Tout l'équipage était épuisé. Nous n'avions pénétré, ajoute Forster, qu'à quelques minutes au-delà de 60 degrés sud lorsqu'on revira. La plupart des matelots étaient attaqués de rhumatismes et de rhumes, quelques uns éprouvaient de temps en temps des maux de cœur qui les faisaient subitement tomber en défaillance. Le thermomètre se tint à 35 degrés dans ces hautes latitudes, et ce degré de froid, ainsi que les pluies de neige et les brumes humides, retardaient infiniment la convalescence des malades.

« Je n'avais pas dessein, dit Cook, d'aller plus loin au sud, à moins que je n'observasse des signes certains de l'approche de la terre. En effet, il n'eût pas été prudent de ma part d'employer mon temps à vouloir pénétrer dans le sud, quand il était au moins aussi probable qu'on pouvait trouver une grande terre près du cap de la Circoncision. Enfin, j'étais las de ces latitudes élevées, où l'on ne rencontre que de la glace et des brumes épaisses. Nous avions alors une forte houle de l'ouest, indication qu'il n'y avait pas de terre dans cette direction.

« Continuant à cingler au nord-est, le 30, nous dépassâmes une des plus grandes îles de glace que nous eussions vues pendant le voyage; et quelque temps après, nous en laissâmes de l'arrière d'autres beaucoup plus petites : toujours des brumes et de la pluie mêlée de neige.

« A six heures du lendemain au matin, vent à l'ouest, la brume s'éclaircit heureusement un peu, et nous découvrîmes terre à trois ou quatre milles de l'avant. Sur cela, je serrai le vent au nord; mais, trouvant que nous ne pouvions pas la doubler sur ce bord, je revirai bientôt par cent soixante-quinze brasses à trois milles de la côte, et à environ une demi-lieue de quelques brisans. Le ciel s'éclaircit encore davantage, et nous vîmes assez bien la terre. Nous reconnûmes que c'étaient trois îlots de roche, d'une hauteur considérable, noirs, caverneux et escarpés, habités par des troupes d'oiseaux, et battus par des lames terribles : des brouillards épais voilaient la partie supérieure des montagnes. Le plus extérieur des îlots se terminait en un pic très haut; il fut appelé pic de *Freezeland*, du nom de celui qui le découvrit le premier. Tout le monde crut que la hauteur perpendiculaire de ce pic couvert de neige n'était guère moins de deux milles. Notre latitude était de 59° sud, et notre longitude de 27° ouest. Derrière et à l'est de ce pic se montrait une côte élevée, dont les sommets couverts de neige se voyaient au-dessus des nuages; je la nommai cap *Bristol*. Nous apercevions dans le même temps, au sud-ouest, une autre côte élevée : la latitude observée fut de 59° 13′ sud, et la longitude, 27° 45′ ouest. J'appelai cette terre *Thulé australe*, parce que c'est la terre la plus méridionale qu'on ait encore découverte : elle présente une surface très haute, et elle est partout couverte de neige. Quelques personnes de l'équipage crurent voir terre dans l'espace qui est entre Thulé et le cap Bristol : il est plus que probable que ces deux terres sont liées, et que cet intervalle est une baie profonde, que j'ai appelée baie *Forster*.

« A une heure, comme nous ne pouvions pas doubler Thulé, nous revirâmes pour faire route au nord. Bientôt après, le vent diminua, et nous fûmes abandonnés à la merci d'une grosse houle de l'ouest, qui portait directement sur la côte.

« Le sommet des hautes montagnes étant enveloppé de brouillards, et leurs flancs d'une neige qui se prolongeait jusqu'au bord de l'eau, il aurait été difficile de prononcer si ce que nous avions devant les yeux était une terre ou une île de glace, sans les rochers creux qui nous offrirent l'aspect de leurs cavernes noires.

« Nous sondâmes; mais une ligne de deux cents brasses ne rapporta point de fond. A huit heures, le temps, qui avait été très brumeux, s'éclaircissant, nous vîmes le cap Bristol, qui se terminait en une pointe au nord, au-delà de laquelle nous ne pouvions pas apercevoir de terre. Cette découverte nous délivra de la crainte d'être portés par la houle sur la plus affreuse côte du monde, et nous continuâmes à marcher au nord toute la nuit, avec un vent léger de l'ouest.

« Le 1er février, à quatre heures du matin, nous découvrîmes une nouvelle côte qui, à six heures, nous restait au nord-est. Nous reconnûmes ensuite que c'était un promontoire, que je nommai cap *Montague* : il est à sept ou huit lieues au nord du cap Bristol. La terre se montrait d'espace en espace entre ces deux caps, ce qui me fit conclure que toutes ces côtes sont liées entre elles. Je fus fâché de ne pouvoir pas déterminer ce point avec plus de certitude; mais la prudence ne permettait pas de me hasarder près d'une côte sujette à des brumes épaisses, et dépourvue de mouillage, où chaque port était bloqué et rempli de glace, et tout le pays, depuis le sommet des montagnes jusqu'au bord des rochers qui terminent la côte, couvert à plusieurs brasses de profondeur d'une neige éternelle. Les rochers indiquaient seuls qu'il y avait de la terre au-dessous.

« Plusieurs grandes îles de glace paraissaient sur la côte. L'une d'elles attira mon attention : sa hauteur et son contour étaient d'une étendue considérable; elle avait une surface plate et des côtes perpendiculaires, sur lesquelles les vagues de la mer n'avaient fait aucune impression, ce qui me fit juger qu'elle n'était pas détachée depuis long-temps de terre, et qu'elle venait peut-être de sortir de quelque baie sur la côte où elle s'était formée.

« A midi, la latitude observée fut de 58° 25′ sud. A deux heures de l'après-midi, comme nous courions au nord, nous vîmes une terre au nord-nord-est, à quatorze lieues de distance. La nouvelle terre s'étendait du nord à l'est. Nous crûmes en avoir une autre plus à l'est, et derrière celle-ci.

« Après avoir gouverné au nord toute la nuit, à six heures du lendemain au matin, nous aperçûmes une nouvelle terre au nord-est, à environ dix lieues : elle se montrait sous l'apparence de deux mondrains qui s'élevaient au-dessus de l'horizon; mais nous la perdîmes bientôt de vue; il s'éleva un vent frais du nord-nord-est; je courus sur la terre la plus septentrionale que nous avions vue la veille: nous ne pûmes pas la doubler; la côte, qui s'étendait de l'est au sud-est, ressemblait beaucoup à une île d'environ huit ou dix lieues de tour. Elle présente une surface d'une hauteur considérable, dont le sommet se perdait dans les nues. Nous observâmes une pente ou grève plate, qui se prolongeait au nord, et qui était remplie de rochers empilés dans tout le désordre du chaos. Cette côte semblait privée même des animaux amphibies qui habitent la Géorgie australe.

« Comme toutes les terres voisines, elle était couverte d'une nappe de neige ou de glace, excepté sur une pointe avancée à la côte septentrionale, et sur deux collines qu'on apercevait au-delà de cette pointe, et qui étaient probablement deux îles : ces cantons paraissaient revêtus d'un gazon vert. Quelques grandes îles de glace se voyaient au nord-est, et d'autres au sud.

« Ayant couru au large jusqu'à midi, je revirai sur la terre, afin de reconnaître si c'était une île. Le ciel, devenu très brumeux, se chargea enfin d'un brouillard épais qui m'arrêta : il était dangereux de m'approcher de la côte; de sorte qu'après avoir couru vers le rivage le même espace que nous avions couru au large, je revirai de bord, et je mis le cap au nord-ouest, sur la terre que nous avions vue le matin, et qui était encore à une distance considérable. Ainsi nous fûmes obligés d'abandonner l'autre, supposant que c'était une île que j'ai appelée *île Saunders*. Elle gît par 57° 49′ de latitude sud, et 26° 44′ de longitude ouest.

« Nous ignorions si c'était réellement une île, car on voyait alors dans l'est une terre qui peut être liée avec celle-ci, ou qui en est séparée; c'était peut-être aussi la même que nous avions vue le soir de la veille. Quoi qu'il en soit, il était nécessaire d'examiner la terre au nord avant d'avancer plus loin à l'est. Le 3, nous aperçûmes la terre que nous cherchions, et que nous reconnûmes ensuite pour être deux îles. Je les appelai *îles de la Chandeleur*, à cause du jour où on les a découvertes : elles ne sont pas d'une grande étendue, mais leur élévation est considérable, et la neige en couvrait partout la surface. Le temps était si brumeux, que nous perdîmes bientôt ces îles de vue, et nous ne les revîmes pas jusqu'à midi, à la distance de trois ou quatre lieues.

« Nous rencontrâmes plusieurs grandes îles de glace, des glaces flottantes, et beaucoup de manchots. A minuit, nous atteignîmes tout à coup des lames d'une eau extraordinairement blanche, qui alarmèrent tellement l'officier de quart, qu'il revira de bord sur-le-champ. Quelques personnes crurent que c'était un radeau de glace; d'autres que c'était un bas-fond; on reconnut ensuite que c'était un banc de poissons.

« Nous portâmes au sud jusqu'à deux heures du lendemain au matin, que nous reprîmes notre route à l'est avec une brise faible du sud-sud-est, qui, ayant fini par un calme à six heures, me fournit l'occasion de mettre une chaloupe en mer, pour reconnaître s'il existait un courant : on reconnut qu'il n'y en avait point. Quelques baleines jouaient autour de nous, et une grande quantité de manchots nous environnaient. Nous tuâmes quelques uns de ces oiseaux : ils étaient de la même espèce que nous avions vue auparavant au milieu des glaces, et différens de ceux de la Terre des États et de l'île de la Géorgie. Il est à remarquer que nous n'avions pas vu un phoque depuis notre départ de cette côte. Le temps était toujours brumeux, accompagné de neige et de pluie; les glaces flottantes étaient fréquentes.

« Aucun manchot ne frappa nos regards le 5, ce qui me fit conjecturer que nous laissions la terre derrière nous, et que nous avions déjà vu son extrémité septentrionale.

« Nous fîmes route au sud et au sud-est jusqu'au lendemain à midi : étant alors par 58° 15′ de latitude sud, et 21° 34′ de longitude ouest, ne voyant ni terre ni rien qui en indiquât, je conclus que celle que nous avions aperçue, et que j'ai nommée *Terre de Sandwich*, est un groupe d'îles ou une pointe de continent; car je crois fermement qu'il y a près du pôle une étendue de terre où se forment la plupart des glaces répandues sur ce vaste Océan austral; il me paraît probable aussi qu'il se prolonge le plus au nord, vis-à-vis l'Océan atlantique austral, et vis-à-vis la mer de l'Inde, parce que nous y avons toujours trouvé la glace plus loin au nord que partout ailleurs; ce qui, je crois, n'arriverait pas, s'il n'y avait point de terre au sud; je veux dire, s'il n'y avait pas de terre d'une étendue considérable; car en supposant qu'il n'existe point de pareilles terres, et que la glace peut se former sans elles, il s'ensuit que le froid doit être partout à peu près égal autour du pôle jusqu'au 70 ou 60e parallèle, ou assez loin pour se trouver hors de l'influence d'aucun des continens connus; par conséquent nous devions voir de la glace partout sous le même parallèle ou aux environs; et cependant nous avions éprouvé le contraire. Très peu de vaisseaux ont rencontré de la glace en doublant le cap de Horn; et nous en avons vu très peu au-dessous du 60e degré de latitude dans le grand Océan austral; au lieu que dans l'Océan atlantique, vers le méridien de 40° ouest, et le 50 ou 60e degré est, nous en avons rencontré au nord jusqu'au 51e degré. Bouvet en a rencontré par 48°, et d'autres en ont vu dans une latitude beaucoup plus basse. J'avoue cependant que la plus grande partie de ce continent austral (en supposant qu'il existe) doit être en dedans du cercle polaire, où la mer est si remplie de glaces, qu'elle devient inabordable. Le danger qu'on court à reconnaître une côte dans ces mers inconnues et glacées, est si grand, que personne, j'ose le dire, ne se hasardera à aller plus loin que moi, et que les terres qui peuvent être au sud ne seront jamais reconnues : il faut affronter des brumes épaisses, des tourmentes de neige, un froid perçant, et tout ce qui peut rendre la navigation dangereuse : l'aspect des côtes, plus horribles qu'on ne peut l'imaginer, accroît encore ces difficultés. Ce pays est condamné par la nature à ne jamais sentir la chaleur des rayons du soleil, et à rester enseveli dans des neiges et des glaces éternelles. Les ports, s'il s'en trouve sur ces côtes, sont sûrement remplis de neiges glacées d'une grande profondeur; mais s'il en était d'assez ouvert pour y admettre un vaisseau, le bâtiment courrait risque d'y rester attaché pour jamais, ou d'en sortir au milieu d'une île de glace. Les îles et les glaçons qui sont sur la côte, les gros morceaux de glace qui tombent, ou bien des tourmentes d'une neige épaisse, accompagnées d'une gelée vive, seraient également funestes.

« Après cette explication, le lecteur ne doit pas s'attendre à me trouver désormais dans une latitude plus avancée au sud : j'avais cependant grande envie d'approcher davantage du pôle; mais il aurait été imprudent de risquer de faire perdre au public toutes les découvertes de cette expédition, en découvrant et reconnaissant une côte dont les relèvemens ne seraient d'aucune utilité, ni à la navigation, ni à la géographie, ni à aucune autre science. Il nous restait encore à vérifier la découverte qu'on disait avoir été faite par Bouvet : d'ailleurs, nous n'étions pas en état d'entreprendre de grandes choses; et quand le vaisseau aurait été bien équipé et bien pourvu, nous manquions de temps. Les soixante grands tonneaux de choucroûte étaient entièrement consommés; tout le monde éprouvait un malaise de cette privation.

« Je me déterminai donc à changer de route, et à courir à l'est avec un vent très fort du nord, accompagné de neige, qui tombait en gros flocons. La quantité qui remplissait nos voiles était si grande, que nous étions souvent obligés de jeter le vaisseau dans le milieu du vent pour les en débarrasser : sans cette précaution, la voilure ni le bâtiment n'auraient pu en supporter le poids.

« Le 17 février à midi, nous atteignîmes le parallèle assigné au cap de la Circoncision. Le temps et le vent étaient favorables à la recherche que je m'étais proposé de faire; le 19, je passai sur l'endroit où il est placé par Bouvet. On ne rencontra pas la moindre apparence de terre, et l'on ne vit passer qu'un petit nombre d'îles de glace. Nous courûmes sous le même parallèle jusqu'au 25, que nous fîmes route au nord.

« Le 16 mars, à la pointe du jour, nous vîmes enfin deux vaisseaux, dont l'un portait pavillon hollandais : il était à environ deux lieues; mais nous désirions trop avidement des nouvelles d'Europe pour faire attention à cette distance.

« Le 18, je fis mettre la chaloupe en mer, et à une heure après midi elle revint nous dire que ce vaisseau arrivait du Bengale. Le capitaine, M. Bosch, eut la bonté de nous offrir du sucre, de l'arak, et tout ce qu'il put nous donner. Des matelots anglais, qui se trouvaient à bord de ce bâtiment, apprirent à nos gens que *l'Aventure* était arrivée au cap de Bonne-Espérance une année auparavant, et que l'équipage d'une de ses chaloupes avait été massacré et mangé per les habitans de la Nouvelle-Zélande; le lendemain, le second vaisseau vint à nous; il était anglais; il nous donna du thé, des provisions fraîches et de vieilles gazettes, qui eurent à nos yeux le mérite de la nouveauté.

« Le 22 mars 1775, qui était pour nous le mercredi, mais pour les habitans du Cap le mardi 21, nous jetâmes l'ancre dans la baie de la Table, où mouillaient plusieurs vaisseaux hollandais, quelques uns français et *la Cérès*, capitaine Newte, bâtiment anglais de la Compagnie des Indes, venant de Chine, et allant directement en Angleterre : j'envoyai par le capitaine, à l'amirauté, une copie de mon journal, avec des cartes et des dessins.

« Tandis qu'on arrangeait l'ancre, je dépêchai un officier au gouverneur, pour l'informer de notre arrivée, et lui demander les munitions et les rafraîchissemens dont nous avions besoin : il les accorda avec empressement. Dès que l'officier fut de retour, nous saluâmes la garnison de treize coups de canon, et à l'instant on nous rendit ce salut coup pour coup.

« J'appris alors que *l'Aventure* avait relâché au Cap en retournant en Angleterre, et j'y trouvai une lettre du capitaine Furneaux, qui m'instruisait de la perte de sa chaloupe, et de dix de ses meilleurs hommes dans le canal de la Reine Charlotte. » Voici la relation qu'il en donne.

« Sur la fin de notre séjour à la Nouvelle-Zélande, en décembre 1773, les insulaires du port de la Reine Charlotte se rendirent à bord comme auparavant; il nous vendirent du poisson, des armes et des outils de leur fabrique, pour des clous, etc. : ils paraissaient très bien disposés pour nous : cependant ils vinrent deux fois à nos tentes au milieu de la nuit dans l'intention de nous voler; mais on les découvrit avant qu'ils se fussent emparés de rien.

« Le 17, après avoir achevé l'eau et le bois dont nous avions besoin, et tout disposé pour appareiller, le grand canot alla cueillir des plantes comestibles : je chargeai M. Rowe, midshipman, de commander ce petit équipage, et je lui ordonnai de revenir le soir, parce que je voulais mettre à la voile le lendemain ; mais le bateau ne revenant pas le même soir, ni le lendemain au matin, je conçus de vives inquiétudes ; j'envoyai donc un canot sous le second lieutenant M. Burney, avec des matelots et dix soldats de marine. Je chargeai M. Burney de bien examiner la baie orientale, et ensuite de se rendre à l'anse où M. Rowe avait dû aller ; et s'il n'y trouvait aucun vestige de la chaloupe, de remonter le canal, et de s'en revenir le long de la côte ouest. Comme M. Rowe était parti du vaisseau une heure avant le temps fixé, et à la hâte, j'étais persuadé que sa curiosité l'avait conduit dans la baie orientale, où personne de l'équipage n'avait jamais été, ou bien que quelque accident était arrivé au canot, qu'il avait été emporté à la dérive par la négligence de celui qui le gouvernait, ou qu'il s'était brisé au milieu des rochers : ce fut l'opinion générale ; et d'après cette supposition, l'aide du charpentier s'embarqua, et prit quelques feuilles de fer-blanc. Je ne soupçonnai pas que nos gens pussent avoir été attaqués par les naturels, car nos canots avaient souvent été beaucoup plus haut avec moins de monde. Je reconnus bientôt quelle était mon erreur. M. Burney, de retour à onze heures le même soir, nous raconta ce qui suit :

« Ayant doublé l'île en dedans de la pointe, j'examinai chaque anse à bas-bord sur ma route : je regardai soigneusement tout autour avec une lunette que j'avais prise à cet effet. A une heure et demie, nous nous arrêtâmes à une grève à gauche, qui se prolongeait vers le haut de la baie, pour y cuire quelques alimens, car nous n'avions emporté que de la viande crue. Durant cette opération, je vis sur la côte opposée un Indien qui courait le long du rivage au fond de la baie : notre viande étant apprêtée, nous nous rembarquâmes, et bientôt nous arrivâmes au fond, où nous aperçûmes une bourgade zélandaise.

« Comme nous nous approchions, quelques insulaires descendirent sur les rochers, et nous avertirent, par signes, de nous en retourner; mais voyant que nous ne faisions aucune attention à eux, ils changèrent de ton. Nous trouvâmes six grandes pirogues tirées sur la grève, la plupart doubles, et beaucoup de naturels, quoiqu'il n'y en eût pas autant qu'on aurait pu l'attendre du nombre des maisons et de la grandeur des pirogues; laissant les matelots pour garder le canot, je descendis à terre avec le caporal et cinq soldats de marine. J'examinai la plupart des habitations; je n'y vis rien qui pût me donner du soupçon. Trois ou quatre sentiers bien battus conduisaient par les bois à plusieurs autres maisons; mais les insulaires continuant à montrer à notre égard des dispositions amicales, je crus inutile de pousser plus loin nos recherches. En retournant à la grève, je vis qu'un Indien avait apporté un paquet d'*hepatous* (de longues piques), mais observant que je le regardais d'un air très sérieux, il les mit à terre et se promena avec une indifférence apparente. Quelques uns de ses compatriotes semblèrent effrayés : je donnai un miroir à un, et un grand clou à un second. A l'aide de ma lunette, j'examinai tous les environs; mais je ne vis ni chaloupe, ni pirogue, ni rien qui annonçât des habitans. Je me contentai de tirer des coups de fusil, comme j'avais fait dans toutes les anses que j'avais dépassées dans ma route.

« Je rangeai alors de près la côte orientale, et j'arrivai à un autre village où les Indiens nous invitèrent à descendre à terre : je leur demandai des nouvelles de la chaloupe; ils répondirent qu'ils n'en savaient point. Ils semblaient tous bien intentionnés, et nous vendirent du poisson. Une heure après notre départ de cette plage, je remarquai sur une petite grève une grande double pirogue qui venait d'y échouer, avec deux hommes et un chien. Dès que les naturels nous aperçurent, ils sortirent de leurs pirogues et s'enfuirent dans les bois. J'espérais qu'on me donnerait dans ce lieu des nouvelles du canot de M. Rowe. Nous allâmes à terre, nous y trouvâmes des débris du canot, et des souliers, dont l'un fut reconnu pour avoir appartenu à M. Wood-House, un de nos midshipmen. Un matelot m'apporta en même temps un morceau de viande, croyant que c'était de la viande salée qu'avait emportée l'équipage du canot; mais en l'examinant et la sentant, je trouvai qu'elle était fraîche. M. Fanin (le maître d'équipage), qui m'accompagnait, supposa que c'était de la chair de chien. J'adoptai son opinion, car j'ignorais encore que cette peuplade fût cannibale; mais la preuve la plus horrible et la plus incontestable nous en convainquit bientôt.

« Apercevant une vingtaine de paniers placés sur la grève, et fermés avec des cordages, nous les ouvrîmes : les uns étaient remplis de chair rôtie, et d'autres de racines de fougère, qui servent de pain aux naturels. En continuant nos recherches, nous trouvâmes plusieurs autres souliers, et une main, que nous reconnûmes sur-le-champ pour être celle de Thomas Hill, parce qu'elle représentait les lettres *T. H.*, tatouées à la manière des Taïtiens. Nous remontâmes, à quelque distance, dans les bois; mais nous n'aperçûmes rien autre chose. En descendant, nous découvrîmes un espace rond, couvert nouvellement de terre, d'environ quatre pieds de diamètre, où quelque chose avait été enterré. Comme nous n'avions point de bêche, nous nous mîmes à creuser avec un coutelas; et sur ces entrefaites, je lançai en mer la pirogue des Zélandais, dans le dessein de la détruire; mais voyant beaucoup de fumée qui s'élevait par-dessus la colline la plus proche, je fis rentrer tout le monde à bord de la chaloupe, et je me hâtai de profiter du temps qui me restait avant le coucher du soleil.

« A l'ouverture de la baie voisine, nous vîmes quatre pirogues, une simple et trois doubles, et sur le rivage, un grand nombre d'Indiens qui, à notre approche, se retirèrent sur une petite colline, tout près du bord de l'eau, et d'où ils nous parlèrent; un grand feu était allumé au sommet de la haute terre, derrière les bois; et de là jusqu'au bas de la colline, tout le terrain était rempli de Zélandais, comme si c'eût été une foire: dès que nous approchâmes, je fis tirer un coup de mousqueton sur une des pirogues, car je les soupçonnais pleines d'hommes cachés au fond: elles étaient toutes à flot; cependant on ne voyait personne dedans. Les sauvages, sur la petite colline, continuaient à pousser des cris, et nous invitaient par signes à débarquer. Dès que nous fûmes près de terre, nous fîmes une décharge générale. La première volée ne parut pas leur causer une vive impression; mais à la seconde, ils décampèrent le plus vite qu'ils purent, et quelques uns poussèrent des hurlemens. Nous continuâmes à tirer des coups de fusil, tant que nous en aperçûmes quelques uns à travers les buissons. Deux des Indiens, très grands et très forts, ne pensèrent à s'en aller que lorsqu'ils furent abandonnés par tous leurs compatriotes; ils se retirèrent ensuite avec beaucoup de sang-froid: leur fierté ne leur permettait pas de courir. L'un d'eux cependant tomba, et resta étendu, ou bien se traîna sur les pieds et les mains pour se sauver: l'autre échappa sans paraître blessé. Je débarquai ensuite avec les soldats de marine, et M. Fanin resta pour garder le canot.

« Sur la grève, je trouvai deux paquets de céleri

qu'avait cueillis M. Rowe pour en charger son canot. Un aviron brisé était fiché en terre; les naturels y avaient attaché leurs pirogues, preuve que l'attaque s'était passée en ce lieu. Je fis alors des recherches soigneuses derrière la grève, pour voir si le bateau s'y trouvait; bientôt une scène affreuse de carnage s'offrit à nos yeux : les têtes, les cœurs et les poumons de plusieurs de nos gens étaient épars sur le sable, et à peu de distance, les chiens rongeaient leurs entrailles.

« Tandis que nous contemplions ces déplorables restes sans pouvoir nous en séparer, M. Fanin nous héla, pour nous avertir qu'il voyait les sauvages se rassembler dans les bois; nous retournâmes sur-le-champ au canot, et, traînant avec nous les pirogues des Indiens, nous en détruisîmes trois. Sur ces entrefaites, le feu du sommet de la colline disparut : nous entendions les Indiens parlant fort haut dans les bois; je crois qu'ils se disputaient pour savoir s'ils nous attaqueraient et s'ils essaieraient de reprendre leurs pirogues. Comme il se faisait tard, je descendis de nouveau à terre; et je regardai encore une fois derrière la grève, afin de voir si le canot du malheureux M. Rowe avait été traîné dans les buissons; mais comme je ne l'aperçus point, je me mis en route pour le vaisseau; toutes nos forces auraient à peine suffi pour monter la colline, et c'eût été une témérité folle de nous hasarder dans l'intérieur du pays avec la moitié du monde que j'avais, car il fallait en laisser une moitié pour garder le canot.

« En débouquant de la partie supérieure du canal, nous découvrîmes un très grand feu, environ trois ou quatre milles plus haut; il formait un ovale complet, s'étendant du sommet de la colline presque au bord de l'eau. Je consultai M. Fanin; nous fûmes tous deux d'avis que nous ne pouvions espérer que la triste satisfaction de tuer quelques sauvages de plus. En laissant l'anse, nous avions fait une décharge générale vers l'endroit où parlaient les Indiens; mais comme nos armes étaient humides, les fusils ne partirent pas. Ce qu'il y a de pis, la pluie commença à tomber, nos munitions étaient plus qu'à moitié consommées, et nous laissions six grandes pirogues derrière nous. Avec tant de désavantages, je ne crus pas devoir m'avancer plus loin, uniquement pour goûter le plaisir de la vengeance.

« En passant entre deux îles rondes situées au sud de la baie, nous crûmes entendre quelqu'un qui nous appelait: on cessa de ramer, nous écoutâmes; mais aucun bruit ne frappa nos oreilles. Il est probable que M. Rowe et tous ses camarades avaient été tués sur le lieu.

« Les malheureux qui furent ainsi massacrés étaient M. Rowe, M. Wood-House, François Murphy, quartier-maître; Guillaume Facey, Thomas Hill, Michel Bell, et Édouard Jones, Jean Cavenaux, Thomas Milton, et Jacques Sevilley, valet du capitaine. La plupart étaient de mes meilleurs matelots, très robustes et d'une bonne santé. M. Burney rapporta à bord deux mains : l'une de M. Rowe, qu'on reconnut par une cicatrice ; l'autre, de Thomas Hill, comme on l'a déjà dit ; et la tête de Jacques Sevilley. On les enveloppa dans un hamac, et on les jeta à la mer avec assez de lest et de boulets de canon pour les faire tomber au fond. M. Burney ne retrouva point d'armes, mais seulement des lambeaux d'une paire de culottes, un habit et six souliers. »

On se figure aisément combien les détails de ce malheur durent affecter l'équipage du capitaine Cook. Il ne séjourna au cap de Bonne-Espérance que le temps nécessaire pour se réparer. *La Résolution* remit à la voile le 27 avril, toucha le 16 mai à l'île Saint-Hélène ; elle arriva le 28 à l'île de l'Ascension, le 9 juin à l'île de Fernando de Noronha ; le 14 juillet à Fayal, l'une des Açores ; et le 29 à Portsmouth, après une navigation de trois ans et dix-huit jours.

Tel a été le second voyage entrepris pour la découverte d'un continent austral, par un homme aussi heureux qu'intrépide, aussi humain qu'éclairé, aussi digne de l'admiration et de la reconnaissance des siècles, que les Colomb et les Magellan, et dont la gloire est bien plus pure que celle des Gama et des Cortez. Que ne lui doivent point en effet la géographie, l'art nautique, l'histoire naturelle, et la philosophie morale ! Mais outre la multitude d'observations intéressantes dont sa relation a enrichi le domaine des sciences, ce navigateur intrépide a tâché d'introduire dans les diverses régions éparses sur la surface du grand Océan, plusieurs races d'animaux, et différentes espèces de végétaux utiles; et si l'intelligence des insulaires seconde ses généreux desseins, il aura enrichi leur pays de beaucoup de choses précieuses qui leur manquaient.

La relation de son second voyage, dont on vient de voir l'extrait, a été écrite par lui-même. Il faut la lire dans l'original, pour se faire une juste idée de l'étendue de son mérite. C'est un modèle de simplicité et de précision; et, sans qu'il fasse un vain étalage de ses sentimens, on reconnaît dans son auteur un homme vraiment humain et sensible.

EXTRAIT

DE

L'OUVRAGE DE J.-R. FORSTER,

INTITULÉ :

Observations faites pendant un Voyage autour du Monde, sur la géographie physique, l'histoire naturelle et la philosophie morale. (1)

CONTINENS.

« Le globe terrestre, autant du moins que nous le connaissons, comprend trois grandes masses de terre. On trouve d'abord dans l'hémisphère oriental, la masse la plus considérable, appelée communément l'*Ancien-Monde;* elle renferme trois grandes parties désignées par la dénomination de *continent*, et qui sont distinguées par les noms d'*Europe*, d'*Asie* et d'*Afrique*. La masse qui est la seconde, et par son étendue, et par l'époque à la-

(1) Pour ne rien laisser à désirer sur ce voyage du capitaine Cook, on a cru devoir rassembler ici les principales observations contenues dans l'ouvrage de Forster père. On peut les regarder comme une récapitulation de son voyage, et même de tous les voyages autour du monde, ou comme des conséquences qui en découlent immédiatement.

quelle les Européens la connurent, est située dans l'hémisphère occidental, et porte le nom d'*Amérique*. La troisième masse de terre est située dans la partie sud-est de notre hémisphère, et ce n'est qu'assez récemment que ses limites orientales ont été reconnues, en 1770, par le capitaine Cook, cet infatigable et habile navigateur. Ses côtes occidentales et orientales avaient été découvertes en 1616 et dans les années suivantes, par les navigateurs hollandais : ce qui fit donner, en 1644, à ce continent, le nom de *Nouvelle-Hollande*. Quelques personnes refuseront peut-être à ce pays le nom de *continent*, quoiqu'il ne soit par son étendue que peu inférieur à l'Europe, à laquelle on n'a pas, jusqu'à présent, hésité à donner cette dénomination. Il n'est encore que très imparfaitement connu.

« Tout le reste des terres non comprises dans l'énumération qui précède ne consiste qu'en îles. Dans notre voyage nous avons touché au cap de Bonne-Espérance; nous n'avons vu, en quelque sorte, que les derniers fragmens de l'Amérique en côtoyant la Terre du Feu; et, indépendamment de ces deux points, le continent d'où nous étions partis et où nous sommes retournés. Nous n'avons en conséquence rien à dire de particulier sur les continens, que ce que nous avons appris de nos compagnons de voyage sur *l'Aventure*, qui en 1773 avaient vu une partie de la Nouvelle-Hollande. L'extrémité la plus méridionale de ce continent a une grande ressemblance avec les pointes et les extrémités méridionales des autres continens, par son aspect noirâtre, les rochers qui forment ses côtes, et son élévation considérable (1), quoique plus au nord le pays soit uni et ne présente pas de hautes montagnes, au moins près des côtes.

« Je n'ai pas le dessein de défendre aucune hypothèse particulière relativement à la théorie de la terre; mais si l'on jette les yeux sur les deux hémisphères du globe, tels qu'on les connaît depuis notre dernier voyage, ils semblent offrir à nos regards quelques particularités curieuses.

« Les pointes méridionales des grandes terres de notre globe présentent une ressemblance frappante dans leur forme et dans la situation des îles qui les avoisinent : elles sont toutes hautes et composées de rochers; chacune semble être l'extrémité d'une chaîne de hautes montagnes qui courent au nord : toutes ont à l'est une ou plusieurs grandes îles. Bien plus, si l'on continue la comparaison, l'on verra que tous les continens ont une grande sinuosité au nord de leur côté occidental. Tant de circonstances coïncidentes paraissent non seulement ne pas être accidentelles, mais plutôt résulter d'une seule et même cause générale.

---

(1) Le cap de Bonne-Espérance présente une pointe haute, noirâtre et composée de rochers. Le cap Comorin, dans l'Inde, et le cap Froward, en Amérique, sont de la même nature.

« Loin de moi la prétention d'assigner cette cause, mais je ne puis m'empêcher de soupçonner qu'une énorme masse d'eau, en se précipitant du sud avec impétuosité, a produit cette identité frappante dans la conformation de ces pays, quoique je ne puisse ni indiquer l'époque à laquelle arriva cette grande révolution, ni découvrir la raison pour laquelle elle a agi de cette manière. Il me suffit simplement d'avoir cité le fait, et fixé l'attention sur la cause prochaine.

« L'Amérique a la chaîne des Andes qui la parcourent du nord au sud, qui se terminent au cap Froward, et qui même s'étendent au-delà du détroit de Magellan jusqu'au cap de Horn. La sinuosité de sa côte occidentale est évidente vers le tropique du capricorne, et à l'est de sa pointe méridionale sont la Terre du Feu, la Terre des États, et les îles de Falkland.

« L'Afrique, à sa côte occidentale, a une grande sinuosité au nord de la ligne. Les hauts rochers de son extrémité méridionale au cap de Bonne-Espérance se continuent en une longue chaîne de hautes montagnes qui se dirigent de là au nord-est. Madagascar, et plusieurs petites îles, sont à l'est et au nord-est de cette extrémité méridionale.

« L'Asie se termine au cap Comorin par une pointe haute composée de rochers, et qui forme l'extrémité des montagnes des Gates. Au-delà de Cambaye, vers l'embouchure du Sind, existe une sinuosité semblable à celles dont il a été question.

A l'est du cap Comorin est située l'île de Ceylan.

« La Nouvelle-Hollande offre à sa pointe méridionale une haute pointe de rochers qui, d'après les récits de Tasman et de nos compagnons de navigation, semble se continuer dans une chaîne de montagnes qui s'étend assez avant vers le nord. Quiconque jette un regard sur l'Afrique et sur la Nouvelle-Hollande, doit être frappé de la ressemblance de leurs contours généraux, la sinuosité de l'ouest étant très remarquable dans ces deux continens; à l'est de la Nouvelle-Hollande sont les deux grandes îles qui composent la Nouvelle-Zélande. (1)

Des Iles.

« Toutes les îles que nous avons vues pendant notre voyage sont situées en dedans du tropique ou dans les zones tempérées. Les îles du tropique peuvent se diviser en hautes et basses.

« Les hautes îles du tropique sont ou entourées par des récifs, et ont des plaines près du rivage de la mer, ou bien elles sont sans récifs. Taïti, toutes

---

(1) On a reconnu depuis 1778, époque de la publication de l'ouvrage de Forster, que ce que l'on prenait alors pour l'extrémité méridionale de la Nouvelle-Hollande, est celle d'une île séparée de ce continent par un détroit assez large, et où sont situées d'autres îles. Cette découverte n'a fait que confirmer l'observation de Forster, puisque l'île au sud du continent en est bien plus rapprochée que la Nouvelle-Zélande.

les îles de la Société et Maïtéa, les îles des Amis, les plus hautes, telles que Tongatabou, Eouah, Anamocka, et l'île de la Tortue, ainsi que la Nouvelle-Calédonie, sont de la première espèce.

Parmi les hautes îles du tropique, sans récifs, je compte les Marquésas et toutes les Nouvelles-Hébrides, ainsi que l'île Sauvage; enfin Tofoua, et O-ghao, deux des îles des Amis.

« Les îles basses que nous connaissons sont celles de la Chaîne, et quatre autres îles, qui peut-être ont été vues par Bougainville; Téthooua, Tioukea, et quatre autres appelées les îles *de Palliser, Toupaï,* et *Moupiha,* ou les îles d'Howe, les îles de *Palmerston,* ainsi qu'Immer, l'une des Nouvelles-Hébrides, et l'archipel des îles basses des Amis.

Au premier coup d'œil, on reconnaît la différence de ces îles d'une nature si dissemblable. Les îles basses sont communément des bancs de corail étroits et circulaires, qui renferment au milieu une espèce de lagune; leur surface offre çà et là de petits espaces sablonneux, un peu élevés au-dessus de la marque de la marée haute, et sur lesquels croissent des cocotiers et quelques autres plantes; le reste du banc de corail est si bas, que la mer le couvre souvent à la marée haute, et de temps en temps à la marée basse. Plusieurs des grandes îles de cette espèce sont habitées : les insulaires vont par intervalles pêcher, tuer des oiseaux, et chasser à la tortue sur les plus basses; plusieurs sont inhabitées, quoiqu'elles soient remplies de cocotiers, et fréquentées par des nuées de frégates, de fous, d'hirondelles de mer, de goelands et de pétrels.

« Les hautes îles des deux espèces ressemblent de loin à de grandes montagnes qui s'élancent du milieu de l'Océan : plusieurs sont si hautes, que leur sommet est rarement sans nuages. Celles qui sont entourées d'un récif et d'une plaine fertile le long des bords de la mer ont communément une pente plus douce, au lieu que les autres ont un escarpement brusque. Il faut convenir cependant que les montagnes de quelques unes des Nouvelles-Hébrides, savoir, d'Ambrym, de l'île Sandwich, de Tanna, etc., offrent aussi, en divers endroits, une pente aisée.

« Les îles du grand Océan, que nous avons vues dans la zone tempérée australe, sont l'île de Pâques, l'île Norfolk et la Nouvelle-Zélande : toutes celles-ci sont hautes, et ne sont pas environnées de récifs. L'île Norfolk est cependant située sur un banc qui s'étend à plus de dix milles tout à l'entour. La Nouvelle-Zélande, autant que nous avons eu occasion de l'examiner, est composée de très hautes montagnes, dont quelques unes ont des sommets presque toujours enveloppés de nuages : quand l'œil peut percer ces nuages, on les voit ordinairement couverts de neige à plus de vingt ou trente lieues de distance. Les montagnes inférieures de ces mêmes îles sont revêtues presque partout de bois et de forêts ; la cime la plus élevée paraît seule stérile.

« La Terre du Feu, dans les cantons que nous avons aperçus, semble être un groupe d'îles séparées par des bras de mer profonds : on y voit des rochers pelés, sourcilleux et escarpés, dont les sommets sont couverts d'une neige éternelle, surtout vers les parties intérieures, qui sont moins exposées à l'air doux et humide de la mer. Sa côte la plus orientale autour du détroit de Le Maire a une pente aisée, et est boisée en quelques endroits. La Terre des États a le même aspect que la partie stérile de la Terre du Feu : on y trouve de la neige au commencement de janvier, c'est-à-dire au milieu de l'été de ce climat.

« La Géorgie australe est une île d'environ quatre-vingts lieues d'étendue, composée de hautes montagnes toutes couvertes de neige au milieu de janvier; si on excepte quelques rochers du côté de la mer, le fond de tous ses havres est rempli de glaces.

« La dernière terre que nous ayons vue dans ces climats affreux a été appelée *Terre de Sandwich*, et la partie la plus méridionale, *Thulé australe* : toute cette contrée ou tout ce groupe d'îles est rempli de glaces, et entièrement caché sous les neiges.

« Toutes les îles basses du tropique semblent avoir été produites par des animaux ressemblant aux polypes qui forment les lithophytes; ces animalcules élèvent peu à peu leur habitation de dessus une base imperceptible, qui s'étend de plus en plus, à mesure que la construction s'élève davantage; ils emploient pour matériaux une espèce de chaux mêlée de substances animales : j'ai vu de ces grandes constructions à tous les degrés de leur formation, et de différentes étendues. A quelques milles de distance, et au vent de l'île de la Tortue, s'étend un récif circulaire d'une étendue considérable, sur lequel la mer brise partout : aucune de ces parties ne s'élève au-dessus de l'eau; dans les autres, les parties saillantes sont liées par des récifs, dont quelques uns sont secs à la marée basse, et d'autres toujours sous l'eau; les parties hautes consistent en un sol formé de coquilles et de rochers de corail, mêlé d'un terreau léger et noirâtre, produit par des végétaux pourris et de la fiente d'oiseaux de mer, communément couvert de cocotiers et d'autres arbres, et d'un petit nombre de plantes anti-scorbutiques; les parties basses n'offrent que quelques arbrisseaux, et les plantes dont on vient de parler. Plusieurs, qui se trouvent encore plus bas, sont lavées par la marée haute; toutes ces îles sont réunies, et renferment au milieu une lagune pleine d'excellens poissons; quelquefois il s'y trouve une ouverture qui admet un bateau ou une pirogue dans le récif : mais je n'ai jamais aperçu un goulet assez grand pour laisser passer un vaisseau.

« Le récif, premier fondement des îles, est formé par les animaux qui habitent les lithophytes : ils construisent leurs habitations à peu de distance de la surface de la mer : des coquillages, des algues, du sable, de petits morceaux de corail et d'autres choses s'amoncèlent peu à peu au sommet de ces rochers de corail, qui enfin se montrent au-dessus de l'eau : ce dépôt continue à s'accumuler jusqu'à ce qu'un oiseau ou les vagues y portent des graines de plantes qui croissent sur le bord de la mer; leur végétation commence alors : ces végétaux, en se pourrissant annuellement, et en reproduisant des semences, créent peu à peu un terreau qui s'augmente à chaque saison par le mélange du sable : une autre vague y porte un coco qui conserve long-temps sa puissance végétative dans les flots, et qui croît d'autant plus vite sur cette espèce de sol, que toutes les terres lui sont également bonnes : c'est par ce moyen que ces îles basses ont pu se couvrir de cocotiers.

« Les animalcules qui bâtissent ces récifs ont besoin de mettre leurs habitations à l'abri de l'impétuosité des vents et de la fureur des vagues; mais comme en dedans des tropiques le vent souffle communément du même côté, l'instinct ne les porte qu'à étendre le banc en dedans duquel est une lagune : ils construisent donc des bancs de rochers de corail très étroits, pour s'assurer au centre de l'enceinte un espace calme et abrité. Cette théorie me paraît la plus probable de celles qu'on peut donner sur l'*origine des îles basses du tropique* dans le grand Océan.

« Quant aux îles plus hautes, je dois avouer

qu'on en trouve à peine une seule qui n'offre pas des vestiges frappans d'une altération violente, produite à sa surface par le feu, ou plutôt par un volcan.

« On sait que beaucoup d'îles sont sorties de la mer par l'action d'un feu souterrain, comme le prouvent celles de Santorini, et les deux Kamenis dans l'archipel de la Grèce, et l'île formée en 1720 dans celui des Açores; elles semblent être des espèces de volcans qui ont paru tout à coup au milieu des vagues. Nous avons abordé sur des îles qui ont encore de ces fournaises; d'autres avaient seulement une élévation et des marques qui annonçaient un ancien volcan : enfin nous en avons trouvé qui n'offraient point de vestiges de volcan, mais bien d'une altération violente et d'une subversion produites, ou par un tremblement de terre, ou par un feu souterrain. Tofoua, Ambrym, Tanna et Pico sont de la première classe; Maïtea, Taïti, Houaheiné, Ouliétéa, O-taha, Bolabola, Maouroua, Ouaïtahou, ou Sainte-Christine, et le reste des Marquésas, plusieurs des Nouvelles-Hébrides, et Fayal, appartiennent à la seconde; et l'île de Pâques, Sainte-Hélène et l'Ascension, à la dernière.

« Je n'en conclurai pas que toutes ces îles ont été originairement produites par des tremblemens de terre et des volcans; mais je puis le dire de plusieurs, à en juger par leur aspect extérieur; et je suis sûr que les autres existaient au-dessus de l'eau avant d'avoir ces volcans, et qu'elles ont été changées et bouleversées en partie par un feu souterrain.

« L'île de l'Ascension m'a fourni des remarques très curieuses sur cette matière. Mouillés dans Cross-Bay, nous aperçûmes la plus haute montagne de cette terre, à environ cinq milles de distance de la côte; elle est composée d'un tuf calcaire graveleux, entremêlé de marne et de sable. Quelques parties de cette pierre dissoutes par le laps de temps, mêlées à un peu de terreau, produisent du pourpier et quelques graminées. Cette montagne est à tous égards différente du reste de l'île, surtout aux environs de Cross-Bay; car, dès que nous eûmes gagné la plaine élevée située entre la baie et la montagne qui est en face, nous reconnûmes qu'elle est dans un espace de deux milles de diamètre, couverte de scories noires, graveleuses, et en quelques endroits d'un ocre jaune foncé. A deux cents ou deux cent cinquante pieds de distance, la plaine est partout remplie de tertres de dix à vingt pieds de haut, formés de scories très raboteuses, et de fraisil poreux, en un mot, de lave; elle est environnée d'ailleurs de plusieurs montagnes de forme conique, d'un brun rougeâtre ou de couleur de rouille, composées entièrement de cendres et de scories brisées et graveleuses, dont quelques unes sont noires, et d'autres de la nature ocreuse et de couleur jaune ou rouge. Sur un des côtés de la plaine, règne une haute chaîne de rochers de l'aspect le plus scabreux, disposés en masses très irrégulières, et qui se termine d'une manière remarquable, en pointes et en proéminences aiguës.

« Au premier coup d'œil, le spectateur juge que le pic élevé du milieu de l'île est une des terres primordiales, et peut-être la seule qui formait l'île avant qu'elle fût parvenue à l'état de désolation où elle se trouve. Les masses sorties du volcan se sont détruites peu à peu, et ces débris, mêlés à des matières étrangères que les grosses pluies ont détachées des monticules de cendres et de fraisils, ont contribué à combler le cratère et à rendre sa surface de niveau. Le volcan a bouleversé entièrement l'île, et on n'y aperçoit plus que la nature en ruine.

« L'aspect des bords de Sainte-Hélène, surtout à l'endroit où mouillent les vaisseaux, est peut-être encore plus horrible et plus informe que celui de l'Ascension; mais à mesure que l'on avance, le pays est moins affreux, et les cantons intérieurs sont toujours couverts de plantes, d'arbres et de verdure. Cependant on aperçoit partout des traces d'un bouleversement qu'y a causé un volcan ou un tremblement de terre, qui peut-être a plongé la plus grande partie de l'île dans l'Océan.

L'île de Pâques ou Ouaïhou est aussi de la même nature : tous ses rochers sont noirs, brûlés et poreux comme des rayons de miel; quelques uns ressemblent parfaitement à des scories; le sol luimême, qui recouvre en très petite quantité les rochers brûlés, est un ocre brun ou jaune. Nous avons découvert beaucoup de pierres vitrifiées, noires, éparses au milieu de la grande quantité de pierres dont toute l'île est couverte; elles sont connues des minéralogistes sous le nom d'*agate d'Islande*, et on les trouve toujours près des volcans, ou près des endroits exposés à leur violence; ainsi, par exemple, elles abondent en Italie et en Sicile, dans l'Islande, près des volcans, et à l'île de l'Ascension. On a déjà dit, dans la relation du voyage, qu'Ouaïhou n'offre que peu de végétaux; quoique j'en aie parcouru la plus grande partie, je n'y ai recueilli qu'environ vingt plantes, y compris celles qui sont cultivées, et aucun arbre; ce qui est remarquable dans une île de cette étendue, habitée depuis si long-temps, et située sous un aussi beau climat. Lorsque Roggewéen la découvrit en 1722, il y remarqua les colonnes de pierre que nous avons retrouvées, et qui nous ont paru construites depuis bien des années. Les rédacteurs du Voyage de Roggewéen mettent aussi des bois sur cette île; il paraît donc que depuis cette époque il lui est arrivé quelque désastre qui a détruit les bois et abattu plusieurs de ces énormes colonnes de pierre; en effet, nous en avons vu plusieurs couchées par terre. Cette révolution est peut-être arrivée en 1746, lorsque Lima et le Callao furent bouleversés par un tremblement de terre. On sait que les tremblemens de terre se font souvent ressentir fort loin. Le capitaine Davis, en 1687, étant à quatre cent cinquante lieues du continent de l'Amérique, en ressentit un considérable, et on éprouva les effets les plus violens de ce même tremblement de terre à Lima et au Callao.

« Je n'insisterai pas sur ce que l'île était remplie de bois et de forêts au temps de Roggewéen ; car un des rédacteurs de son Voyage finit par contredire son propre récit, en racontant que l'homme qui vint à bord avait une pirogue formée de petits morceaux de bois, dont aucun n'excédait un demi-pied de longueur. Les pirogues sont encore aujourd'hui de la même espèce ; ce qui est très naturel, puisque les insulaires n'ont point de bois. J'ajouterai que nous avons trouvé toutes les figures et toutes les colonnes composées d'un tuf poreux qui avait subi une action violente du feu. Ces colonnes existaient déjà du temps de Roggewéen ; par conséquent l'île, ses pierres et ses couches avaient déjà subi la violence du feu ; et les bouleversemens dont il est question ont dû être antérieurs à 1722, époque du voyage de Roggewéen.

« Les îles du tropique du grand Océan offrent aussi des vestiges incontestables des mêmes révolutions, quoique leur culture actuelle, le terreau fertile qui couvre leur surface, et les différens végétaux qu'elles produisent, cachent en partie les traces de ces bouleversemens, qui ne sont aperçues que par un homme accoutumé à ces recherches. Les sommets excavés des pics de Maïtéa, Bolabola et Moouroua, les aiguilles, les rochers fracassés de l'intérieur de Tierrêbou, ou de la petite péninsule de Taïti, ainsi que les rochers noirs, poreux et la lave de Tobreonou et des Marquésas, sont pour les naturalistes, et surtout pour ceux qui ont examiné les environs des volcans, des preuves incontestables de ces révolutions : de plus, toutes les Nouvelles-Hébrides, les Marquésas et les îles de la Société, ainsi que les Açores dans la mer Atlantique, attestent plus ou moins de grands bouleversemens arrivés dans les premiers âges du monde ; mais si nous nous souvenons que les tremblemens de terre et les feux souterrains ont, dans tous les temps, tiré des îles du fond de l'Océan ; si nous lisons l'histoire de l'origine de Therasia, d'Hiera ou de Santorini, et de Volcanello ou des deux Kaménis, et d'une île située entre Tercère et Saint-Michel ; si nous comparons les couches et la structure de ces nouvelles îles et de quelques unes de la mer Atlantique et du grand Océan ; si nous considérons que plusieurs de ces îles ont encore des volcans, et que d'autres sont encore sujettes à des tremblemens de terre, nous serons disposés à supposer que ces îles ont eu la même origine.

« Les Taïtiens et les habitans des îles de la Société semblent connaître les tremblemens de terre. Suivant leur mythologie, le dieu *O-maoui* est le créateur du soleil, et dans sa colère il ébranle la terre et produit des tremblemens ; ce qu'ils expriment par *O-maoui touroré té Ouennoua*, c'est-à-dire, Maoui ébranle la terre. Au reste, quelque degré de vraisemblance que cette circonstance puisse donner à l'hypothèse exposée plus haut, je ne la présente pas comme démontrée, ni comme pouvant être appliquée à toutes les îles montagneuses du grand Océan. Je suis persuadé au contraire que plusieurs ont une origine plus ancienne, et formaient avant ces révolutions des terres plus grandes, qui n'ont été démembrées que par l'affaissement des parties intermédiaires. Les naturels des îles de la Société disent que leurs contrées ont été produites lorsque O-maoui traîna de l'ouest à l'est, à travers l'Océan, une grande terre qu'ils croient toujours située à l'est de leurs îles. Ils assurent que ces îles sont de petits morceaux qui se sont détachés de la grande terre pendant la route, et qui ont été laissés au milieu des flots. Cette tradition semble indiquer que les habitans eux-mêmes conservent l'idée d'une grande révolution. On pourrait en conclure que leur pays faisait peut-être partie jadis d'un grand continent détruit par des tremblemens de terre et une inondation violente. L'entraînement des terres à travers la mer paraît indiquer ces deux bouleversemens.

Des couches de terre.

« Excepté dans quelques crevasses de rochers, on ne voit point de terre à la Géorgie australe; partout ailleurs c'est un schiste compacte rempli de particules ferrugineuses, qui se trouve en couches horizontales ou presque horizontales, et qui çà et là est entrecoupé perpendiculairement par des veines de quartz.

« Les rochers des côtes de la Terre du Feu sont de la même nature, et offrent, dans les parties les plus élevées, des masses de granit grossier.

« L'île méridionale de la Nouvelle-Zélande, où nous avons abordé en deux différens endroits, est revêtue, à la surface, d'une couche de terreau noir et léger, formé de mousses, de feuilles, et d'arbres tombés en putréfaction. Cette couche a quelquefois dix ou douze pouces d'épaisseur; mais en général elle n'est pas si profonde. Au-dessous nous avons remarqué une substance argileuse, approchant de la classe des pierres de talc, qui est devenue une espèce de terre, par l'action du soleil, de l'air, de la pluie, de la gelée, et dont l'épaisseur varie : un peu plus bas, la même substance est durcie en pierre qui se prolonge en couches obliques, qui en général s'inclinent au sud : sa dureté n'est pas partout la même; quelques uns des morceaux les plus compactes font feu avec l'acier : sa couleur est communément d'un jaune pâle, et elle a en outre de temps en temps une teinte verdâtre. Ces couches sont entrecoupées perpendiculairement, ou presque perpendiculairement, par des veines de quartz blanc; elles renferment une espèce de pierre verte lamelleuse, qui approche des pierres de talc. Parmi les galets du rivage, j'ai trouvé (rarement à la vérité) un petit nombre de pierres noires et polies, de l'espèce des silex, et de gros morceaux isolés d'une lave solide, pesante, tachetée de gris, ou d'un vert noirâtre, dont les naturels font les armes qu'ils emploient dans les combats de corps à corps : j'ai remarqué aussi des pierres-ponces, mais en petite quantité : je ne puis pas dire si elles ont été produites par un volcan des environs, ou si la mer les y a charriées d'un parage éloigné. Parmi les autres productions de ce pays, se trouve aussi une pierre verte, tantôt opaque, tantôt absolument transparente, dont les naturels fabriquent des haches, des ornemens, et qui semble être du talc néphrétique : ils la tirent des cantons de l'intérieur au sud-ouest des parties les plus lointaines du port de la Reine Charlotte; ils nous indiquaient toujours ce côté quand nous les interrogions sur ce sujet. Ils nomment cette pierre *poénammou*, et il est probable que tout le pays où on la trouve en a reçu son nom de Tavaï-Poénammou. Près de *Motouara*, sur le petit îlot où était jadis un hippa ou forteresse, on découvre des veines de cette pierre, perpendiculaires ou quelquefois obliques, d'environ deux pouces d'épaisseur, au milieu de roches de pierre de talc grisâtre. Le talc néphrétique est rarement solide ou en grosses masses; car les morceaux les plus considérables que j'ai vus n'excédaient pas dix à quinze pouces de largeur, et environ deux d'épaisseur. Sur le rivage, on rencontrait communément un schiste argileux, feuilleté, d'un gris bleuâtre, qui se dissout aisément quand on l'expose à l'air : quelquefois il est plus solide, plus pesant et d'une couleur plus foncée, probablement à cause des particules ferrugineuses qu'il contient.

« Nous avons remarqué sur l'île *Norfolk* presque les mêmes roches qu'à la Nouvelle-Zélande, et en outre, des morceaux de lave rouge et jaune. Cette île renferme aussi les mêmes plantes et les mêmes oiseaux que la Nouvelle-Zélande.

« L'île de Pâques paraît avoir subi récemment de violens changemens produits par un feu souterrain : tous ses rochers sont noirs, brûlés et poreux, et ressemblent à des scories. Le sol est couvert d'une terre rougeâtre, qui ressemble à de la poussière, et semble avoir été brûlé ; on pourrait le regarder avec raison comme une espèce de pouzzolane, entremêlée d'une quantité innombrable de fragmens de pierres poreuses : quelques uns des rochers que j'ai examinés étaient un tuf volcanique, ocreux et rougeâtre, rempli de crevasses, et mêlé de particules ferrugineuses. Les statues gigantesques de l'île sont faites de cette substance ; elles ne peuvent pas être d'une antiquité fort reculée, puisque cette pierre se décompose promptement à l'air. La partie méridionale de l'île, du côté de la mer, dans l'espace de plus d'un quart de mille, est de lave ou de scorie poreuse et pesante, qui probablement contient des particules de fer. Nous avons aperçu en outre plusieurs pierres noires vitreuses, ou de l'agate noire d'Islande, que l'on trouve aussi, comme je l'ai dit plus haut en Islande, près du Vésuve en Italie; près de l'Etna en Sicile ; sur l'île de l'Ascension, en un mot, dans tous les environs des volcans : j'y ai observé encore une espèce de lave pierreuse, légère, spongieuse, d'un gris blanchâtre.

« Les Marquésas ont un rivage de rochers composés d'une argile durcie, d'un schiste compacte, pesant, gris bleuâtre, contenant un peu de fer, et enfin d'une lave pierreuse, qui est ou grise et poreuse, avec du schorl pentagonal, ou hexagonal, feuilleté et vitreux, brunâtre ou verdâtre; ou bien noire, avec du schorl radié, brun, et quelquefois blanc. Le sol est argileux, mêlé de terreau: les naturels le marnent avec des coquillages. Au-dessous se trouve une autre terre argileuse, mêlée de trass et de pouzzolane. Notre court séjour aux Marquésas ne m'a pas permis d'examiner les parties plus élevées de l'île.

« Taïti et toutes les îles de la Société sont sans doute de la même nature; leurs côtes sont bordées de rochers de corail qui, à une certaine distance, s'étendent depuis le récif qui environne ces îles jusqu'à la marque des plus hautes marées; là commence le sable formé soit de fragmens de coquillages et de corail, soit d'un mélange noirâtre avec des particules d'un mica grossier, noires, souvent brillantes, et de minerai de fer réfractaire. Les plaines, depuis ce rivage jusqu'au pied des collines, sont revêtues d'une couche très épaisse de beau terreau noir et gras, mêlé du sable de la rive au-dessous. Quand les naturels cultivent un canton pour y planter la plante de poivre enivrante, ou bien le mûrier à papier, ils se servent fréquemment de coquillages pour engrais. Les chaînes de montagnes les plus basses sont ordinairement formées d'une terre ocreuse, quelquefois très rouge, que les naturels emploient à peindre leurs pirogues et leurs étoffes. Dans cette terre j'ai trouvé çà et là des morceaux d'ostéocolles; les montagnes plus élevées sont d'argile dure, compacte et tenace; elle se durcit en pierre dans les couches qui ne sont pas exposées au soleil, à l'air et à la pluie. On trouve sur le bord des rivières et dans les vallées, qui, entre les montagnes, pénètrent profondément dans l'île, de grosses masses de granit grossier, mélangé diversement. Près d'une cascade que forme la rivière Matavaï, on voit une quantité de colonnes d'un basalte gris, solide et compacte; des fragmens d'un basalte brun-noir, avec lequel les naturels font ordinairement leurs battoirs à pâte, leurs haches, leurs ciseaux et leurs outils tranchants. A O-aïtipiha, les naturels m'apportèrent une espèce de pyrite qui avait exactement la forme d'une stalactite, ou d'une substance qui s'était figée en coulant. L'existence de la pyrite sulfureuse confirme ce que le savant et habile docteur Casimiro-Gomez Ortéga, botaniste du roi d'Espagne et intendant du jardin de botanique à Madrid, m'a raconté des vaisseaux de guerre espagnols qui ont été à Taïti, et qui en ont rapporté un gros morceau de soufre natif, de la plus belle cristallisation transparente. Ce morceau est déposé maintenant dans le cabinet royal d'histoire naturelle de Madrid. Au sommet des profondes vallées qui entrecoupent ces îles, on voit de grandes masses de rochers noirs et caverneux, remplis de paillettes de schrol blanches et de différentes couleurs; en un mot, de véritable lave. Ces rochers sont entremêlés aussi d'une lave grise en forme de stalactite et poreuse, qui renferme du schorl noir; enfin, une pierre ferrugineuse, argileuse et lamelleuse, d'un brun rougeâtre sale.

« Je pense que les îles des Amis ont le même sol que celles de la Société, avec cette différence seulement qu'elles ne sont pas si hautes ni si remplies de rochers. Quand nous relâchâmes à Anamocka, en 1774, nous aperçûmes sur l'île Tofoua, le matin, une fumée qui, la nuit, paraissait enflammée. En passant entre cette île et O-ghao, nous vîmes des tourbillons considérables qui s'élevaient du milieu de l'île, et qui donnaient une odeur pareille à celle de la tourbe brûlée. Les particules dont l'atmosphère était remplie tombaient sur le vaisseau, et nous causaient une vive douleur à l'œil dès qu'elles le touchaient. Sur la côte septentrionale de cette île, nous remarquâmes un canton étendu qui paraissait évidemment avoir été brûlé depuis peu par le feu. La mer vomit souvent des pierres ponces sur la côte d'Anamocka. Les naturels de toutes ces îles font aussi des haches et des outils avec des morceaux de basalte noir et compacte, comme aux îles de la Société. Parmi les instrumens de pêche de ces insulaires, nous avons remarqué deux morceaux coniques d'une pierre calcaire; mais je ne puis pas dire s'ils étaient de spath calcaire ou de rocher de corail : je crois pourtant qu'ils étaient spathiques.

« Le sol des Nouvelles-Hébrides semble approcher beaucoup de celui des deux groupes d'îles dont on vient de parler.

« A Mallicolo, il paraît être d'une argile jaunâtre, mêlée de sable commun. Les rochers, le long de la mer, sont de corail et de madrépores, et plus avant, dans l'intérieur du pays, d'une argile durcie : l'île d'Ambrym a certainement un volcan, et peut-être deux; on trouve des pierres-ponces sur les côtes de Mallicolo opposées à cette île. Nous n'avons vu Irromanga que de loin, et elle nous a paru ressembler aux premières îles. Tanna a ses côtes bordées de rochers de corail et de madrépores : la grève est couverte d'un sable noirâtre composé de petits fragmens de schorl, et de pierres-ponces, qui sont proprement des cendres volcaniques. Le vent les répand sur toute l'île, de sorte que sa surface est composée partout de ce sable de pierrres-ponces entremêlé de terreau noir, produit par les végétaux tombés en putréfaction. Le volcan vomit ces cendres en si grande abondance, que souvent, dans une étendue de plusieurs milles à l'entour, il n'y a pas une feuille d'arbre, pas une plante, pas une herbe qui n'en soit entièrement couverte; mais ces cendres forment un sol très fertile, dans lequel tous les végétaux croissent avec la plus grande profusion. J'y remarquai un petit nombre de pierres éparses, qui étaient un mélange de quartz et de mica noir (*syénite*) : l'un des morceaux était même un granit grossier, revêtu d'un minerai noirâtre de fer.

« La principale roche de l'île, autant que j'ai pu en juger d'après les cantons qui environnent le havre, est composée de couches d'argiles mêlées de terre alumineuse, et renfermant des rognons de craie pure; elles ont environ six pouces d'épaisseur, et s'écartent très peu de la ligne horizontale. Dans quelques endroits, je trouvai un grès mou et noir, composé de cendres volcaniques et d'argile. J'ai observé çà et là une substance qu'on appelle ordinairement *pierre cariée*, qui est un tripoli argileux brun; et entre la pierre cariée et le grès dont je viens de parler, se trouve une couche qui est un mélange de l'un et de l'autre. Dans les montagnes, entre le volcan et le port, j'ai rencontré une substance argileuse blanchâtre, d'où s'élevaient continuellement des vapeurs aqueuses et sulfureuses, qui en rendaient les environs extrêmement chauds : elle a un goût styptique, et elle est, je crois, alumineuse. On aperçoit dans cette terre du soufre natif, et plusieurs taches vertes, ou marques de cuivre. Au-dessous de ces solfatares (qui, à chaque éruption de volcan, jetaient des quantités considérables de vapeurs brûlantes), il y a près de la ligne de la marée haute différentes sources chaudes qui cependant ne semblent point du tout être sulfureuses. J'ai remarqué aussi aux environs de ces solfatares, ou lieux d'où j'aillissaient des vapeurs chaudes, un ocre rouge, ou terre vitriolique, semblable au *colchotar vitriolique*, avec laquelle les naturels se peignent le visage. Tous les cantons de l'île offrent des pierres-ponces de couleur violette, noire et blanches, et de gravités spécifiques différentes. A la côte méridionale de l'île, est un rocher contenant plusieurs morceaux de lave, dont quelques uns étaient noirs et compactes; d'autres poreux et remplis de cristaux de schorls verts et blancs : plusieurs étaient gris et spongieux, et renfermaient du schorl jaune et noir. Nous avons découvert en outre une lave, un trass rougeâtre et aussi léger qu'une pierre-ponce. Sur les côtes, on voit des tufs calcaires, remplis de trous de pholades.

« Je suppose qu'Anattom, île voisine, renferme des productions volcaniques aussi-bien que Tanna; les naturels de cette dernière possédaient des haches d'un basalte noir et solide, qu'ils disaient venir d'Anattom; ils avaient un nom particulier pour les distinguer des haches faites d'un coquillage blanc qu'ils tirent de l'île d'Immer.

« Un récif de corail et de madrépores entoure la Nouvelle-Calédonie et les îles adjacentes : les rivages sont couverts de sable, de fragmens de coquilles et de particules de quartz. Le sol des plaines est un terreau mêlé de ce sable; il est très fertile quand on l'arrose et qu'on le fume. Les flancs des montagnes que j'ai examinées sont d'une argile jaune, ocreuse, remplie de petites paillettes d'une espèce de mica blanc. Dans les parties les plus hautes des montagnes, c'est une pierre composée de quartz et de gros morceaux de ce mica, qui est quelquefois d'un rouge foncé ou de couleur d'orange que lui donne un ocre ferrugineux. A l'ouest de notre mouillage, près de la côte, on rencontre de grosses masses extrêmement dures, d'amphibole d'un vert noirâtre, remplie de petits grenats de la grosseur d'une tête d'épingle. En plusieurs endroits, on voit des fragmens de quartz blanc, transparent, et quelquefois teints de rouge dans les fentes. Les naturels ont l'adresse de casser ces pierres de manière à leur donner un tranchant aigu; ils s'en servent pour couper leurs cheveux. Ils portent constamment dans de petits sacs des pierres pour leurs frondes; ces pierres sont d'une forme oblongue et arrondie, un peu pointues aux deux extrémités, et faites d'une espèce de stéatite; j'y ai découvert en outre une espèce d'asbeste verdâtre, grossier et fibreux.

« Si j'en excepte les rochers de corail et les madrépores qui servent d'entourage aux côtes de la plupart de ces îles, je ne puis pas dire que j'aie vue une seule pétrification sur toutes les terres que nous avons visitées durant le cours de l'expédition.

« D'après ce qui précède, il est évident, je crois, que toutes les îles hautes et montagneuses, et les volcans situés entre les tropiques, dans le grand Océan, ont subi des changemens; vérité qu'attestent encore d'une manière frappante les volcans en activité que nous avons observés à Tofoua, Ambrym et Tanna.

« On trouve sans doute, sur plusieurs de ces îles, des substances pyriteuses et sulfureuses, ainsi que des particules ferrugineuses et cuivreuses; mais les montagnes de la Nouvelle-Calédonie, et celles de la Nouvelle-Zélande, sont celles qui semblent renfermer les veines métalliques les plus riches. La violence du feu souterrain a probablement détruit et scorifié les substances métalliques de toutes les îles volcaniques : celles de la Nouvelle-Calédonie et de la Nouvelle-Zélande, au contraire, paraissent encore intactes, parce que les roches qui y dominent sont des substances que les minéralogistes ont regardées jusqu'à présent comme primitives, dans lesquelles se trouvent toutes les veines métalliques de notre globe. Cette conjecture générale est la seule probable qu'on puisse offrir sur cette matière; la courte relâche que nous avons faite dans ces deux îles nous a empêchés d'examiner plus en détail leurs productions minérales.

Des Montagnes.

« On peut considérer toutes les îles des différentes mers que nous avons parcourues comme formant une chaîne de montagnes sous-marines dont le sommet est saillant hors de l'eau; le fond de l'Océan est la plaine sur laquelle s'élèvent ces hauteurs, soit isolées, soit rangées près l'une de l'autre et souvent dans la même direction. Je me contenterai de donner une idée de ces différentes chaînes sous-marines que nous avons observées.

« Pendant notre relâche au cap de Bonne-Espérance, en 1772, on nous apprit que les Français avaient découvert une terre nouvelle dans le sud de la mer des Indes, aux environs du méridien de l'île Maurice (île de France), et par 48 degrés de latitude sud. Après avoir passé le cercle antarctique pour la première fois, nous parcourûmes ce parage sans retrouver cette terre; mais différens indices nous portèrent à croire que nous en approchâmes beaucoup. A notre retour au Cap, en mars 1775, le capitaine Crozet, qui venait de faire une expédition de découvertes avec le malheureux capitaine Marion, nous dit qu'il avait découvert aussi dans le sud de la mer des Indes plusieurs petites îles, et une plus considérable, toutes situées dans la direction de l'ouest à l'est, ou à peu près; ces îles, ainsi que celles qu'a vues Kerguelen, ont été marquées pour la première fois sur une carte de l'hémisphère méridional, publiée par Robert de Vaugondi. Quoique nous n'ayons pas eu le bonheur de les retrouver, nous n'avons pas de raison de douter de leur existence; et leur position sera vraisemblablement déterminée par le capitaine Cook, qui fait actuellement une troisième expédition (1). Ces îles forment donc une chaîne de montagnes sous-marines qui se prolongent à peu près de l'ouest à l'est. Les terres visitées par nous et par d'autres navigateurs, dans les parties australes de l'Océan atlantique, telles que la terre de Sandwich, la Géorgie australe, les îles Falkland, la Terre des États, ainsi que les îles qui dépendent de la Terre du Feu, forment une seconde chaîne de montagnes sous-marines situées presque dans la même direction que la première. Les îles basses à l'est de Taïti, ainsi que les îles de la Société, les îles des Amis, les Nouvelles-Hébrides et la Nouvelle-Calédonie, avec les îles intermédiaires de Scilly, Howe, Palliser, Palmerston, Sauvage, la Tortue, et celles de l'Espérance et des Cocos, les îles de la Reine Charlotte, du capitaine Carteret et plusieurs autres, forment une troisième chaîne de montagnes sous-marines qui, s'étendant jusqu'à la Nouvelle-Irlande, la Nouvelle-Bretagne et la Nouvelle-Guinée, comprend l'espace immense des trois quarts du grand Océan.

« L'île de Norfolk et la Nouvelle-Zélande semblent appartenir à un chaînon qui se détache de cette grande chaîne, en se prolongeant du nord au sud. Cette direction divergente des montagnes sous-

---

(1) Le troisième Voyage de Cook a complétement confirmé cette conjecture. Il a retrouvé ces îles en allant du cap de Bonne-Espérance à la Nouvelle-Zélande.

(*Note de Forster fils.*)

marines peut les faire regarder comme destinées à donner plus de solidité et de force à la charpente de notre globe.

« La plus haute de toutes les montagnes que nous avons vues pendant le voyage, est, suivant mon opinion, le mont Egmont, sur l'île septentrionale de la Nouvelle-Zélande; la neige qui en couvrait le sommet, presque toujours enveloppé de nuages, descendait très bas le long de ses flancs. Nous n'avons aperçu distinctement sa cime que très rarement.

« En France, par 46° de latitude nord, la ligne des neiges perpétuelles se trouve à la hauteur d'environ 1500 toises au-dessus du niveau de la mer. Sur le pic de Teyde, à l'île de Ténériffe, par les 28° de latitude nord, on rencontre de la neige à la hauteur de 1800 toises. Le mont Egmont gît par environ 39° de latitude sud; mais comme nous avons toujours éprouvé que, dans les latitudes australes, le froid est beaucoup plus vif que dans les degrés correspondans de l'hémisphère boréal, je supposerai le climat du mont Egmont égal à celui de la France, et par conséquent que la ligne de la neige perpétuelle est à 1300 toises. Comme la neige paraissait occuper un tiers de sa hauteur, la montagne sera donc élevée de 1845 toises, ce qui est un peu moins que le pic de Ténériffe, haut de 1904 toises. Les sommets des autres montagnes dans l'intérieur de la Nouvelle-Zélande, tant au canal de la Reine Charlotte qu'à la baie Dusky, se sont toujours offerts à nos yeux couverts d'une neige éternelle dans un grand espace.

« En longeant la côte de la baie Dusky au mois de mai de l'année 1773, nous vîmes tous les sommets des montagnes couverts de neige, et nous avons remarqué la même chose au mois d'octobre de la même année, de l'autre côté de l'île méridionale, lorsque les vents contraires nous portèrent au loin le long de la côte sud-est, presque jusqu'à l'île Banks; ce qui prouve que ces montagnes forment une chaîne continue qui se prolonge à travers toute l'île du Sud, et qu'elles n'ont guère moins de 1600 à 1800 toises de hauteur. On peut conjecturer, avec assez de probabilité, qu'une si longue chaîne de montagnes renferme des veines métalliques très riches et très utiles.

« Les montagnes de la Terre du Feu, de la Terre des États, de la Géorgie australe et de la Terre de Sandwich, sont toujours couvertes de neige; cependant, sur les deux premières, les sommets seulement en ont; mais sur les dernières elle s'étend partout jusqu'au bord de la mer, au milieu de l'été : le climat est par conséquent d'une rigueur extrême, puisque la ligne de la neige perpétuelle descend si bas. Ce qui est encore plus remarquable, ces îles sont environnées d'une atmosphère douce et humide, qui sans doute tempère un peu la vivacité du froid et la rigueur du climat.

« La montagne située au milieu de la grande péninsule de Taïti ou de Tobréonou, est, je crois, la plus haute de toutes les montagnes des îles du tropique : dans plusieurs endroits, sa pente est aisée; elle est entrecoupée par un grand nombre de vallées très profondes, qui convergent vers le milieu de l'île où se trouve le sommet le plus élevé, éloigné, d'après une estimation très exacte, d'environ sept milles de la Pointe-Vénus. Suivant la carte du Capitaine Cook, elle en est éloignée de neuf milles : mais comme j'ai été deux fois au sommet de cette montagne, je pense que la distance marquée dans cette carte est un peu trop grande; car l'étendue de la vallée de la rivière Matavaï est à peine de six milles, et son extrémité dans l'intérieur est presqu'à la même distance de la mer que la cime de la montagne; M. Wales, notre astronome, mesura de son observatoire sur la Pointe-Vénus, la hauteur de la montagne, avec le quart de cercle astronomique, et il la trouva exactement de 15 degrés au-dessus du niveau de la mer; car l'observatoire n'étoit qu'à quelques pieds au-dessus de ce niveau. En admettant l'exactitude de ces données, il s'ensuivra, d'après les calculs de la trigonométrie, que cette montagne a 1225 pieds de hauteur.

« La petite péninsule de Taïti ou de Tierrebou a aussi des montagnes dans son centre; mais leurs sommets sont si escarpés et si déchirés, et en quelques endroits sont si régulièrement entassés, qu'à leur aspect on juge que de fortes commotions produites par des feux souterrains ou d'autres causes violentes, leur ont fait subir des bouleversemens considérables. Les montagnes de toutes les autres îles du tropique sont d'une hauteur modérée, et moindre de plus d'un tiers que celles de Tobréonou. Quoiqu'elles soient assez élevées pour attirer les nuages, elles sont cependant fort éloignées de la ligne de neige perpétuelle, qu'au Pérou, sous l'équateur, on a trouvé de 2400 toises au-dessus de l'Océan.

De la formation du Sol.

« Il est évident que les îles du tropique jouissent depuis long-temps de leur fertilité actuelle; mais les parties les plus méridionales de la Nouvelle-Zélande, la Terre du Feu, la Terre des États, la Géorgie australe et la Terre de Sandwich, se trouvent encore dans cet état informe où elles sont originairement sorties du chaos, cependant avec cette différence que le sol devient meilleur et plus fécond à chaque pas que l'on fait depuis le pôle, vers des climats plus doux, où le soleil exerce son influence bienfaisante.

« Toutes les particules des corps minéraux sont inanimées. Les corps organiques des végétaux et des animaux ont seul la faculté de la vie. Quand le minéral est seul et absolument nu, la nature offre l'aspect de la stérilité, les horreurs de la désolation et le silence de la mort; le moindre végétal anime la scène, et les mouvemens lourds et pesans des phoques engourdis et des gauches pingouins la vivifient et l'égaient. Dès que la surface d'un terrain est parée de plantes, et embellie par des oiseaux et des animaux, on reçonnaît la force de la nature; la pensée s'élève vers son auteur tout-puissant.

« Cette observation préliminaire nous met en état de juger exactement de chacune des terres sauvages et brutes dont on vient de parler. Les roches pelées et stériles de la Terre de Sandwich ne paraissent pas couvertes du moindre atome de terreau, et on n'y remarque aucune trace de végétation : des masses immenses d'une neige éternelle enveloppent à jamais ces rochers stériles, comme s'ils étaient maudits de la nature; des brouillards continuels les couvrent de ténèbres perpétuelles.

« La Géorgie australe a sur sa pointe nord-ouest une petite île revêtue d'un gazon vert; et dans la baie de Possession, nous avons vu deux rochers où la nature a commencé son grand travail en produisant des corps organiques végétaux, et en formant une légère enveloppe de sol sur le sommet des rochers pelés; mais son ouvrage avance si lentement, qu'il ne s'y trouve encore que deux plantes, une graminée et une espèce de plante qui a de l'analogie avec la pimprenelle.

« A la Terre du Feu, l'île la plus voisine à l'ouest, je joindrai la Terre des États, à cause de la grande ressemblance qu'offre l'aspect de ces deux pays. Dans les cavités et les crevasses des piles énormes de rochers qui composent ces terres, il se conserve un peu d'humidité; le frottement continuel des fragmens de rocher qui se précipitent le long des flancs de ces masses brutes produit du sable ou une poussière très fine qui s'amasse dans ces cavités humides; il y croît graduellement quelques plantes de la famille des algues, dont les graines y ont été portées accidentellement par les oiseaux : ces plantes, par leur destruction, créent à la fin de chaque saison des atomes de terreau qui s'accroît d'une année à l'autre : les oiseaux, la mer et le vent apportent d'une île voisine, sur ce commencement de terreau, les graines de quelques unes des plantes analogues aux mousses qui y végètent durant la belle saison. Ces plantes, sans être véritablement des mousses, s'en rapprochent beaucoup par leur extérieur. Je mets de ce nombre l'*ixia pumila*, la *donatia*, nouvelle plante, un petit *melanthium*, une *oxalis* naine, une *calendula*, le *phyllachne* et le *mniarum*, deux plantes nouvelles : toutes, ou du moins la plus grande partie, ont une organisation propre à vivre dans ces régions, et à former du sol et du terreau sur les rochers nus. Elles poussent des tiges et des branches aussi rapprochées les unes des autres que l'on peut l'imaginer : les fibres, les racines, les tiges et les feuilles inférieures tombant successivement en putréfaction, produisent une espèce de tourbe, qui insensiblement se convertit en un bon terreau; cependant la partie supérieure de la plante continue à croître, pousse de nouvelles tiges et de nouvelles feuilles, répand ses graines, et finit par couvrir un grand espace. Le tissu serré de ces plantes, empêchant l'humidité qui est au-dessous de s'évaporer, fournit aussi à la nutrition de la partie supérieure, et revêt à la longue des montagnes et des îles entières d'une verdure constante. Parmi ces végétaux nains, quelques uns plus grands commencent à se multiplier sans nuire à l'accroissement des premiers, qui sont les créateurs du terreau et du sol. Je mets au nombre de ces plantes un petit arbousier, un petit myrte, un petit pissenlit, une petite *crassula* rampante, la *pinguicula alpina* commune, une variété jaune de la *viola palustris*, la *statice armeria*, ou gazon d'olympe, une espèce de pimprenelle, le *ranunculus laponicus*, l'*holcus odoratus*, le céleri commun, et l'*arabis heterophylla*. Dans les cantons couverts encore des végétaux analogues aux mousses, nous avons observé un nouveau jonc (*juncus uniglumis*), un joli *amellus*, une très belle *chelone* écarlate; enfin des arbrisseaux, dont un à fleur écarlate, l'*embothrium coccineum*, forme un nouveau genre, deux nouvelles espèces d'épines-vinettes, un arbousier à feuilles pointues, et enfin l'arbre qui porte l'écorce de Winter (*drymis Winteri*); mais sur ces rochers stériles de la Terre du Feu, il n'excède jamais la taille d'un arbrisseau ordinaire, au lieu que dans la baie du Succès, sur un terrain en pente douce, et dans un sol fertile et profond, il acquiert la dimension des plus grands arbres. Les feuilles qui tombent, les végétaux nains qui se pourrissent, et d'autres causes, accroissent le terreau, et forment un sol plus profond, qui devient de jour en jour plus en état de produire de plus grandes plantes. C'est ainsi que se multiplient les végétaux, et qu'on voit sortir du chaos et de l'engourdissement de nouveaux corps animés.

« Je ne dois pas oublier de dire comment croît une espèce de graminée sur l'île du Nouvel-An, près de la Terre des États, et à la Géorgie australe; c'est le *dactylis glomerata*, si connu, ou l'une de ses variétés. Il est vivace, et il affronte les hivers les plus froids : il croît toujours en touffes à quelque distance l'une de l'autre. Chaque année les pousses forment en quelque sorte une nouvelle tête, et donnent plus d'extension à la croissance de la touffe; de sorte qu'elle finit par avoir quatre ou cinq pieds de haut, et deux ou trois fois plus de largeur au sommet qu'au pied. Les feuilles et les tiges de ce graminée sont fortes et souvent longues de trois à quatre pieds. Les phoques et les manchots se réfugient sous ces touffes; et comme ils sortent souvent de la mer tout mouillés, ils rendent si sales et si boueux les intervalles qui les séparent, qu'un homme ne peut y marcher que sur le sommet de ces touffes. Ailleurs les cormorans s'emparent de ces touffes et y font leurs nids : ce graminée et les déjections des phoques, des manchots et des cormorans, donnent peu à peu une élévation plus considérable au sol du pays.

« Dans les parties méridionales de la Nouvelle-

Zélande, la formation du terreau et du sol est beaucoup plus avancée, parce que le climat y est plus doux, l'été plus long, la végétation plus active et plus vigoureuse; mais en tout, on y remarque la même analogie dans le principe. Toutes sortes de fougères et de petites plantes analogues aux mousses, surtout les *mniarum*, occupent de vastes espaces : leur putréfaction annuelle accroît le terreau, et produit ainsi un sol capable de porter un grand nombre d'arbrisseaux. Le feuillage se pourrit chaque année, et augmente le dépôt du terreau fertile, où enfin les plus gros arbres acquièrent une étendue et une taille immenses : une tempête violente brise ces arbres affaiblis par l'âge, et dans leur chute ils écrasent une quantité innombrable de buissons et d'arbrisseaux, qui passent ensemble à un état de putréfaction, et fournissent de la place et de la nourriture à une nouvelle génération de jeunes arbres, qui doivent à leur tour tomber et faire place à d'autres. Cette scène apparente de destruction et de désordre est une des opérations les plus utiles de la nature : elle entasse ainsi une quantité précieuse du terreau le plus fertile pour une race future d'hommes qui tôt ou tard vivront de ses productions.

Des Sources.

« Nous avons trouvé aux îles de la Société des sources très abondantes de l'eau la plus limpide et la plus fraîche; l'une de celles d'Ouliétéa semble pouvoir le disputer au *Fons Blandusiæ* d'Horace. Les naturels en ont fait un beau réservoir entouré de grandes pierres. La fontaine est rustique et d'une simplicité agréable. Des groupes d'arbres magnifiques et d'arbrisseaux fleuris, ainsi que les rochers vénérables d'où jaillit le ruisseau, l'enveloppent d'un ombrage perpétuel, et y entretiennent une fraîcheur délicieuse. Le courant de cristal qui s'échappe du bassin, la verdure des bocages et des plaines des environs, invitent le voyageur à ranimer par le bain ses membres fatigués. Cette ablution lui rend sa vigueur épuisée par un soleil ardent.

« A Tanna, sur la côte du havre qui est vers le volcan, j'ai découvert plusieurs sources chaudes que les naturels appellent *dougouhs*. L'eau sort d'une couleur noire de grès, tout près des bords de l'Océan; et à la marée haute, ces sources sont quelquefois couvertes par les flots.

« Au fond du havre, près de la grève, on voit un petit étang qui contient une eau douce et agréable; elle est d'une teinte un peu brune; et quoique parfaitement bonne quand elle est fraîche, elle acquiert bientôt dans les futailles un plus grand degré de putréfaction, et une odeur plus fétide que toute autre eau que nous avons observée pendant le voyage; ce qui, je crois, prouve qu'elle contient des particules étrangères peut-être inflammables. Cet étang se joint par-dessous le terrain boisé à une ligne de marécages qui s'étendent le long de la plaine à un ou deux milles du rivage. Il paraît que ces eaux s'y rassemblent durant la saison des pluies. Comme elles ne trouvent aucun écoulement, elles se réunissent dans ces parties basses et elles y croupissent; toute la surface du sol de l'île étant formée de cendres volcaniques, qui contiennent plus ou moins de particules salines ou sulfureuses, l'eau les dissout et prend d'ailleurs cette couleur brune des substances végétales qui y tombent successivement, et qui en quelque sorte s'y dissolvent. Sur le reste des Nouvelles-Hébrides, nous avons observé souvent de gros courans d'eau, qui se précipitent des flancs escarpés des collines, et qui se mêlent bientôt avec les flots salés de l'Océan.

« Les îles des Amis paraissent privées de sources. Les éminences d'Eouah et d'Anamocka ne sont pas assez considérables pour attirer les nuages, ou, par leur humidité constante, produire des sources. Les naturels rassemblent l'eau de pluie dans des étangs. Quelques uns de ces étangs sont vastes, mais l'eau est un peu saumâtre, à cause de la proximité de la mer. Outre ces étangs d'eau douce, Anamocka renferme une lagune considérable d'eau salée d'environ trois milles de long, parsemée de petites îles ornées de groupes d'arbres, remplie de canards sauvages, et entourée de mangliers et de collines qui forment un charmant paysage.

« On trouve aussi sur la pointe nord de Houaheiné, l'une des îles de la Société, deux lagunes considérables d'eau salée, dont le fond est très vaseux. Comme elles sont peu profondes, fort avancées dans les terres, entourées de buissons épais et de grands arbres, et par conséquent très peu agitées par le vent, elles répandent une puanteur excessive, et je crois qu'il en sort des exhalaisons insalubres. C'est peut-être par cette raison que je n'ai remarqué qu'un petit nombre d'habitations le long des montagnes, au sud de ces lagunes, et elles n'étaient pas très proches de leurs bords.

« J'ai observé une petite source à l'île Norfolk; je crois que, si nous avions examiné toute l'île, nous en aurions trouvé davantage.

« L'île de Pâques n'a d'eau que celle de quelques réservoirs en forme de puits ou d'étangs. Cette eau provient, je crois, de la pluie; elle est stagnante, un peu saumâtre et mauvaise.

« Les Marquésas sont remplies de très belles sources, qui forment une multitude de jolies cascades et de ruisseaux; les montagnes couvertes de nuages, et constamment humectées par leur vapeur, entretiennent les sources de ce climat chaud.

« La Nouvelle-Zélande a sûrement une grande quantité de sources et de ruisseaux, et l'on voit à peine un îlot ou un rocher sans une source d'eau douce. La baie Dusky offre plusieurs belles sources; mais toute l'eau, serpentant et s'écoulant au milieu d'un sol fertile, spongieux et mou, composé de végétaux tombés en putréfaction, a pris une couleur d'un brun foncé : cependant elle n'est point sale ; elle n'a point de goût particulier, et elle se conserve bien à la mer.

« La Terre du Feu est remplie de très belles sources et de vastes étangs d'eau douce que produit la fonte des neiges sur ses rochers élevés et pelés. J'ai observé, en différens endroits, de grandes et hautes cascades qui contribuent beaucoup à l'embellissement de ces cantons sauvages.

« Nous n'avons point rencontré de sources à la Géorgie australe, ni à la Terre de Sandwich ; mais comme il y a beaucoup de glaces dans les environs, et jusqu'au cinquante-unième parallèle sud, dans le printemps de ces régions, et même dans le milieu de l'été et de l'automne, jusque par-delà les 67e et 70e degrés, un navigateur ne doit pas être en peine de trouver de l'eau dans les hautes latitudes méridionales.

« Si j'en excepte l'eau des sources chaudes de Tanna, qui contient peut-être des particules salines, à cause de sa faible astringence, nous n'avons observé aucune eau médicinale dans le cours de notre expédition.

Des Ruisseaux.

« Toutes les sources des îles de la Société, des Marquésas et de la Nouvelle-Zélande, forment des ruisseaux ; mais aucun n'est assez considérable pour mériter qu'on en fasse une description particulière. A la baie Dusky, où tous les bras de mer sont très profonds, nous avons trouvé que l'eau diminue peu à peu de profondeur au fond des baies ou des criques où un ruisseau a son embouchure; de sorte que les bateaux sont obligés d'y échouer à une assez grande distance de la côte; ce qui suppose, je pense, que ces ruisseaux, après une grosse pluie ou la fonte des neiges, entraînant un grand nombre de particules terreuses jusqu'à leur embouchure, les y déposent graduellement, et que la résistance de l'eau de la mer, plus pesante que l'eau douce, celle des vents et des marées les empêchent d'être portées plus loin. On observe dans les bras de mer innombrables et profonds de cette baie spacieuse, une quantité de cascades magnifiques qui se précipitent d'une hauteur prodigieuse sans que le moindre rocher interrompe leur chute: il faudrait avoir le pinceau et le génie de Salvator Rosa pour peindre avec vérité quelques unes de ces cascades, ainsi que la scène pittoresque qui les environne.

« Les habitans des îles de la Société savent mettre à profit la partie supérieure de leurs ruisseaux. Partout où la vallée s'élargit entre les flancs escarpés des montagnes, ils forment un barrage avec de grosses pierres qu'ils entassent en travers du ruisseau, ce qui élève l'eau au niveau et quelquefois au-dessus de la surface de la vallée; ils entourent la plaine d'un petit rebord en terre, et y plantent des eddos ou *arum esculentum*, plante qui aime à être sous l'eau, et qui y pousse de grosses racines tubéreuses. Quand l'eau est, par l'effet de la digue, parvenue à la hauteur convenable, on la fait couler dans les champs. Après qu'ils ont été suffisamment inondés, on la fait écouler à l'extrémité opposée; ces digues servent en même temps de pont aux naturels, qui sont fort adroits à sauter d'une pierre à une autre, lors même qu'ils portent un fardeau sur leur dos.

De l'Océan.

« La masse d'eau la plus considérable et la plus remarquable est l'Océan. Quelque peu importantes que soient mes observations sur ce sujet important, je les présente au lecteur, parce qu'elles peuvent servir à confirmer quelques faits connus.

« Nous avons quelquefois, même étant hors de la vue de toute terre, essayé de mesurer la profondeur de l'Océan; par exemple, le 5 septembre 1772, près de l'équateur, par 0 degré 52′ de latitude sud, nous ne trouvâmes pas fond avec une ligne de deux cent cinquante brasses. Le 8 février 1773, étant un peu au-delà de 48° de latitude sud, et à l'est du méridien de l'Ile-de-France, nous jetâmes à la mer une ligne de cent dix brasses sans trouver fond. Le 22 novembre 1774, nous sondâmes au milieu du grand Océan, avec une ligne de cent cinquante brasses, et le résultat fut le même que les précédens.

« Buffon a posé pour maxime que la profondeur de la mer, le long des côtes, est d'autant plus grande que les côtes sont plus élevées, et d'autant moindre qu'elles sont plus basses, et que l'inégalité du fond de la mer correspond généralement à l'inégalité de la surface du sol de la côte; et Dampier est cité à l'appui de cette assertion. En supposant qu'elle soit exacte relativement aux continens, elle admet beaucoup d'exceptions pour toutes les îles du grand Océan, et même pour toutes les îles basses qui entourent les îles de la Société; car il devrait y avoir des sondes régulières autour de ces îles et de ces écueils; mais le contraire a lieu. Tout auprès des côtes des îles et des récifs qui entourent d'autres îles, l'eau est d'une profondeur considérable, et quelquefois incommensurable. Près de l'île de la Tortue, nous vîmes un récif oblong partout couvert d'eau; il renfermait une eau profonde, et le long de ses bords extérieurs la profondeur de la mer était très considérable.

« Partout où se trouve un banc ou un haut fond d'une grande étendue, la couleur de l'eau change; mais cette circonstance même est sujette à beaucoup d'exceptions. Quelquefois l'on trouve des endroits extraordinairement clairs, et le fond, à la profondeur de plusieurs brasses, est aussi visible que s'il n'était qu'à quelques pieds de la surface. Quelquefois la mer prend une teinte grise, et paraît trouble comme si elle avait perdu sa limpidité. Mais quelquefois l'on est trompé par l'état du ciel et des nuages: un temps obscur et nébuleux répand un voile grisâtre sur tout l'Océan; un temps clair et serein donne aux ondes la plus belle couleur de béril ou vert bleuâtre; s'il survient un nuage, il répand sur un espace de la mer une teinte entièrement différente du reste, et, si l'on n'y fait bien attention, alarme souvent le navigateur par la crainte des bas-fonds, et même des bancs.

« Il m'a été impossible, n'ayant pas eu le temps de me pourvoir des instrumens nécessaires, de faire des expériences sur les divers degrés de salure de la mer. Nous en avons distillé l'eau; alors elle n'avait plus du tout le goût salé, et n'offrait pas non plus la moindre amertume.

« Nous avons fait plusieurs expériences pour déterminer le degré de chaleur de l'eau de la mer à une certaine profondeur. Le thermomètre dont nous nous sommes servis est de la construction de Fahrenheit, avec une échelle d'ivoire; nous le mettions toujours dans une boîte cylindrique de fer-blanc, qui avait à chaque extrémité une soupape admettant l'eau aussi long-temps que descendait l'instrument: cette soupape se fermait dès que l'instrument remontait. Le tableau ci-joint montrera le résultat des expériences.

ÉPOQUES.	LATITUDE.	DEG. DU THERMOM. DE FAHRENHEIT.			Profondeur en brasses.	Combien le thermomètre a resté de temps dans la mer.	Temps qu'on a mis à tirer le thermomètre.
		Dans l'air.	A la surface de la mer.	A une certaine profondeur en mer.			
1772. Sept. 5.	0° 52′ N.	75° 1/2	74°	66°	85	30′	27 1/2′
27.	24° 44′ S.	72° 1/2	70°	68°	80	15′	7′
Octob. 12.	34° 48′ S.	60°	59°	58°	100	20′	6′
Déc. 15.	55° S.	30° 1/2	30°	34°	100	17′	5 1/2′
23.	55° 26′ S.	33°	32°	34° 1/2	100	16′	6 1/2′
1773. Janvier. 13.	64° S.	37°	33° 1/2	32°	100	20′	7′

« Il paraît par cette table que, sous la ligne et près des tropiques, l'eau est plus froide à une grande profondeur qu'à la surface; et sous les hautes latitudes, tantôt plus chaude, tantôt plus froide, tantôt d'une température égale, suivant les variations antérieures de la température de l'atmosphère, ou de la direction et de la violence du vent; car il faut observer que nos expériences ont toujours eu lieu dans un temps de calme, ou du moins lorsqu'il y avait peu de vent: par un vent fort nous n'aurions pas pu nous tenir dans le canot. La glace est probablement une autre cause de la différence de la température de l'eau de la mer dans les latitudes élevées : l'eau d'une mer couverte d'îles de glaces hautes et étendues doit être plus froide que celle d'une mer qui se trouve éloignée de toute espèce de glace.

« On sait que l'eau de la mer est quelquefois lumineuse. Pusieurs écrivains ont essayé de développer les véritables causes de ce phénomène : quelques uns l'ont attribué à un très petit crustacé marin qui est lumineux ; d'autres à un des mollusques qui nagent partout dans l'Océan. Les chevrettes, ainsi que les mollusques, peuvent contribuer à rendre la mer lumineuse ; mais d'après les différens phénomènes que j'ai observés dans le cours de ce voyage, je n'oserais pas affirmer qu'il n'existe point d'autre cause de la phosphorescence de la mer.

« D'abord j'ai lieu de douter que l'apparence lumineuse de la mer soit partout de la même nature. Quelquefois la lumière ne s'étend pas à une grande distance du vaisseau : l'eau qui est près du bâtiment paraît seule lumineuse, et la lumière se communique tout au plus au sommet des vagues voisines, qui s'en détachent obliquement ; c'est ce qui arrive pour l'ordinaire par un vent frais.

« J'ai observé une autre espèce de lumière phosphorique dans un long calme, ou les momens qui suivent immédiatement un long calme, après un temps chaud : elle s'étendait plus loin que la première, et même elle se mêlait avec la masse des flots : en mettant de cette eau dans une barrique, elle y devenait sombre quand elle n'était plus en mouvement; mais dès qu'on l'agitait violemment, elle redevenait lumineuse à l'endroit où le mouvement était produit; elle semblait s'attacher un moment au doigt ou à la main qui remuait l'eau; mais elle disparaissait aussitôt.

« La troisième espèce de lumière phosphorique est sans doute causée par des mollusques, dont toute la figure peut s'apercevoir dans l'eau, parce qu'ils sont lumineux. J'ai remarqué, rarement à la vérité, que les poissons et les coquillages produisent les mêmes effets, et il peut y avoir des chevrettes et d'autres insectes phosphorescens, quoique je n'en aie javais vu. Mais le phénomène le plus singulier et le plus étonnant de ce genre frappa nos regards la nuit du 29 au 30 octobre 1772, quand nous étions à la distance de quelques milles du cap de Bonne-Espérance, et par un vent frais. La nuit eut à peine étendu son voile sur la surface des flots, que la mer parut tout en feu; chaque vague qui se brisait avait une cime lumineuse; partout où les côtés du vaisseau touchaient les vagues, on apercevait une ligne de lumière phosphorique. L'œil découvrait de toutes parts cette lumière sur l'Océan; le fond lui-même des lames les plus épaisses semblait imprégné de cette propriété brillante : nous voyions de grands corps lumineux se mouvoir; quelques uns marchaient le long du vaisseau, d'autres s'en écartaient avec une vitesse presque égale à celle d'un éclair. La forme de ces corps annonçait que c'étaient des poissons : plusieurs s'approchaient les uns des autres; et lorsqu'un petit se trouvait à côté d'un plus gros, il s'enfuyait promptement pour échapper au danger. Je tirai un seau de cette eau lumineuse, afin de l'examiner : j'y remarquai un nombre infini de petits corps lumineux ronds, qui s'agitaient avec une vivacité surprenante; après que cette eau se fut reposée un peu de temps, la quantité de petits objets étincelans paraissait diminuer; mais en remuant l'eau derechef, nous observâmes qu'elle redevenait entièrement lumineuse, et les petites étincelles se remuèrent de nouveau avec agilité en différentes directions. Quoique le seau qui contenait l'eau fût suspendu afin d'être moins affecté du roulis du bâtiment, on y apercevait toujours des corps étincelans qui se remuaient; de sorte que je me persuadai d'abord que ces atomes lumineux avaient un mouvement volontaire absolument indépendant de l'agitation de l'eau ou du vaisseau; mais dès qu'à l'aide d'un bâton ou du doigt on remuait l'eau, on remarquait bientôt que la lumière s'accroissait. Souvent, en troublant l'eau, l'une de ces étincelles phosphoriques s'attachait à la main ou au doigt : elles étaient à peine de la grosseur de la plus petite tête d'épingle. En regardant ces atomes avec le verre le moins grossissant de mon microscope, nous les jugeâmes globulaires, gélatineux, transparens et un peu brunâtres. J'en observai un plus particulièrement, et je vis d'abord une espèce de tube mince qui entrait dans la substance de ce globe, par un orifice qui se trouvait à sa surface : l'intérieur était rempli de quatre ou cinq sacs intestinaux oblongs, joints au tube dont on vient de parler. Le verre qui grossissait le plus montrait les mêmes choses, mais plus distinctement. Je voulais examiner un des animalcules dans l'eau, et ensuite le placer sous le microscope, mais je n'en pus prendre aucun en vie; ils mouraient avant que je pusse les séparer du doigt auquel ils s'étaient attachés. Quand nous quittâmes le cap de Bonne-Espérance, le 22 novembre, la mer était encore lumineuse de la même manière, par un vent très fort : nous découvrîmes alors une nouvelle cause de cette lumière phosphorique; mais, avant de continuer nos remarques, qu'il nous soit permis de faire une réflexion que suggère ce phénomène. L'Océan, parsemé de myriades d'animalcules doués de la vie, du mouvement et de la faculté de briller dans les ténèbres, ou de reprendre leur opacité naturelle, pénètre l'esprit du spectateur d'étonnement et d'admiration, et il est impossible de décrire cette merveille comme elle le mériterait.

« La première espèce de lumière semble produite par une cause absolument différente de celle des autres; et, s'il m'est permis de dire mon opinion sur ce sujet, je crois que cette lumière provient de l'électricité. On sait que le mouvement d'un vaisseau dans les flots, par un vent frais, est très vif, et qu'il a beaucoup de frottement; car la mer, qu'agite un coup de vent, est beaucoup plus chaude que l'air. Les substances bitumineuses qui couvrent les côtés du vaisseau, les clous attachés au fond, et l'eau qui sert de conducteur, expliquent d'ailleurs ces effets électriques.

« La seconde espèce paraît être une véritable lumière phosphorique : plusieurs corps animés se pourrissent et se dissolvent dans l'Océan, et presque chaque partie des corps animés, la plupart des minéraux, et l'air lui-même, contiennent l'acide du phosphore, comme partie intégrante; tous ceux qui ont vu du poisson salé sécher doivent savoir que ce poisson devient presque toujours phosphorique. C'est aussi un fait bien établi, que la mer elle-même, après un long calme, devient puante et très putride; ce qui, suivant toute apparence, est l'effet de la putréfaction d'un grand nombre de substances animales qui meurent dans l'Océan, qui y flottent, et qui, dans les jours chauds des calmes, s'y pourrissent souvent tout à coup. Il est reconnu également que les poissons et les mollusques renferment des particules huileuses et inflammables; l'acide du phosphore, dégagé, par la putréfaction, du mélange primitif qui le retient dans les corps animés, peut se combiner avec quelques unes des matières inflammables dont on vient de parler, et produire ainsi un phosphore qui flotte au sommet de la mer, et qui opère cette lumière que nous admirons tant.

« Enfin la troisième espèce de lumière phosphorique est causée par des animaux vivans qui flottent dans la mer : cet effet est dû à leur structure particulière, ou plutôt à la nature de leurs parties intégrantes; il serait à propos d'en faire l'examen, en analysant par la chimie quelques uns des mollusques qui sont lumineux.

De l'existence d'un Continent austral.

« Plusieurs savans avaient pensé qu'il existait un grand continent austral, et ils se fondaient sur ce que, s'il n'y avait pas dans le sud du globe plus de terres que l'on n'en connaissait, leur poids serait insuffisant pour contrebalancer celui des terres de l'hémisphère du nord. Notre navigation a, je crois, mis hors de doute qu'il n'existe pas de terre endeçà du 60e degré dans l'hémisphère austral, à l'exception des fragmens peu considérables que nous avons trouvés dans l'Océan atlantique méridional. Or, quand même on supposerait que tout l'espace depuis le 60e degré et au-delà où nous n'avons pas pénétré est entièrement occupé par des terres, leur masse formerait un contrepoids trop peu considérable pour les terres de l'hémisphère boréal. Je suis en conséquence porté à soupçonner que la nature a, par quelque moyen, suppléé à ce défaut, en plaçant peut-être au fond de l'Océan austral des corps dont la pesanteur spécifique doit compenser l'absence des terres, si ce système d'un contrepoids est absolument nécessaire. Mais il existe peut-être, pour obvier à ce défaut, d'autres moyens dont nos connaissances et notre expérience bornée ne nous ont pas encore instruits.

De la Glace, et de sa formation.

« Rien n'étonne davantage les navigateurs qui se trouvent dans les hautes latitudes, que la première vue des masses immenses de glaces qui flottent au milieu de la mer; et quoique j'eusse lu un grand nombre de descriptions sur leur nature, leur forme et leur étendue, j'ai été vivement frappé au premier coup d'œil. La magnificence de ce spectacle surpasse de beaucoup l'idée que j'en avais : nous apercevions fréquemment des îles de glace d'un ou deux milles de longueur, et élevées de plus de cent pieds au-dessus de la surface des flots. »

Supposons qu'un corps de glace, dont les côtés sont parallèles, et qui flotte dans la mer, ne montre au-dessus de l'eau que la dixième partie de sa masse : cette supposition n'est pas trop forte, puisque, suivant Mairan, la glace flottante dans de l'eau douce présente au-dehors le quatorzième de sa masse; et même le docteur Irving a plongé un morceau de la glace la plus solide dans une eau de neige fondue, et les quatorze quinzièmes de la masse sont tombés au-dessous du niveau. Une île de glace d'un mille seulement de longueur, d'un quart de mille de large, et de cent pieds au-dessus de l'eau, contient six cent quatre-vingt-seize millions trois cent soixante mille pieds cubes de glace solide; mais comme on ne prend ici que la quantité de glace qui se montre au-dehors, il faut y ajouter neuf fois cette même quantité pour ce qui se trouve au-dessous de l'eau; toute la masse doit monter alors à six milliards cent soixante-neuf millions six cent mille pieds cubes de glace solide, et former par conséquent un corps prodigieux.

« La grosseur énorme de ces îles de glace n'est pas le seul objet digne de surprise; leur nombre infini n'est pas moins étonnant. Le 26 décembre 1773, nous comptâmes cent quatre-vingt-six masses de glace du haut des mâts; aucune n'était moindre que notre vaisseau : souvent nous étions environnés de toutes parts d'îles de glace, ou obligés de changer de route, parce que des plaines immenses de glace arrêtaient notre marche. Elles étaient précédées de petits morceaux de glace remplis de trous et spongieux, que le mouvement des glaces avait détachés et brisés : au-delà nous découvrions des plaines solides d'une immense étendue, et par intervalles des îles d'une dimension étonnante, très solides, et offrant les formes les plus bizarres de clochers, de rochers, etc. Ces glaces s'étendaient aussi loin que notre vue.

« Nous avons rencontré la glace plus tôt ou plus tard, suivant les différentes saisons et les différens parages. Le 10 décembre 1772, nous aperçûmes des glaces entre les 50e et 51e degrés de latitude sud. Le 12 décembre 1773, les premières que nous trouvâmes étaient par 62°, et le 27 janvier 1775, les premières qui frappèrent nos regards, étaient par 60°. Le 24 février, nous retournâmes sous le même parage, où vingt-six mois auparavant nous avions été arrêtés par une masse de glace si impénétrable, que nous avions été obligés de faire route à l'est; mais alors on n'en découvrait pas la moindre trace, non plus qu'à l'endroit où Bouvet a placé son cap de la Circoncision; car nous avons navigué à diverses reprises sur l'espace qu'il a pris pour une terre. Nous n'avons pu nous tromper sur sa position, puisque nous sommes restés sous le même parallèle pendant un temps considérable.

« Une autre circonstance digne de remarque, c'est que toute la glace flottante en mer donne de l'eau douce quand elle est fondue : on doit cependant avoir soin de ne jamais prendre celle que l'agitation des vagues a rendue spongieuse, parce que cette espèce contient toujours une quantité considérable de saumure dans ses interstices et ses cavités poreuses, et elle n'est ni salubre ni bonne. A la forme et à la position de cette glace, on la distingue aisément de celles qui sont plus solides; communément elle est en avant des grandes plaines de glaces, et par conséquent plus exposée à l'agitation des vagues : au contraire, sous le vent des grandes îles de glaces, on voit dériver pour l'ordinaire des morceaux flottans de différentes grosseurs; les glaçons qui sont les plus proches de la grande masse sont en général les plus solides, et par conséquent les plus propres à fournir de l'eau à un vaisseau. On prend les morceaux qui peuvent se monter plus commodément dans la chaloupe; on les empile ensuite sur le pont, où l'eau salée, qui adhère à la surface, s'écoule bientôt : l'atmosphère plus chaude du navire, et surtout la chaleur du pont, contribuent à dissoudre une partie de cette glace; on en remplit une chaudière afin qu'elle se fonde entièrement : l'on brise les autres pour remplir avec plus d'aisance les pièces à l'eau, et quand il n'y a plus de place, on met dans les interstices de l'eau tirée de la chaudière, qui fond en peu de temps ces petits morceaux.

« Nous avons toujours vu la mer tranquille sous le vent des portions étendues de glaces flottantes, ou de celle que les bâtimens qui font la pêche du Groënland appellent *entassée*, c'est-à-dire sur les bords de laquelle la mer et la pression de la glace entassent d'autres petits morceaux. Nous fîmes cette observation en entrant au milieu des glaces flottantes, le 17 janvier 1773, par 63° 15′ de latitude sud; mais au vent de la glace, nous éprouvâmes une grosse houle et un ressac considérable. Quand nous approchions d'une vaste plaine de glace solide, nous observions à l'horizon une réflexion blanche produite par la neige et la glace, et que les navigateurs du Groënland appellent *le clignotement de la glace;* de sorte qu'à l'apparition de ce phénomène, nous étions sûrs de rencontrer la glace à quelques lieues de distance; c'était alors aussi que nous apercevions communément des volées de pétrels blancs de la grosseur des pigeons, que nous avons appelés pétrels de neige, et qui sont les avant-coureurs des glaces.

« Les grandes masses de glaces flottantes dans la mer refroidissent beaucoup l'air; de sorte qu'aux environs, on est affecté de ce changement de température. Le 11 décembre 1772, par un temps doux et clair, avant que nous eussions atteint une grande masse de glace d'environ un demi-mille de long, et de cent pieds de haut, le thermomètre sur le pont, attaché au cabestan, se tenait à 41 degrés. Quand nous fûmes sous le vent de la glace, il tomba à 37 degrés et demi; et quand nous l'eûmes dépassée (il était environ cinq heures de l'après-midi), il remonta à 41 degrés. Le 13 décembre 1772, à la pointe du jour, le thermomètre était à peu près à 32 degrés : il avait neigé toute la nuit, et il neigeait encore : le matin, entre sept et huit heures, nous approchâmes d'un grand nombre d'îles de glace, dont quelques unes étaient d'une étendue surprenante. A huit heures, le thermomètre indiquait 31° $\frac{1}{2}$; il se tenait à ce point, au moment où nous étions sous le vent de la plus grande des îles; et après que nous l'eûmes dépassée, le thermomètre ne s'éleva pas au-dessus de ce point, parce que le pont étant humide de neige, causait une évaporation qui refroidissait l'air, et que nous étions d'ailleurs entourés de toutes parts de grandes masses de glace, qui avaient refroidi l'atmosphère environnante. Ces deux exemples tendent donc à prouver que les masses de glace contribuent beaucoup à refroidir l'atmosphère.

« En été, la glace fond peu à peu, parce que la température de l'eau de la mer, dans laquelle elle flotte pendant cette saison, est à quelques degrés au-dessus du point de congélation : et comme la différence de la gravité spécifique de l'air commun à l'eau douce est de près de 0,001 ou 0,001 $\frac{1}{4}$, à 1,000 ; en supposant l'un et l'autre de la même température, il est évident que l'eau douce doit fondre la glace plus que l'air ordinaire, puisque les particules d'eau en contact avec elle sont plus pesantes ; et par la raison que l'eau de la mer est à l'eau douce comme 1,030 à 1,000, l'eau de la mer doit encore agir plus fortement sur la glace que l'eau douce (1). Nous avons eu des occasions fréquentes de voir l'effet de l'eau de la mer sur la glace, quand elle en met en pièces de grosses masses qui avaient été rongées peu à peu au-dessous de

(1) Cependant les grandes masses de glace ont besoin d'un long temps et d'un climat chaud pour se dissoudre entièrement. Quelquefois par 40° de latitude nord, on a trouvé des îles de glace dans la mer Atlantique. Un officier qui a passé plusieurs années à Terre-Neuve et dans les environs, m'a dit qu'une très grosse île de glace vint échouer dans le détroit de Belle-Ile, qu'elle y resta tout un été, et qu'elle ne fut dissoute que dans l'été de l'année suivante.

la surface de l'eau : on entend alors un craquement qui n'est guère moins bruyant qu'un coup de canon; quelquefois nous en étions si peu éloignés, que nous courions risque d'être écrasés par un rocher de glace qui éclatait brusquement en pièces, et dont les morceaux se renversant sens dessus dessous, prenaient de nouveaux centres de gravité : la glace fondue, mêlée avec l'Océan, doit aussi refroidir la température de l'eau de la mer dans les latitudes qui sont entre 50 et 60° sud, où nous avons observé ces différens phénomènes.

« Il paraît incontestable que la glace que nous avons trouvée en plein Océan par 50 et 67°, où même 71° sud, se forme encore plus loin au sud; car elle a son origine près de quelque terre, ou en pleine mer. Dans le premier cas, il est évident qu'elle vient d'une région qui est au-delà de la route de nos vaisseaux, c'est-à-dire au-delà de 60, 67 et 71° de latitude sud; parce que nous n'avons point découvert d'île où ces énormes quantités de glace aient pu prendre naissance. Dans le deuxième cas, si la glace s'est formée loin d'une terre, ce parage doit aussi être plus loin au sud que la route de nos vaisseaux; parce que nous n'avons jamais rencontré de glaces permanentes; au contraire, elles étaient toujours en mouvement : les glaces flottantes entre 71 et 50° de latitude sud doivent au moins être venues de la glace solide qui est au-delà de 71°, ou sous une latitude plus élevée. D'autres navigateurs ont rencontré comme nous des glaces dans les basses latitudes sud, c'est-à-dire par 49, 50, 51 et 52° au commencement du printemps et de l'été; il est donc évident qu'elles doivent y être venues d'un parage situé au-delà de 60, 67 et 71° de latitude sud. Dans les mers du nord, on observe que presque toutes les années la glace se dirige vers les climats chauds : ces exemples semblent prouver qu'il existe un fort courant, une attraction, ou quelque autre cause régulière qui porte ces grandes masses de glace des deux pôles vers la ligne équinoxiale.

Des Vents.

« Les changemens les plus remarquables dans notre atmosphère sont produits par les vents dont l'histoire est encore très imparfaite; elle le sera encore long-temps, parce qu'on n'a pas rassemblé un assez grand nombre d'observations exactes, et parce que les hommes, étant portés à recueillir le plus tôt qu'ils peuvent le fruit de leurs travaux, ne se soucient point de préparer des matériaux dont la postérité seule doit faire usage. Dès qu'on a quelques faits, on commence à construire un système sur des conjectures, des soupçons, des expériences inexactes et douteuses.

« Pour éviter ce reproche nous nous bornerons à l'énumération des faits, et nous laisserons aux autres les conséquences qu'il faut en tirer, ou du moins nous offrirons nos conjectures pour ce qu'elles sont.

« En dedans et près des tropiques, nous avons trouvé les vents réguliers, ainsi que les autres navigateurs l'avaient observé avant nous. Nous partîmes d'Angleterre au mois de juillet 1772, et au cap Finistère nous atteignîmes un vent de nord-est, qui nous porta à peu de degrés de la ligne, où vers la fin d'août nous eûmes de la pluie et un vent du sud-sud-ouest ou sud-ouest qui nous obligea de faire route au sud-est ou sud-est un quart est. Le 8 septembre, étant encore aux environs de l'équateur, le vent passa au sud; mais en deux jours il tourna au sud-sud-est, de sorte que nous pûmes cingler au sud-ouest. En approchant du tropique du capricorne, le vent tourna plus à l'est; il s'établit à l'est un quart nord-est, et même au nord-est, et nous portâmes sud-est vers la fin de septembre, après avoir passé le tropique. Le 11 octobre, nous pûmes faire route à l'est un quart sud-est ou à peu près dans cette direction, et le 16 vers l'est, le vent étant nord et nord un quart nord-ouest. Le 25 octobre, le vent retourna un peu à l'est, mais le vent d'ouest qui soufflait dans les intervalles, quoique de peu de durée, nous permit d'avancer vers le cap de Bonne-Espérance, où nous mouillâmes dans la baie de la Table, après une nuit agitée. Ce résultat général de notre traversée montre d'un coup d'œil l'étendue et les changemens des vents alisés. Partout où ce vent tombait pour faire place à un autre, nous avions de petits vents et des calmes qui à la vérité duraient peu.

« En 1773, dans notre traversée de la Nouvelle-Zélande à Taïti, nous eûmes, le 20 juillet par 36° de latitude australe, un vent du sud-est, que nous prîmes pour le vent alisé; mais nous fûmes bientôt détrompés par les nombreux changemens de vents qui survinrent ensuite, et nous ne rencontrâmes le véritable vent alisé du sud-est que le 7 août, par environ 19° de latitude sud. Si ce vent soufflait quelquefois avec force, d'autres fois il était plus faible, surtout quand nous approchâmes des îles : il nous fit arriver à Taïti le 16 août.

« Après avoir quitté les îles de la Société, nous fîmes route pour les îles des Amis, à l'aide de ce même vent alisé du sud-est : cependant, à l'approche d'un fort grain, accompagné d'éclairs, il sautait à différens points; mais dès qu'ils étaient passés, il retournait à son coin véritable. Peut-être que le voisinage de quelque terre changeait la direction du vent; car, quoique nous n'ayons aperçu qu'une île basse dans toute la traversée, il est possible que nous en ayons dépassé plusieurs que la nuit ou leur position basse nous ont empêchés de voir : en effet, l'année suivante, en faisant route un peu plus au nord de cette direction, nous rencontrâmes plusieurs îles, et ce même vent de sud-est nous conduisit à Éouah et à Tongatabou.

« Le même vent alisé changea fort peu après notre départ de Tongatabou; il nous porta hors des tropiques, et même jusqu'à environ 32° de latitude sud.

« En 1774, quand nous retournâmes du sud aux îles du tropique, nous atteignîmes le vent alisé du sud-est par environ 29° de latitude sud, le 6 mars : il fut constant jusqu'à notre arrivée à l'île de Pâques, et même après notre départ de cette île. Le 21 mars, à trois heures après midi, par environ 22° 45′ sud, le vent nous prit tout à coup de l'avant, et bientôt après nous eûmes un fort grain; mais dès qu'il fut passé, le vent alisé revint, souffla bon frais, et continua ainsi, excepté en quelques autres occasions, où nous eûmes encore des grains : aux environs des Marquésas, nous eûmes de la pluie et des bouffées de vent.

« Après notre départ des Marquésas, nous fîmes route au sud-sud-ouest, ensuite au sud-ouest, et enfin à l'ouest et demi-sud; le même vent alisé du sud-est nous poussait en avant. Les cinq îles basses que nous rencontrâmes nous firent changer de temps en temps notre route, jusqu'à notre arrivée pour la seconde fois à Taïti.

« Dans notre seconde traversée des îles de la Société à celles des Amis, nous eûmes le même vent alisé du sud-est, et par intervalles un vent contraire de l'ouest, quand nous approchions de terre, ou pendant qu'un fort grain survenait; quelquefois nous éprouvions du calme. Après être restés peu de jours à Anamocka, et avoir passé entre O-ghao et Tofoua, nous atteignîmes un vent du sud-est qui nous empêcha d'aller à Tongatabou, comme nous l'avions d'abord projeté : ce vent varia peu, et dura jusqu'à ce que nous rencontrâmes les Nouvelles-Hébrides, où nous eûmes beaucoup de rafales et de pluies, et de temps en temps des calmes : nous eûmes encore des vents d'est en allant à la Nouvelle-Calédonie, et près de cette terre, quelquefois des calmes, et fréquemment des rafales avec de forts grains de pluie. Après notre départ de la Nouvelle-Calédonie, le vent souffla du sud; mais il tourna par degrés à l'ouest-sud-ouest et à l'ouest un quart sud-ouest, au sud et à l'ouest, où il resta; ce vent nous porta pour la troisième fois au canal de la Reine Charlotte.

« En 1775, à notre départ du cap de Bonne-Espérance, nous eûmes un vent frais du sud-est, qui devenait quelquefois un peu plus est, et enfin un calme depuis le 10 mai jusqu'à la nuit du 13 : quand le véritable vent alisé du sud-est commença, il nous porta aux îles Sainte-Hélène, de l'Ascension et de Fernando de Noronha; et jusqu'à 4° de latitude nord, parage où un calme nous arrêta : depuis notre départ de Sainte-Hélène : nous eûmes de temps à autre des rafales et des grains qui devinrent plus continus aux approches de la ligne. Le calme dura du 15 au 19 juin : il fut accompagné de grosses pluies, et il commença avec du tonnerre et des éclairs; ensuite nous eûmes de nouveau un vent du nord, qui pendant la nuit tourna au nord-nord-est et au nord-est; mais à mesure que nous avançâmes au nord, le vent devint plus fixe.

« Après avoir passé une seconde fois le tropique

du cancer, le vent devint plus est; il souffla de l'est-nord-est, et même de l'est un quart nord-est et demi-est jusque par les 27 ou 28° de latitude nord que nous eûmes de nouveau des vents variables.

« On peut tirer de ces détails les conséquences suivantes. 1°. Les vents alisés soufflent quelquefois au-delà des tropiques jusque dans les zones tempérées, surtout quand le soleil est dans le même hémisphère, et l'étendue des vents alisés en dedans des tropiques paraît proportionnée à la distance du soleil dans l'hémisphère opposé. 2°. Les vents alisés dans le grand Océan sont quelquefois interrompus par des calmes ; et des vents d'ouest contraires, les pluies et les coups de tonnerre sont assez communs dans ces changemens de temps. 3°. On voit aussi les vents alisés interrompus à l'approche de la terre, surtout si elle est d'une hauteur considérable. 4°. Dans les intervalles où un vent disparaît pour faire place à un autre, il survient communément des calmes, et il n'est pas rare qu'il pleuve.

« On a dit jusqu'ici que les vents réguliers qui viennent de l'est règnent sur l'espace qui est en dedans des tropiques dans les grandes mers, et on croit que cet effet provient de ce que le soleil, étant vertical ou presque vertical en dedans des tropiques à midi, raréfie l'air, parce qu'alors son influence est très puissante : le soleil s'avançant à chaque instant vers le méridien d'un autre endroit du globe, la partie raréfiée de l'atmosphère se meut naturellement de l'est à l'ouest: dès que la cause de la raréfaction cesse par l'éloignement du soleil, les colonnes d'air qui se trouvent aux environs de l'endroit raréfié se précipitent pour former l'équilibre; ce courant produit le vent alisé et maintient sa durée en dedans et près des tropiques. Cette règle cependant n'est pas si générale qu'elle ne puisse être modifiée par un agent qui aurait beaucoup de force, tels que le voisinage d'une côte ou un nuage rempli de vapeurs et de matière électrique.

« Quoique les îles du grand Océan ne soient pas d'une étendue considérable, en général cependant elles jouissent de l'avantage des brises de mer et de terre; de sorte que le vent alisé régnant agit seulement pendant le jour sur le côté de l'île qui est au vent; il prend ensuite la direction des côtes, et il y souffle perpendiculairement ou presque perpendiculairement sur toutes leurs parties; sous le vent de l'île, il devient contraire au vent alisé; mais il ne s'étend en mer qu'à un petit nombre de milles, plus ou moins, suivant la grosseur de la terre et d'autres causes accidentelles: la nuit, le même vent revient en quelque sorte, et souffle de la terre au large, en se tenant dans les limites ordinaires de ces brises alternatives.

« Comme les vents d'est règnent avec une constance particulière en dedans des tropiques, on a observé qu'en dehors des tropiques les vents d'ouest sont les plus généraux ; mais leur constance pour la force et la direction ne doit jamais être comparée à celle des vents alisés de l'est. En arrivant dans un parage éloigné dans le sud : et en dedans ou près du cercle antarctique, nous reconnûmes de nouveau que les vents d'est sont les plus constans et durent le plus.

« D'après ces observations, il est probable que ces vents d'est alisés ne sont qu'une espèce de vent de revolin, formés par les vents d'ouest, qui sont plus généraux dans la zone tempérée. Voici l'explication qu'on pourrait en donner : en dedans des tropiques, la grande raréfaction de l'atmosphère, causée par la chaleur verticale du soleil, produit les vents alisés de l'est : ce mouvement constant du fluide aérien à l'ouest crée, vers la zone tempérée, une espèce de revolin ; de sorte que les vents tournent peu à peu au sud et au nord, et enfin à l'ouest, point d'où soufflent les vents dominans des deux zones tempérées: mais ce courant de l'air est encore, dans les zones glaciales, contre-balancé par une autre espèce de vent à revolins venant de l'est. Nous avons averti que nos conséquences et nos conjectures ne sont pas aussi sûres que les faits que nous rapportons : les faits serviront de matériaux pour écrire l'histoire des vents ; et les conjectures sont des opinions particulières qui engageront peut-être d'autres écrivains à former un système plus parfait.

« Quoique nous ayons donné une idée générale

des vents qui dominent le plus dans les zones tempérées et glaciales, nous ne prétendons pas dire qu'il ne souffle point d'autres vents dans ces zones ; nous allons même citer un exemple du contraire. Quand nous traversâmes le grand Océan, entre les 40 et les 46° de latitude sud, en 1773, en faisant route à l'est, nous reconnûmes pendant cette traversée que les vents contraires venant de l'est y prévalaient souvent; et ce qu'il y a de plus remarquable, quand les vents commencèrent à changer, nous observâmes, à quatre différentes reprises, entre le 5 juin et le 5 juillet, qu'ils faisaient par degrés le tour du compas, mais toujours dans l'espace opposé au soleil.

« Aux environs de la Nouvelle-Zélande, les vents sont le plus souvent ouest, et soufflent pendant l'hiver avec fureur.

« Aux mois de novembre et décembre 1774, dans les mers qui sont entre la Nouvelle-Zélande et la Terre du Feu, il régnait un vent d'ouest du 42 au 54e degré de latitude sud. Les autres navigateurs ont observé que les environs de la Terre du Feu sont très orageux; mais nous y avons trouvé une mer d'une tranquillité remarquable et un temps doux; et quoique nous ayons essuyé un petit nombre de rafales, elles n'étaient pas plus violentes que celles que nous avions éprouvées auparavant dans d'autres mers.

Du Règne végétal.

« La végétation varie considérablement dans les différens pays que nous avons visités, et, suivant la nature de chacune de ces terres, offre des objets nouveaux et singuliers : les îles basses entre les tropiques, c'est-à-dire, les rochers de corail à peine couverts de sable; les îles de la Société, d'une hauteur considérable, entourées de plaines fertiles et enfermées dans des récifs de corail; enfin plusieurs autres groupes d'îles remplies de montagnes et privées de récifs et de plaines, nous ont offert des contrastes frappans; mais la plus petite de ces terres du tropique surpasse en beauté les montagnes nues de la Nouvelle-Zélande; les extrémités de l'Amérique sont plus affreuses encore que la Nouvelle-Zélande; enfin rien de plus horrible que les côtes australes que nous avons découvertes. Ainsi que je l'ai déjà observé, c'est dans la même proportion que les plantes de ces terres diverses diffèrent par leur nombre, leur grandeur, leur beauté et leur usage.

« Les îles basses dispersées dans le grand Océan entre les tropiques sont peu considérables, et ne produisent en conséquence que peu d'espèces de plantes. Cependant le grand nombre de cocotiers qui y croissent leur donne de loin un aspect agréable; des arbres et des arbustes qui poussent sur les rivages, un petit nombre de végétaux anti-scorbutiques, et quelques plantes qui possèdent la propriété d'enivrer le poisson, composent toute leur Flore.

« Aux îles de la Société, la nature frappe le spectateur par la magnificence du coup d'œil : un accord brillant de toutes sortes de formes et de couleurs donne à l'esprit l'idée de chaque espèce de beauté. On y voit des plaines, des collines et une haute chaîne de montagnes où la végétation est variée de mille manières. Les plaines qui entourent ces îles offrent plus d'espace à la culture que les cantons montueux; elles sont couvertes de plantations ainsi que les extrémités les plus éloignées des vallées qui se prolongent entre les collines; elles sont habitées par des peuplades nombreuses, plus civilisées qu'aucune de leurs voisines : du milieu des terrains agrestes de la nature sauvage, on passe tout à coup dans des jardins florissans et bien tenus; le sol n'est plus chargé de branches et de feuilles pourries qui nourrissent des broussailles, des liserons, des fougères, et d'autres plantes parasites; mais un lit de graminées en pare toute la surface, et forme ce gazon épais qui annonce toujours la culture; des arbres fruitiers s'élèvent à des distances convenables les uns des autres; l'ombre que répand leur feuillage abrite la nappe de verdure que les rayons brûlans du soleil des tropiques dévoreraient bientôt. Les habitations des naturels ont le même avantage; car elles sont communément placées au milieu d'un groupe d'arbres, et souvent entourées d'arbrisseaux. La première chaîne de collines en dedans des plaines est entièrement privée d'arbres, et le soleil y dardant ses rayons sans obstacle, ne permet point aux graminées ni à aucune plante tendre d'y croître; de sorte que tout cet espace est couvert d'une espèce de fougère très sèche, et de deux espèces d'arbrisseaux qui peuvent affronter la violence d'un soleil vertical.

A mesure que l'on avance, les flancs des montagnes commencent à se boiser; enfin on arrive aux sommets les plus élevés, qui dominent entièrement les plus grands arbres des forêts. Ces sommets étant souvent enveloppés de nuages, la température de l'air y est douce; et des végétaux de toute espèce y croissent en abondance: parmi beaucoup d'autres, les mousses, les fougères, les vanilles, et d'autres plantes semblables qui se plaisent surtout dans l'humidité, revêtent les troncs et les branches des arbres et tapissent le terrain.

« Les îles que Mandaña a nommées *les Marquésas de Mendoza* gisent au nord-est des îles de la Société, auxquelles on pourrait les comparer si elles avaient des récifs et des plaines: les Marquésas sont plus boisées, mais n'offrent pas une aussi grande variété de plantes, parce que beaucoup de plantations se trouvent dans les bois.

« Après les îles de la Société, il faut placer, pour la richesse des productions et la beauté des points de vue, le groupe découvert par Tasman, et qu'on a appelé avec assez de raison *les îles des Amis*, à cause du caractère doux et paisible des habitans. Elles sont tellement élevées au-dessus du niveau de la mer, qu'on ne peut plus les mettre au nombre des îles basses; comme elles manquent de montagnes, elles ne sont pas de la même classe que les îles hautes; elles sont fort peuplées; le terrain est favorable aux progrès de la culture, et, d'une extrémité à l'autre, on les a entrecoupées de sentiers et de haies qui séparent les plantations. D'abord on est porté à croire que cette extrême culture offre au botaniste très peu de plantes spontanées; mais ces terres charmantes ont le mérite particulier de joindre l'utile à l'agréable: beaucoup d'espèces sauvages de différens genres croissent parmi les cultivées, et offrent cet aimable désordre qu'on admire tant dans les jardins de l'Angleterre.

« Les îles plus occidentales, appelées *Nouvelles-Hébrides*, présentent une végétation très différente: elles sont sans plaines et sans récifs; elles ont des vallées, des collines, des pentes douces et de hautes montagnes; elles sont fertiles et presque entièrement couvertes de forêts, au milieu desquelles les plantations des naturels ne forment que de petits cantons isolés; car le nombre des habitans est peu considérable pour l'étendue des terres. Les plantes spontanées occupant un plus grand espace, la variété des espèces y est aussi plus considérable que sur les îles situées plus à l'est.

« Le sol aride de la Nouvelle-Calédonie, qui diffère de toutes les autres îles du grand Océan, produit un grand nombre de plantes, dont la plupart forment des genres très distincts de ceux qu'on connaissait avant notre expédition. Un récif de rochers de corail y entoure les côtes à une distance considérable, de la même manière qu'aux îles de la Société; les plaines étroites situées le long du rivage y sont également les seuls cantons cultivés; mais les naturels, malgré leur travail assidu, en tirent à peine ce qui est nécessaire à leur subsistance; ce qui est probablement la cause de leur petit nombre. D'après le témoignage unanime de plusieurs officiers qui ont fait le voyage sur *l'Endeavour* et sur *la Résolution*, nous pouvons assurer que les productions de cette grande île (les plaines exceptées) ressemblent à tous égards à celles des côtes de la Nouvelle-Hollande, qui n'en est pas éloignée.

« La Nouvelle-Zélande, qui gît dans la zone tempérée, offre un aspect très différent de toutes les contrées du tropique : l'île septentrionale, quoique remplie de montagnes comme l'autre, a cependant des plaines très étendues, dont les naturels savent tirer parti en les cultivant; mais comme nous n'avons pas débarqué sur cette île, nous bornerons nos remarques à l'île méridionale, où nous avons relâché dans la partie du sud et dans la partie du nord; l'œil y aperçoit plusieurs chaînes de montagnes qui s'élèvent les unes au-dessus des autres, et dont la plus haute est couverte de neige à la cime : les rochers escarpés, les vallées étroites, tout est couvert d'épaisses forêts : la seule différence entre les extrémités nord et sud de l'île consiste en ce que plus on avance vers la dernière, plus les rochers deviennent âpres, et moins on rencontre de terrains unis sans bois, mais couverts de graminées, de joncs, etc., tels qu'on en trouve dans le nord. Le climat de cette île est si tempéré, que toutes les espèces de plantes de nos jardins d'Europe (que nous avons semées dans le voisinage du port de la Reine Charlotte), y croissent très bien au milieu de l'hiver. La Flore indigène est très féconde, et la variété des genres nouveaux et des espèces nouvelles considérable; mais l'industrie n'ayant peut-être jamais fait sentir son influence à ce pays depuis sa première existence, les forêts y sont de véritables labyrinthes, rendus presque impénétrables par une quantité innombrable de liserons, de buissons et d'arbrisseaux entrelacés, qui d'ailleurs empêchent en grande partie les plantes herbacées de croître. Ces dernières ne se trouvent que sur les bords des forêts, et consistent principalement en végétaux anti-scorbutiques et en herbes potagères.

« A mesure que l'on va au sud, l'aspect des terres devient de plus en plus stérile : la Terre du Feu, à l'extrémité méridionale de l'Amérique, gémit sous les rigueurs du froid; toutes ses côtes occidentales offrent des montagnes de roches pelées, dont les sommets sont toujours couverts de neige. Dans une baie où nous mouillâmes, au nord-ouest du cap Horn, on voit à peine quelques traces de végétation, excepté sur des îlots bas, couverts de petites plantes marécageuses, analogues aux mousses, et dans le fond des vallées ou dans les crevasses des montagnes, où l'on aperçoit de chétifs arbrisseaux, qui bien rarement s'élèvent assez haut pour mériter le nom d'arbres : les parties plus élevées des montagnes sont des rochers noirs, entièrement nus. Dans le petit nombre de plantes qui naissent sur cette terre désolée, j'ai remarqué le céleri, que la Providence a répandu sur la plus grande partie du globe, et qui est un des meilleurs anti-scorbutiques connus. La côte nord-est de la Terre du Feu est disposée en pentes douces, et offre, au pied des montagnes, une plaine étendue; mais nous n'y avons pas débarqué.

« En examinant les côtes stériles de la Terre du Feu, nous n'imaginions pas de pays plus affreux; mais après avoir navigué quelque temps à l'est, nous rencontrâmes sous la même latitude l'île de la Nouvelle-Géorgie, qui paraît si horrible, qu'avant d'y aborder nous la prenions pour une masse de glace. Il n'existe pas sur le globe, de montagnes dont la forme soit aussi hachée et aussi aiguë : au milieu de l'été, elles sont couvertes de masses de neige, presque jusqu'au bord de l'eau, où sans doute les végétaux sont plus abondans. Ce n'est que sur les pointes de terre que leur position rend accessibles à l'action du soleil, que cette croûte gelée parvient à fondre, et que le rocher mis à nu montre son aspect noir et repoussant. Nous ne trouvâmes dans la baie de Possession que deux espèces de plantes, l'une nouvelle, particulière à l'hémisphère austral (*ancistrum decumbens*), et l'autre, une graminée déjà connue (*dactilis cespitosa*) : la maigreur et la petite taille de toutes les deux annoncent la misère du pays.

« Mais, comme si la nature eût voulu nous convaincre qu'elle peut produire une terre encore plus hideuse, nous en avons découvert une, quatre degrés au sud de celle-ci, plus haute en apparence, et absolument couverte de glace et de neige (excepté sur quelques rochers détachés), et incapable, suivant toute apparence, de produire une seule plante ; elle est enveloppée de brumes presque continuelles ; nous ne pouvions l'apercevoir que par intervalles ; alors même nous n'en découvrions que les cantons les plus bas. Un volume immense de nuages occupe sans cesse le sommet des montagnes, comme si l'aspect de toutes ces horreurs était trop épouvantable pour être regardé par l'œil de l'homme ; mon imagination frisonne encore à son souvenir, et s'éloigne avec précipitation d'un objet si triste.

« Il résulte de ce qui précède, que le froid rigoureux des régions antarctiques étouffe à peu près le germe des végétaux ; que les pays des zones tempérées produisent une diversité de plantes qui n'ont besoin que du secours de l'art pour égaler la richesse de la zone torride, et enfin, que le climat et la culture donnent aux îles d'un tropique un végétation abondante; mais le nombre des végétaux est communément proportionné à l'étendue du pays : voilà pourquoi les continens ont été remarquables dans tous les temps par l'immensité de leurs richesses en botanique. Celui de la Nouvelle-Hollande, entre autres, examiné dernièrement par MM. Banks et Solander, récompensa si bien leurs travaux, qu'ils donnèrent à un de ses havres le nom de *baie de la Botanique.* Les îles produisent un nombre plus ou moins grand d'espèces, suivant que leur circonférence est plus ou moins étendue; ainsi je crois que la Nouvelle-Zélande et les îles du tropique sont proportionellement riches en productions végétales. Il est impossible de déterminer avec quelque précision le nombre de leurs plantes, parce que nous avons eu peu d'occasions de les examiner; nous avons trouvé à la Nouvelle-Zélande plus de cent cinquante espèces nouvelles, et nous n'en avons découvert que dix connues de Linnée : proportion qui prouve combien les formes des végétaux de ce pays sont éloignées et différentes des nôtres. Nos récoltes en botanique n'ont eu lieu qu'au printemps, et une fois au commencement de l'hiver; enfin nous n'avons visité que deux cantons de l'île méridionale. On a donc lieu de supposer qu'en y comprenant les deux îles, des recherches exactes porteraient la Flore de la Nouvelle-Zélande au moins à quatre ou cinq cents espèces, surtout si les botanistes y arrivaient dans une saison plus favorable que nous, et y séjournaient plus longtemps.

« Dans les îles du tropique, la proportion des espèces nouvelles aux espèces connues est très différente de celle de la Nouvelle-Zélande. Nous y avons découvert environ deux cent quarante espèces nouvelles, et cent quarante décrites par Linnée. Le nombre total est donc de trois cent quatre-vingts, dont un tiers était déjà connu. La culture contribue surtout à cette différence; ces terres contiennent probablement des plantes que les premiers habitans de ces îles ont apportées avec eux des Indes orientales, leur demeure primitive; il est par conséquent très naturel qu'elles soient connues; mais avec ces plantes cultivées, il est vraisemblable qu'il a pu venir aussi des semences de plusieurs plantes sauvages indigènes également des Indes orientales, et par conséquent connues des botanistes. Les nouvelles plantes ne peuvent donc être que des indigènes de ces îles, et celles qui ont échappé aux observations des Européens dans les Indes.

« Les trois cent quatre-vingts espèces que nous avons trouvées dans les îles du tropique ne composent pas toute la Flore de ces terres; car nous n'avons pas eu assez de temps pour faire des recherches de botanique. Je suis porté à croire qu'en parcourant les campagnes attentivement, on en doublerait presque le nombre; mais ce travail exigerait plusieurs années. Les îles qui semblent promettre davantage, sont les Nouvelles-Hébrides, parce qu'elles sont grandes, non cultivées, mais très fertiles. La jalousie des insulaires ne nous a pas permis d'y faire des découvertes; d'après les rivages du pays, nous pouvons juger de l'intérieur : afin de prouver, par exemple, que nous avons eu souvent des indications de nouvelles plantes sans que nous ayons pu les trouver, je ne parlerai que de la muscade sauvage de l'île de Tanna; nous nous en sommes procuré plusieurs sans pouvoir jamais rencontrer l'arbre. La première que nous examinâmes était dans le jabot d'un pigeon que nous venions de tuer : ce pigeon était de l'espèce qui, suivant Rumphius, sème les véritables muscades dans les îles des Indes orientales; elle était entourée d'une membrane d'un rouge brillant, connue sous le nom de macis. La noix avait la même couleur que la véritable muscade, mais elle était d'une forme plus oblongue, d'une saveur piquante et fortement aromatique, et n'avait point d'odeur. Les naturels nous en apportèrent ensuite d'autres. Quiros a donc raison de compter la muscade au nombre des productions de la Terre du Saint-Esprit; ce qui est une nouvelle preuve de la véracité de ce hardi navigateur; et comme il dit aussi que l'argent, l'ébène, le poivre et la cannelle sont des productions de cette terre et des îles voisines, il est probable qu'on y en trouvera.

On rencontre peu de végétaux sur les îles basses, parce qu'elles sont extrêmement petites; cependant nous n'avons débarqué sur aucune sans y en découvrir de nouveaux. L'île sauvage n'est qu'une île basse, élevée de quelques pieds au-dessus de l'eau; les rochers nus de corail dont elle est composée en attestent bien l'origine : ils offrent de nouvelles plantes qui croissent dans les fentes du corail, sans la moindre portion de terre. Nous aurions pu rassembler dans l'intérieur plusieurs végétaux rares; mais le caractère farouche des naturels nous en a empêchés.

Pour former un contraste avec les îles du tropique, nous devons citer l'île de Pâques, qui en est si peu éloignée. Les Hollandais qui l'ont découverte en ont fait une description très fausse, ou bien elle a été presque entièrement bouleversée depuis cette époque : son misérable sol, parsemé de pierres, n'offre que vingt espèces de plantes; dix seulement sont cultivées : aucune ne parvient à la grandeur d'un arbre, et presque toutes sont petites, ridées et sèches. Dans la partie opposée, ou dans le parage le plus occidental du grand Océan, gît une petite île à laquelle nous avons donné le nom d'*île Norfolk;* presque toutes ses plantes ont du rapport à celles de la Nouvelle-Zélande, dont elle n'est pas fort éloignée. On observe seulement une différence occasionnée par la douceur plus grande du climat, qui donne à chaque plante plus de vigueur; nous y avons découvert un arbre conifère qui est particulier à cette île et à l'extrémité orientale de la Nouvelle-Calédonie : ses cônes font croire qu'il est de la classe des cyprès; il prend une hauteur et une grosseur considérables, et le bois en est très pesant.

« Comme le grand Océan est borné, d'un côté, par l'Amérique, et de l'autre, par l'Asie, les plantes qui croissent sur ces îles ressemblent en partie à celles de ces deux continens : elles participent plus ou moins de celui des deux dont elles sont plus ou moins proches; ainsi les îles les plus orientales produisent un plus grand nombre de plantes d'Amérique que de plantes de l'Inde; et à mesure qu'on avance à l'ouest, la ressemblance des végétaux avec ceux de l'Inde se montre davantage : cette règle générale a cependant des exceptions; par exemple, le *gardenia* et le mûrier à papier, qui sont tous les deux des plantes des Indes orientales, ne se trouvent que sur les îles des Amis et les îles de la Société, qui font partie des groupes orientaux; le *tacca pinnatifida*, qui est une plante des Moluques, décrite d'abord par Rumphius, ne se rencontre qu'aux îles de la Société; d'un autre côté, des espèces d'Amérique ne frappèrent nos regards que lorsque nous eûmes atteint les Nouvelles-Hébrides et la Nouvelle-Calédonie, qui sont cependant, de toutes les îles du grand Océan, les plus éloignées de ce continent : une partie de ces exceptions provient peut-être de ce que les habitans, étant plus civilisés aux îles de l'est, ont apporté avec eux des plantes de l'Inde que les autres ont négligées : on peut aussi expliquer par là l'introduction des espèces spontanées de l'Inde dans ces îles les plus orientales; car j'ai déjà observé que probablement elles ont été transportées parmi les semences des espèces cultivées : j'ajouterai, à l'appui de ces conjectures, que les espèces de l'Inde se trouvent communément sur les plaines des îles de la Société, et les espèces spontanées de l'Amérique sur les montagnes. Un petit nombre de plantes est commun à tous les climats du grand Océan : le céleri et des espèces de crucifères se trouvent sur les îles basses entre les tropiques, sur les grèves de la Nouvelle-Zélande et les îles marécageuses de la Terre du Feu : plusieurs autres espèces semblent participer aux différences du climat par une taille plus haute ou plus basse; une plante, par exemple, qui occupe les sommets les plus élevés des montagnes de Taïti comme de toutes les autres îles de la Société, et qui n'y croît qu'en arbrisseau, se trouve à la Nouvelle-Zélande dans les vallées, et y forme un arbre d'une hauteur considérable : cette différence même est sensible dans les diverses parties de la Nouvelle-Zélande; ainsi le *pimelea gnidia*, bel arbrisseau de la baie Dusky, ou de l'extrémité méridionale, qui y croît dans la partie la plus basse du pays, n'est plus qu'un très petit arbuste au port de la Reine Charlotte, et dans la partie nord, où on ne le voit que sur les hautes montagnes. Une égalité de position et de climat occasionne quelquefois une ressemblance de végétation, et voilà pourquoi les montagnes froides de la Terre du Feu produisent des plantes qui, en Europe, habitent la Laponie, les Pyrénées et les Alpes.

« La différence du sol et du climat produit plus de variétés dans les plantes des îles du tropique du grand Océan que dans celles des autres terres de cette mer : rien n'est plus commun que de voir sur ces îles, deux, trois, quatre et un plus grand nombre de variétés de la même espèce de plante, dont les extrêmes auraient formé à nos yeux de nouvelles espèces, si nous n'avions pas connu les intermédiaires qui les unissent et qui en montrent la gradation. J'ai toujours remarqué que les parties les plus sujettes à varier, sont les feuilles, les poils et quelques uns des pédoncules de la fleur; et que toutes les parties de la fructification sont ce qu'il y a de plus constant : cette règle, ainsi que toutes les autres, n'est pourtant pas sans exception, et les variétés qui proviennent du sol y produisent quelquefois des différences; mais elles sont trop peu considérables pour être rapportées. Un climat froid ou une exposition élevée réduisent un arbre à la taille d'un arbrisseau, *et vice versâ;* un sol sablonneux ou pierreux produit des feuilles succulentes, et donne de pareilles feuilles à des plantes qui, dans un sol gras, en ont de maigres et de flasques : une plante qui est très amère dans un terrain sec perd toute son âcreté quand on la trouve dans un canton plus humide; ce qui cause souvent de la différence parmi les variétés de la même espèce aux îles des Amis et sur les montagnes des îles de la Société;

car les premières, n'étant pas très hautes, sont moins humides que celles des dernières terres, couvertes souvent de brumes et de brouillards.

« On sait que la culture produit de grandes variétés dans les plantes; mais on le remarque surtout dans les îles du tropique du grand Océan, où l'arbre à pain seul a quatre ou cinq variétés, et le dragonnier pourpre, deux; le *tacca*, dans son état cultivé, a un aspect tout différent du tacca sauvage, et le bananier varie presque à l'infini, comme notre pomme. Le règne végétal fournit aux naturels des terres équatoriales du grand Océan la plus grande partie de ce qui leur est nécessaire pour leur nourriture, leur habillement, leur habitation, leurs meubles, et, en un mot, tous leurs besoins. Les habitans de la Nouvelle-Zélande, au contraire, vivent surtout de poisson, et les plantes spontanées leur fournissent des vêtemens, de manière qu'ils ne s'occupent point de l'agriculture, particulièrement dans l'île méridionale. La plante dont ils font leurs étoffes, leurs lignes de pêche, leurs cordages, etc., forme un nouveau genre, que nous avons appelé *phormium*, et appartient proprement à l'ordre naturel des liliacées qu'elle rapproche intimement des glaïeuls; mais dans les îles du tropique, où le climat conduit à la civilisation, les naturels aiment la variété dans les alimens, la commodité dans l'intérieur, la propreté et les ornemens dans leurs vêtemens : il arrive de là qu'ils cultivent à peu près cinquante espèces différentes de plantes, outre qu'ils en emploient plusieurs de spontanées. Le peu de travaux qu'entraîne l'agriculture, et les avantages considérables qui en résultent pour eux, ainsi que pour les insulaires des îles des Amis, font que le nombre des plantes cultivées sur ces îles surpasse de beaucoup celui des autres. Dans les Nouvelles-Hébrides, plus à l'ouest, le pays étant fort boisé partout, il est devenu très difficile de mettre la terre en culture; c'est pour cela qu'on y élève seulement les plantes les plus nécessaires, et que les mœurs des habitans sont plus grossières et plus sauvages; le sol de la Nouvelle-Calédonie paraît aussi être stérile et récompenser faiblement les peines d'une population peu nombreuse.

« On a observé depuis long-temps que la culture ôte souvent aux plantes la faculté de se propager par semence; cette remarque est confirmée par ce que nous avons vu dans ces îles, et surtout par l'exemple de l'arbre à pain, dont les pepins sont amaigris et perdus dans la grande quantité de pulpe farineuse : il en est de même de la banane, qui quelquefois conserve à peine des embryons de pepins. Le monbin de Taïti contient une capsule dure dont les loges sont ordinairement vides; le *gardenia* et l'*hibiscus rosa sinensis* donnent presque toujours des fleurs où le nombre des pétales se multiplie, et aucune d'elles ne produit de la graine; mais le mûrier à papier est le plus extraordinaire de tous, car il ne fleurit jamais sur ces îles; la raison en est simple : les naturels ne le laissent jamais croître jusqu'au temps des fleurs parce qu'alors l'écorce leur serait inutile.

« L'extrême fertilité du sol de quelques unes des îles du tropique est peut-être une des causes pour laquelle un certain nombre de leurs plantes appartiennent aux classes appelées par Linnée, *monoécie*, *dioécie* et *polygamie*; il est à remarquer que les plantes que les botanistes ont trouvées hermaphrodites en Amérique, portent, dans les îles du grand Océan, des fleurs mâles et femelles sur des individus différens; ce qui peut confirmer l'opinion que la plupart des plantes dioïques se rencontrent aussi hermaphrodites. Dans ce cas, cette classe n'existerait plus. On a cru également qu'on perfectionnerait le système sexuel, si on retranchait les classes de la monoécie, de la dioécie et de la polygamie, et si on plaçait leurs genres suivant le nombre de leurs étamines : mais si l'on considère combien tomberaient par là dans les classes qui sont déjà nombreuses, il est clair que ce changement ne servirait qu'à rendre la science plus embrouillée. Le nombre de cinq, suivant l'observation du grand Linnée, est le plus fréquent dans la nature; c'est par cette raison que la pentandrie a tant de genres; la plupart des plantes que nous avons découvertes appartiennent à cette classe. Nous avons vu avec une sorte de regret tant de plantes augmenter encore cette classe, qui était déjà trop étendue. Comme cette particularité s'emblait hâter le renversement du système sexuel, elle contribua à nous rendre extrêmement circonspects, quand il fallait créer de nouveaux genres.

« Les classes qui, en Europe, sont les plus abondantes, les ombellifères, les composées, les papilionacées, les bicornes, les siliqueuses, les personnées, les verticillées, ont très peu de plantes congénères dans les îles du tropique. Les belles classes des *ensatæ* (glaïeuls, iridées), *coronariæ* (liliacées), *sarmentaceæ* (asparaginées), y sont également rares. Les graminées n'y sont pas nombreuses, et appartiennent principalement à la polygamie. Les *piperitæ* (aroïdes), les scitaminées (bananiers et balisiers), les *hesperidæ* (myrtes), les *luridæ* (solanées), les *contortæ* (apocynées), les *columniferæ* (malvacées), les *tricoccæ* (euphorbiacées), composent principalement la Flore de ces îles. Parmi les orchidées, un grand nombre d'*epidendra* très variés habitent les cantons incultes; la plupart de celles-ci sont nouvelles, et leurs fleurs si différentes, qu'on pourrait les distinguer en autant de genres, avec la même facilité que les botanistes ont séparé le *convolvulus* (liseron), et l'*ipomæa*, ou le *nyctanthes* (jasmin d'Arabie), et le jasmin, seulement d'après de petites différences dans la forme de la fleur. Les espèces des liserons sont très abondantes dans les îles du grand Océan, et se rapprochent tellement l'une de l'autre, qu'il est très difficile de les déterminer. Linnée a placé le genre des *piper* (poivres) dans la diandrie, quoiqu'il ait pris la plupart des espèces sur l'autorité de Plumier. Nous avons eu occasion d'en examiner plusieurs espèces, et nous avons toujours trouvé le nombre des étamines irrégulier et indéterminé, et la forme et le nombre des stigmates différens dans presque chaque espèce. Il est donc juste de rendre ce genre à la *gynandrie*, à laquelle il appartient véritablement, et avec lequel sa fructification est parfaitement d'accord : mais en supposant même que des espèces de poivres ont régulièrement deux étamines dans chaque fleur, cette particularité ne suffira pas pour les ôter de cette classe, puisque nous voyons les *arum sequinum*, *macrorizon* et *esculentum*, le *dracontium* et le *pothos*, qui ont régulièrement quatre, six ou sept étamines autour de chaque germe, rester pourtant dans la *gynandrie-polyandrie*.

« Tel est le résultat de nos observations sur la classification des plantes, et sur les classes que renferment principalement les îles du grand Océan. J'ajouterai seulement, touchant les descriptions et les définitions des espèces données par Linnée, qu'en général nous les avons trouvées exactes pour les plantes d'Amérique, mais un peu moins pour celles des Indes orientales; différence dont je vais tâcher d'expliquer l'origine. Les plantes d'Amérique ont été examinées et décrites sur leur propre sol, par les plus habiles botanistes de ce siècle, Loefling, disciple de Linnée; Jacquin, Browne,

Jussieu, etc.; au contraire, celles de l'Inde sont surtout connues par les herbiers, et par les descriptions inexactes, infidèles, et point du tout scientifiques, des botanistes du dernier siècle. Les disciples de Linnée n'ont décrit que peu de ces plantes sur les lieux, leurs voyages ayant presque été bornés à celui de la Chine. Pendant ces expéditions ils allaient rarement à terre, et ils faisaient peu de séjour dans ces contrées dignes de l'attention d'un observateur curieux. On peut en conclure que l'Inde et les îles de cette partie du monde attendent un nouvel observateur exact, qui soit accompagné d'un fidèle dessinateur, accoutumé à faire des dessins d'histoire naturelle, afin de nous mieux montrer les trésors de ces vastes pays. Puisque l'empire de la Grande-Bretagne dans l'Inde est si étendu, si respecté, et que ses sujets sont si riches et si puissans, il est à désirer que quelques uns d'entre eux s'y occupent de ces recherches et y étudient les différens objets relatifs aux sciences et aux arts.

« On pense généralement que les goëmons ou varechs sont des indices certains de la proximité des terres. Il n'est pas nécessaire, pour rejeter cette assertion, de parler des immenses lits de goëmon que l'on trouve constamment au milieu de l'Océan atlantique, puisque je puis citer le grand Océan qui, dans la zone tempérée, a au moins quinze cents lieues d'étendue depuis la Nouvelle-Zélande jusqu'en Amérique. Nous sommes bien sûrs que dans ce vaste espace il n'existe pas de terre, et cependant nous avons rencontré de temps en temps des monceaux de goèmon nageant à la surface de la mer. Il est très probable que quelques uns de ces goêmons ne prennent jamais racine sur un point solide, et croissent sur la mer, où le vent les ballotte, ainsi que d'autres plantes aquatiques ou des rivages. Mais, en supposant que cela n'est pas, il est aisé de concevoir que les gros vents d'ouest, presque constans sur ces parages, détachent ces goêmons et les portent par tout l'Océan. Si cette dernière circonstance était bien constatée, il est probable que les goêmons, une fois arrachés, commencent à dépérir; et, à la seule inspection de l'état de ces plantes, on pourrait peut-être former une conjecture hasardée sur le voisinage des terres.

Du Règne animal.

« Les îles du grand Océan et les côtes des terres australes offrent une quantité assez considérable d'animaux, quoique ces animaux soient bornés à un petit nombre de classes. Nous avons vu par quels degrés la nature descend de l'émail charmant des îles de la Société à l'horrible stérilité de la Terre de Sandwich; de même le règne animal, magnifique, enchanteur, riche entre les tropiques, est difforme, dégoûtant et pauvre sur les côtes australes. On est ravi en parcourant les bocages de Taïti, qui offrent à chaque pas les points de vue champêtres les plus simples, les plus agréables; on aperçoit le bonheur et la richesse. On ne voit de tous côtés que des troupeaux de cochons et des chiens couchés près de chaque hutte; le coq y déploie, au milieu de son sérail, son joli plumage, ou bien il se juche sur les arbres fruitiers pour s'y reposer; les petits oiseaux gazouillent tout le jour sur les branches, et de temps en temps le roucoulement amoureux des pigeons frappe l'oreille comme au milieu de nos bois. Les naturels s'occupent au bord de la mer à pêcher. Ils prennent des poissons dont les couleurs, surtout quand l'animal est près de mourir, varient à chaque instant, ou bien ils ramassent sur les récifs des coquillages connus, à la vérité, des naturalistes, mais dignes de l'attention du philosophe, qui admire l'élégance merveilleuse de la nature dans ses productions les plus communes comme dans les plus rares. Ce qui accroît encore le charme de ce spectacle, c'est que l'on ne rencontre point d'insecte incommode dans cet heureux pays; les moucherons et les mousquites n'y infestent pas les habitans comme dans les autres régions du tropique; les bêtes de proie et les reptiles venimeux n'y troublent jamais leur tranquillité.

« Si nous passons de là dans la zone tempérée, quel brusque changement et quelle différence entre ces campagnes riantes, séjour de la félicité domestique, et les déserts de la Nouvelle-Zélande! Ici, les montagnes de rochers, les forêts, la nature humaine, tout porte l'empreinte de l'état sauvage; les animaux y sont moins heureux qu'entre les tropiques; les faucons et les chouettes, tyrans des bois, y dévorent à loisir les oiseaux faibles et sans défense : cependant, un ramage continuel, dont le charme pourrait le disputer à celui de nos rossignols, retentit dans toute la contrée. En marchant au sud et en traversant un océan immense, au milieu duquel quelques oiseaux solitaires voltigent sur les vagues et cherchent une subsistance précaire, on arrive à l'extrémité méridionale de l'Amérique; on aperçoit une côte affreuse et stérile, habitée par les plus misérables des hommes, et parsemée seulement de quelques arbrisseaux difformes : un grand nombre de vautours, de faucons, d'aigles toujours planant dans les airs, y guettent leur proie. Enfin, on observe que la plupart des autres oiseaux vivent en troupes dans quelques cantons, tandis que les rochers sont occupés par une race de phoques, qui paraissent monstrueux et informes en comparaison des autres animaux.

« Les classes des oiseaux et des poissons sont les seules nombreuses dans les pays que nous avons visités : celles des quadrupèdes et des insectes n'offrent qu'une quantité très petite d'espèces connues : celles des cétacées, des amphibies et des vers ne sont pas abondantes non plus, et les deux premières surtout présentent à peine quelque chose de nouveau.

« On ne trouve aux îles du tropique que quatre

espèces de quadrupèdes, dont deux sont domestiques, et les deux autres, le vampire et le rat ordinaire, ne le sont pas. Ce dernier habite les Marquésas, les îles de la Société, les îles des Amis et les Nouvelles-Hébrides. On le rencontre aussi à la Nouvelle-Zélande; mais on ne sait pas s'il y a été porté par nos vaisseaux : nous ne l'avons pas aperçu à la Nouvelle-Calédonie. Il y en a une quantité incroyable aux îles de la Société, et surtout à Taïti, où ils vivent des restes d'alimens que les naturels laissent dans leurs huttes, des fleurs et des cosses de l'*erytrhina corallodendron*, de bananes et d'autres fruits, et, à défaut de ces choses, de toute sorte d'excrémens: leur hardiesse va jusqu'à mordre quelquefois les pieds des naturels endormis. Ils sont beaucoup plus rares aux Marquésas et aux îles des Amis, et on les voit rarement aux Nouvelles-Hébrides.

« Le vampire, qui est la plus grande espèce de chauve-souris connue, ne se voit qu'aux îles le plus à l'ouest. Aux îles des Amis, ces vampires habitent ensemble en troupes de plusieurs centaines, et toute la journée on en trouve qui volent : j'en ai aperçu sur un grand casuarina plus de cinq cents en différentes attitudes. Les uns étaient suspendus par les pieds de derrière, les autres par les pieds de devant : ils se nourrissent principalement de fruits; ils effleurent l'eau avec une agilité singulière; et, quoique nous en ayons remarqué un qui nageait, je ne crois pas que cet exemple suffise pour en conclure qu'ils sont bons nageurs. On sait qu'ils se jettent à l'eau afin de laver l'ordure ou se débarrasser de la vermine qui s'attache à leur peau : leur odeur est désagréable. Quand on les irrite, ils mordent avec fureur; mais ils ne font d'ailleurs aucun mal. Outre ces grosses chauves-souris, Tanna contient des myriades de chauves-souris plus petites; nous les avons vues et entendues; mais nous n'avons pas pu en prendre une seule pour l'examiner. Les naturels de la Nouvelle-Calédonie font des cordes et des glands de massues du poil des grosses chauves-souris qu'ils entrelacent avec les fils qu'ils tirent d'une espèce de cyperus.

« Les deux quadrupèdes domestiques sont le cochon et le chien : les îles de la Société seules ont le bonheur de posséder l'un et l'autre : la Nouvelle-Zélande et les Iles-Basses n'ont que des chiens; les Marquésas, les îles des Amis et les Nouvelles-Hébrides n'ont que des cochons; l'île de Pâques et la Nouvelle-Calédonie sont privées de ces deux espèces d'animaux. La race des cochons est celle que l'on appelle *chinoise*. Ils ont le corps et les jambes courts, le ventre pendant presque jusqu'à terre, les oreilles droites, et très peu de soie : je n'en ai jamais mangé dont la chair fût aussi succulente et la graisse aussi agréable; cette qualité ne peut être attribuée qu'à l'excellente nourriture qu'ils prennent. Ils se nourrissent surtout de fruit à pain frais, ou de la pâte aigrie de ce fruit, d'ignames, d'eddoës, etc. Ils sont très nombreux aux îles de la Société; on en voit autour de presque toutes les maisons, quelques familles en ont un nombre considérable : ils sont abondans aussi aux Marquésas et à Tongatabou, l'une des îles des Amis, mais plus rares aux Nouvelles-Hébrides. La race des chiens du grand Océan est singulière; ils ressemblent beaucoup aux chiens de berger ordinaires; mais ils ont la tête prodigieusement grosse, les yeux d'une petitesse remarquable, les oreilles pointues, le poil long et la queue courte et touffue; ils se nourrissent surtout de fruits aux îles de la Société : sur les Iles-Basses et à la Nouvelle-Zélande, ils ne mangent que du poisson : leur stupidité est extrême; ils n'aboient que rarement ou presque jamais, mais ils hurlent de temps en temps; ils ont l'odorat très faible, et ils sont excessivement paresseux : les naturels les engraissent pour leur chair, qu'ils aiment passionnément, et qu'ils préfèrent à celle du cochon; ils fabriquent d'ailleurs, avec leurs soies, des ornemens; ils en font des franges, des cuirasses aux îles de la Société, et ils en garnissent tous leurs vêtemens à la Nouvelle-Zélande.

« Outre le chien, la Nouvelle-Zélande a quatre autres quadrupèdes : l'un est le rat, le second une petite chauve-souris, le troisième et le quatrième deux espèces de phoques, l'un nommé *l'ours de mer*, l'autre *le lion de mer*, de la relation d'Anson.

« Comme parmi les quadrupèdes du grand Océan, aucun ne forme une espèce nouvelle, on pourrait croire que cette classe est à peu près connue en entier; mais l'observation que nous avons déjà faite par rapport aux plantes, s'applique aussi au règne animal; on n'a jamais remarqué une grande variété de quadrupèdes sur les petites îles : c'est de l'intérieur de l'Afrique, de l'Inde, et peut-être aussi de la Nouvelle-Hollande, qu'il faut attendre de nouvelles espèces; et c'est là que les gouvernemens devraient envoyer des naturalistes.

« Les cétacés que nous avons vus dans la mer du Sud sont le gibbar (*balæna physalus*), la baleine à museau pointu (*balæna rostrata*), le nord-caper (*balæna glacialis*), l'orque, le dauphin vulgaire, et le marsouin. Les deux derniers se trouvent par tout l'Océan, depuis la ligne jusqu'au cercle polaire antarctique; nous n'avons pu examiner qu'une seule femelle de dauphin, qui répondait parfaitement aux descriptions des différens zoologistes. Elle fut harponnée, et nous la mangeâmes.

« Les oiseaux du grand Océan et de la Terre du Feu sont nombreux, et offrent une variété considérable d'espèces : on y remarque deux genres absolument nouveaux, et un troisième (le manchot) qu'on a jusqu'ici confondu avec d'autres. Tous ces oiseaux vivent tranquilles dans chaque buisson et sur chaque arbre; les naturels ne les troublent presque jamais : ils égaient les bois par des chants continuels, et leur plumage varié contribue à la splendeur de la nature. On croit communément que les oiseaux de couleurs diversifiées ne chantent pas bien ; mais, sans parler du chardonneret ordinaire, qui est peut-être un des plus beaux oiseaux du globe, et dont la voix est très mélodieuse, il est facile de citer d'ailleurs un grand nombre d'exemples du contraire. Le chant des oiseaux retentit également dans les forêts sauvages de la Nouvelle-Zélande et dans les bocages cultivés de Taïti. A proprement parler, il n'existe qu'une espèce d'oiseaux apprivoisés aux îles du tropique du grand Océan : le coq ordinaire et la poule, qui sont de même nombreux à l'île de Pâques, où il n'y a pas d'autres animaux domestiques; on en trouve également aux îles de la Société et aux îles des Amis, et sur ces dernières terres leur grosseur est prodigieuse. Ils ne sont pas rares aux Marquésas, aux Nouvelles-Hébrides, à la Nouvelle-Calédonie; mais les Iles-Basses et celles de la zone tempérée en manquent tout-à-fait. On ne peut pas compter les perroquets et les pigeons parmi les animaux domestiques; car, quoique les naturels des îles des Amis et des îles de la Société apprivoisent quelques individus, ils n'en ont jamais de couvées. Nous avons compté cent quatorze nouveaux oiseaux, dont la moitié est aquatique. Nous avons remarqué en outre environ trente des espèces de Linnée, dont plus de vingt sont aquatiques. Je suis persuadé que nous ne les avons pas toutes vues, comme nous n'avons pas rassemblé non plus une Flore complète de chacun de ces pays. La quantité des nouveaux oiseaux est donc étonnante, comparée à celle qui était connue des naturalistes. On peut concevoir de là de grandes espérances sur les continens qu'on n'a pas encore examinés. Les genres aquatiques sont très nombreux, comme nous l'avons déjà dit, et l'observation que nous avons faite sur les plantes s'applique aussi aux oiseaux; c'est que les genres les plus abondans sont ceux que nous avons le plus enrichis.

« Le peu d'animaux amphibies que nous avons trouvés dans le grand Océan habitent les pays du tropique. 1°. Le carret, qui donne l'écaille propre aux fabriques; 2°. la tortue verte, qui est bonne à manger; 3°. le lézard commun; 4°. le gecko; 5°. le serpent amphibie, et 6°. l'*anguis platura* de Linnée. Aucun d'eux n'est venimeux.

« Le grand Océan est riche en poissons; on y trouve une grande variété d'espèces. Nous avons eu toutes les peines du monde à faire des collections dans cette branche de l'histoire naturelle, parce que notre relâche à la plupart des îles a été courte, et qu'il nous a fallu avoir recours aux naturels des différens pays, pour nous procurer des poissons, car nous manquions à bord de pêcheurs habiles; cependant j'ai rassemblé en différens endroits soixante-quatorze espèces, et environ quarante autres décrites par Linnée. Nous n'avons découvert qu'un nouveau genre qui avait jusqu'alors été compris parmi les *chætodon*, mais qu'il faut en séparer. L'habile professeur Forskal, dont tous les naturalistes doivent déplorer la mort prématurée en Arabie, avait eu la même idée; mais je n'en savais rien, car son ouvrage n'a été publié qu'après mon retour en Europe. Il donne à ce nouveau genre le nom d'*acanthurus*, et je l'ai appelé *harpurus*.

« La plupart des poissons du grand Océan sont bons à manger : plusieurs sont délicieux, un petit nombre seulement des *branchiostègues* sont nuisibles.

« Il est difficile de trouver moins d'insectes que dans les îles du grand Océan. Nous n'en avons remarqué qu'un petit nombre, et ceux qui ont frappé nos regards étaient déjà connus. La Nouvelle-Calédonie est la seule île où ils soient assez nombreux, et je soupçonne que c'est un effet de sa proximité de la Nouvelle-Hollande. On rencontre un petit scorpion aux îles du tropique, mais il est plus commun dans les îles les plus occidentales qu'aux îles de la Société, et même je n'en ai pas aperçu un seul sur ces dernières. Oedidi nous dit qu'il ne fait point de mal; cependant il est armé précisément de la même manière que les autres espèces congénères; il reste à découvrir par quelles circonstances accidentelles le virus de l'aiguillon du scorpion devient plus ou moins venimeux. Les expériences de Maupertuis semblent annoncer que les individus de la même espèce ne sont pas tous également venimeux, et que le même individu est, à différens temps, plus ou moins dangereux.

« Les coquillages du grand Océan sont moins variés qu'on n'aurait lieu de l'attendre, et les récifs des îles du tropique donnent en général les coquillages les plus ordinaires dont parle Linnée, tels que les porcelaines, les mîtres, les murex, les buccins les plus communs, les vis et les nérites. Il y a quelques espèces nouvelles à la Nouvelle-Zélande, la plupart très petites : le peu de mollusques nouveaux que nous avons découverts ont été trouvés dans la mer Atlantique, et nous n'avons rien trouvé dans les autres ordres de la classe des vers.

« Le nombre total des espèces des plus grandes classes d'animaux, savoir, des quadrupèdes, des cétacés, des amphibies, des oiseaux et des poissons que nous avons vus dans le grand Océan, monte, d'après l'énumération faite ci-dessus, à peu près à deux cent soixante-dix, dont le tiers était déjà connu. Supposons que cette quantité forme les deux tiers des animaux de ces classes qui se trouvent actuellement sur les terres ou dans les eaux du grand Océan (quoique nous ayons lieu de croire que la Faune est beaucoup plus étendue), il y en aura plus de quatre cents; et en supposant les classes des insectes et des vers de seulement cent cinquante espèces, toute la Faune des îles du grand Océan sera composée au moins de cinq cent cinquante espèces, quantité prodigieuse, comparée à celle de la Flore.

« Quoique la plupart des oiseaux de la Nouvelle-Zélande soient remarquables par les jolies couleurs de leur plumage, cependant à l'île Norfolk (qui contient exactement les mêmes espèces de plantes que la Nouvelle-Zélande), le plumage des oiseaux a des teintes plus vives et plus animées; ce qui prouve que le climat influe prodigieusement sur les couleurs. Une espèce de martin-pêcheur, commun sur toutes les îles du grand Océan, offre des variétés qui, entre les tropiques, sont beaucoup plus brillantes que celles de la Nouvelle-Zélande. Le plumage dépend aussi du climat sous un autre rapport. Les oiseaux des pays chauds sont médiocrement couverts, tandis que ceux des pays froids, et ceux surtout qui voltigent sans cesse sur la mer, ont un plumage très épais, et leurs plumes sont doubles; c'est-à-dire qu'il en sort deux de chaque tuyau : les plumes des manchots qui vivent presque toujours dans l'eau, sont courtes, oblongues, couchées l'une sur l'autre comme les écailles des poissons; ils ont en même temps une enveloppe épaisse de graisse qui les met en état de résister au froid : il en est de même des phoques, des oies et des autres animaux aquatiques des terres australes. Les oiseaux terrestres en dedans et en dehors des tropiques construisent leurs nids sur les arbres, excepté la caille ordinaire de la Nouvelle-Zélande, qui a les mœurs et les habitudes de la caille d'Europe : quelques uns des oiseaux aquatiques font leurs nids à terre, tels que les échassiers, qui ne vivent que deux ensemble, tandis que plusieurs espèces de nigauds vivent en troupes, les uns dans les arbres, et les autres dans les crevasses des rochers : les pétrels s'enfoncent par milliers dans des trous sous terre : ils y nourrissent leurs petits, et ils s'y retirent toutes les nuits. L'espèce la plus prolifique du grand Océan est celle des canards, qui font plusieurs œufs par couvée; et quoique les nigauds, les manchots et les pétrels n'en fassent qu'un ou deux, ou tout au plus trois à la fois, cependant, comme on ne les trouble jamais, et qu'ils se tiennent toujours en troupes considérables, ils sont devenus les plus communs et les plus nombreux : les espèces de poissons les plus agréables à manger sont aussi les plus prolifiques; mais il faut observer qu'aucune île du grand Océan n'offre autant de poissons que la Nouvelle-Zélande : voilà pourquoi le poisson est devenu la principale nourriture des naturels, qui ont trouvé cette manière de se nourrir plus commode et plus aisée, et par conséquent plus analogue à ce caractère indolent qu'ils partagent avec toutes les nations barbares.

« Il ne paraît pas que les individus du règne animal soient aussi sujets à varier dans le grand Océan que ceux du règne végétal : d'abord la domesticité, qui a fait dégénérer tant d'espèces parmi nous, est ici bornée à trois, celle du cochon, du chien et du coq; secondement, cette domesticité ne diffère guère de l'état de nature. Les cochons et la plupart des volailles rôdent à leur gré tout le jour. Les volailles surtout font ce qu'elles veulent, car elles vivent uniquement de ce qu'elles recueillent, et on ne leur donne pas de nourriture régulière : les insulaires, n'entretenant le chien que pour le manger, cet animal n'est pas obligé de subir le joug de l'esclavage auquel il est forcé de se soumettre dans nos pays policés; il reste couché, s'il lui plaît, toute la journée; on lui jette des alimens à certaines heures, et on n'exige de lui aucun service. Il ne perd donc rien de son état de nature. Ses facultés sensitives sont probablement inférieures à celles du chien sauvage (ce qui peut être l'effet des alimens dont il se nourrit); il n'a point la sagacité et la perception vive de nos chiens. Les oiseaux sauvages ont très peu de variétés. Deux espèces de pigeon, deux de perroquet, une de martin-pêcheur, et une ou deux de gobe-mouche, sont les seules que je connaisse dans les différentes îles; et relativement à quelques autres, on ne sait pas encore si ce que nous réputons variétés ne sont pas, ou des espèces distinctes, ou seulement des sexes différens d'une même espèce. Ces détails demandent une longue suite d'observations, qui ne peuvent pas se faire en courant. Les variétés dans les autres classes sont encore moins considérables.

« Nous avons déjà observé que la plupart des animaux du grand Océan sont des espèces nouvelles : les espèces déjà connues, que nous avons remarquées entre les tropiques, se voient communément sur toute la partie maritime de la zone torride : celles de la zone tempérée étant principalement aquatiques, se trouvent à ces latitudes dans chaque mer, ou bien ce sont des espèces d'Europe. En tout, nous n'avons découvert que deux genres différens de ceux qu'on connaissait déjà, et toutes les autres espèces se rangent sous les anciens genres; mais il n'est pas possible de les rapporter aux deux continens de l'Asie et de l'Amérique, comme nous l'avons fait pour les plantes, parce que quelques genres ne se rencontrent ni sur l'un ni sur l'autre; nous bornerons pour le présent nos remarques sur les classes des animaux aux oiseaux aquatiques du grand Océan, et au nouveau genre de poissons que nous avons établi : le genre des pétrels, qui ne contient que six espèces, suivant la dernière édition du Système de Linnée, a douze nouvelles espèces dans le grand Océan; la plus grosse est l'oiseau que les Espagnols appellent *quebrantahuessos;* la dernière est l'oiseau de tempête, qui se trouve également à toutes les latitudes des deux hémisphères. Brisson, que Buffon critique avec raison pour avoir multiplié les espèces et sous-divisé les genres, a divisé le petit nombre d'espèces connues en deux genres, d'après quelques légères différences dans le bec, qui ne méritent pas la moindre attention : d'un autre côté, Scopoli, avec aussi peu de raison, unit le *diomedea*, ou l'albatros, avec les *procellariæ,* ou pétrels, et il a été conduit à cette manière de classer par une véritable espèce du dernier genre, qu'il prend à tort, et sans que je devine sur quel fondement, pour l'oiseau que Linnée appelle *diomedea.* Quelques naturalistes se sont trop attachés à découvrir les espèces individuelles, sans examiner l'enchaînement général des productions de la nature. C'est à cette cause qu'il faut attribuer les erreurs nombreuses qu'on a commises dans la sous-division ou dans la combinaison des genres; d'autres, en fixant sans cesse leur attention sur l'ensemble de la nature, ont oublié de descendre aux détails de la classification qu'exigeait cependant l'état imparfait de la science : c'est en tenant un juste milieu entre ces deux extrémités que l'illustre Linnée a dressé, pour classer toutes les productions de la nature, des méthodes qui attestent son extrême sagacité, ont rendu son nom si célèbre, et le feront reconnaître par la postérité pour le créateur de la science. C'est pour avoir commis la première faute, que les naturalistes qui n'ont jamais voyagé chargent leurs livres d'énumérations de variétés, au lieu d'espèces; d'un autre côté, l'éloquent Buffon, occupé du soin de contempler son sujet dans toute sa grandeur, commet quelquefois des négligences dans les détails; les siècles futurs perfectionneront l'histoire naturelle, en réunissant ce que ces deux manières de la traiter offrent de bon. Quelque grande que soit la perte de Linnée, elle ne sera pas extrêmement sentie, tant qu'il nous restera des botanistes aussi éclairés que M. Banks et le docteur Solander, et des zoologistes doués d'autant de sagacité que Buffon et le professeur Pallas.

M. Pennant a rétabli à sa véritable place le genre des manchots, qui avait été confondu parmi les genres des albatros et des pailles-en-queue, qui lui sont absolument étrangers. Le pingouin magellanique de Pennant, les deux espèces de Linnée mal classées, et nos trois nouvelles espèces, l'ont augmenté considérablement : quoique l'épaisseur du bec varie, il a cependant le même caractère dans tous, excepté que quelques espèces ont la partie inférieure tronquée; les narines sont toujours des ouvertures linéaires, ce qui prouve de nouveau qu'ils sont distingués des albatros. Tous ont les pieds exactement de la même forme; ils ont seulement les moignons des ailes étendus en nageoires par une membrane, et couverts de plumes placées si près les unes des autres, qu'elles ressemblent à des écailles : outre la forme du bec et du pied, cette particularité les distingue d'ailleurs du genre des macareux; car ces derniers sont quelquefois incapables de voler, non pas parce qu'ils manquent de plumes, mais parce qu'ils en ont de trop courtes. Le corps des manchots est entièrement couvert de plumes oblongues, épaisses, dures et luisantes, qui forment une cotte de mailles impénétrable à l'eau : cette cuirasse leur est nécessaire, car ils sont obligés de vivre presque continuellement dans la mer; ils sont confinés dans les zones tempérées et froides, du moins je n'en connais point entre les tropiques.

Le genre des pélicans pourrait peut-être se diviser en trois, pour de meilleures raisons que n'en ont eu les auteurs de faire tant d'autres sous-divisions. Le véritable pélican est fort différent de tout le reste du genre; la frégate, le fou de bassan et les différentes espèces de boubies, forment une autre division, dont le cormoran et le nigaud sont encore fort différens; mais les caractères du pied membraneux et de la peau nue autour des yeux, étant communs à tous, on peut les laisser dans un même genre. Quoique les fous et les boubies semblent faire leurs couvées dans des endroits particuliers, ils ne vivent pas en troupe comme les cormorans, qui construisent leurs nids tantôt sur le même arbre, tantôt dans les crevasses des rochers suspendus le long des côtes de la mer, tantôt à terre, tout à côté les uns des autres.

« Parmi les poissons, nous en avons séparé un genre des *chætodon*, dont il diffère en ce que les nageoires manquent d'écailles, qu'il a une épine de chaque côté de la queue, et un nombre différent de rayons à la membrane branchiostègue. Ce genre, auquel j'ai donné le nom d'*harpurus*, a sept espèces, dont trois sont nouvelles. Nous avons aussi augmenté de huit nouvelles espèces le genre *sciæna* de Linnée. Ces huit espèces ont chacune les mêmes caractères génériques; de sorte que ce genre est aujourd'hui mieux déterminé. Les genres du *labrus* et du *sparus* méritent la plus grande attention de la part des naturalistes, puisque chaque écrivain nous en donne des signes caractéristiques différens, et souvent contradictoires, comme on peut le voir en comparant les définitions de Linnée.

De la population des îles du grand Océan.

« Les hautes montagnes de Taïti, l'une des îles les plus grandes, les plus peuplées et les mieux cultivées du grand Océan, sont sans habitans; et si on en excepte quelques vallées fertiles et bien arrosées, qui renferment un petit nombre de cabanes au milieu des montagnes, l'intérieur du pays est encore agreste, tel qu'il sortit des mains de la nature. Les habitations des insulaires se trouvent surtout au milieu des plaines qui entourent l'île, entre les montagnes et la mer; on ne saurait voir de champs mieux cultivés et plus fertiles: le terrain est couvert de cocotiers et d'arbres à pain : on aperçoit partout des plantations de bananiers, de jeunes mûriers, qui servent à la fabrique des étoffes, et d'autres plantes utiles, telles que les ignames, les eddoës, les cannes à sucre, etc., etc. A l'ombre de ces charmans bocages, on contemple de toutes parts une multitude de maisons qui paraissent n'être que des hangars, mais qui suffisent pour mettre les naturels à l'abri de la pluie, de l'humidité et de l'inclémence de l'air : ces maisons sont remplies d'habitans, et les plus grandes contiennent plusieurs familles. De quelque côté que nous portassions nos pas, nous trouvions les chemins bordés d'insulaires, sans cependant qu'aucune des habitations fût déserte, et quoique nous eussions laissé d'ailleurs une foule nombreuse sur les rivages vis-à-vis du vaisseau. La population est extraordinaire dans cette métropole des îles du tropique, et tout concourt à l'augmenter.

« Le climat est doux et tempéré, et les brises de terre et de mer, en modérant l'action trop vive du soleil, excitent le développement des végétaux : cette heureuse combinaison est en quelque manière aussi favorable à l'organisation humaine. Telle est la profusion des excellens fruits qui y croissent sans culture, que personne n'est embarrassé de pourvoir à sa subsistance. La mer est d'ailleurs une immense ressource pour les habitans de cette île et pour ceux de toutes les îles de la Société : ils prennent une grande quantité de très gros poissons, de coquillages, d'oursins de mer, d'écrevisses, et plusieurs espèces de mollusques le long des récifs, le jour et la nuit : ils vont souvent sur les Iles-Basses, situées à quelques lieues au large, pour en rapporter des cavallas (sorte de petits poissons), des tortues et des oiseaux aquatiques. Autour de chaque maison ou cabane, on voit un chien, des coqs et des poules, souvent deux ou trois cochons. L'écorce du mûrier à papier, l'arbre à pain, et d'autres, fournissent la matière d'une étoffe légère et chaude, dont on fabrique différentes qualités, que l'on teint de diverses couleurs, et dont on fait des vêtemens. Heureuse nation qui se procure avec tant de facilité ce qu'il lui faut pour se nourrir et se couvrir, les deux premiers besoins de l'homme, les seuls pour ces insulaires, qui n'ont encore aucun des besoins factices que le luxe, l'avarice et l'ambition ont introduits parmi les Européens!

« La nature rapproche de bonne heure les deux sexes dans cet agréable climat : très jeunes encore, les hommes se choisissent une compagne : ils aiment à se voir reproduits dans une postérité nombreuse. Tant d'avantages comparés aux besoins infinis des peuples civilisés, les travaux qu'il nous faut supporter afin de pourvoir à ces besoins, les obstacles et les peines qui précèdent et accompagnent nos mariages, suffiraient pour prouver que la population doit être considérable dans ces îles fortunées. Je vais mettre le lecteur en état de faire une estimation rapprochée de la population de cette île et de toutes celles des environs.

« Lors de notre seconde relâche à Taïti, au mois d'avril 1774, les habitans faisaient des préparatifs pour une grande expédition navale contre Moréa, canton de l'île d'Eiméo. Nous aperçûmes une flotte de pirogues de guerre et beaucoup de petits bâtimens; nous vîmes les naturels préparer d'autres pirogues de guerre en quelques endroits : les rameurs et les guerriers s'exerçaient, et l'armement de deux cantons passait déjà en revue devant la maison du principal chef à O-parri : le canton d'Atahourou est un des plus grands, et celui de Tittahah un des plus petits : le premier avait équipé cent cinquante-neuf pirogues de guerre, et environ soixante-dix petits bâtimens destinés aux chefs, aux malades et aux blessés, et probablement aussi au transport des provisions : le second district envoyait quarante-quatre pirogues de guerre, et vingt ou trente petites. Cette partie de Taïti, qu'on appelle *T'Obréonou*, et qui est la plus grande et la plus occidentale des deux péninsules, contient vingt-quatre cantons. Tierrebou, la plus petite péninsule ou l'orientale, en a dix-neuf : supposé que chaque district de T'Obréonou peut armer une quantité de pirogues de guerre, moyenne entre la plus grande et la plus petite de celle dont on vient de parler, cette quantité serait de cent. Pour faire un calcul plus modéré, supposons que chaque canton peut seulement envoyer cinquante pirogues de guerre et vingt-cinq petits navires de convoi, le nombre des pirogues de guerre de T'Obréonou sera de douze cents, et celui des petits bâtimens de six cents. Nous comptâmes cinquante hommes dans les grandes pirogues de guerre, en y comprenant les guerriers, les rameurs et ceux qui gouvernent, et environ trente sur les plus petites; quelques unes des pirogues de guerre exigeaient, à la vérité, cent quarante-quatre rameurs, huit hommes pour gouverner, un pour commander les pagayeurs, et environ trente guerriers pour la plate-forme; mais comme il y a seulement un ou deux bâtimens de cette grandeur à chaque île, ce n'est pas la peine de changer notre supposition en mettant vingt hommes sur chaque pirogue de guerre : or, le nombre de ceux qu'il faut pour défendre et manœuvrer douze cents bâtimens, sera de vingt-quatre mille : chacun des petits navires de convoi contenait environ cinq hommes; par conséquent les équipages de toutes les petites pirogues des vingt-quatre cantons (en comptant vingt-cinq bâtimens par chaque canton), forment un nombre de trois mille, qui, ajoutés au complément des pirogues de guerre, donnent vingt-sept mille. Supposons d'ailleurs que chacun de ces hommes est marié, et qu'il a un enfant, le nombre total des insulaires sera donc de quatre-vingt-un mille. On conviendra que ce calcul est porté aussi bas qu'il est possible, et que le nombre des habitans de T'Obréonou est au moins double. En effet, tous ces insulaires ne sont pas guerriers, tous ne travaillent pas à la manœuvre des pirogues; plusieurs vieillards restent d'ailleurs dans les habitations, et ce n'est sûrement pas assez de donner un enfant à chaque époux; ils en ont ordinairement beaucoup plus. J'en ai vu six à huit dans plus d'une famille : Happaï, père d'O-tou, roi actuel de T'Obréonou, en avait huit, dont sept vivaient quand nous relâchâmes à Taïti : plusieurs autres familles avaient de trois à cinq enfans.

« On demandera peut-être comment une si prodigieuse quantité d'hommes rassemblés sur un si petit espace, peut trouver assez de subsistance; voici ma réponse : nous avons souvent parlé avec étonnement de la fertilité de ces terres; les naturels des îles de la Société nous ont répété fréquemment que trois gros arbres à pain suffisent pour nourrir un homme pendant la saison du fruit à pain, c'est-à-dire pendant huit mois. Les plus gros de ces arbres occupent, avec leurs branches, un espace de quarante pieds en diamètre ; par conséquent chaque arbre occupe seize cents pieds carrés, ou s'il est rond, douze cent quatre-vingt-six pieds deux tiers : un acre d'Angleterre contient quarante-trois mille cinq cent soixante pieds carrés ; il s'ensuit que plus de vingt-sept gros arbres à pain et trente-cinq des moindres trouveront place sur un acre ; leurs fruits nourrissent dix personnes durant huit mois dans le premier cas, et douze dans le second : durant les quatre mois d'hiver, les naturels vivent de racines d'ignames, d'eddoës et de bananes, dont ils ont des plantations immenses dans les vallées des montagnes inhabitées ; ils font aussi une espèce de pâte aigre de fruit à pain fermenté, qui se garde plusieurs mois, et qui est saine et agréable pour ceux qui se sont une fois accoutumés à son goût acide. Comparons cette fertilité à la plus grande qu'on connaisse : en France, une lieue carrée, qui contient environ quatre mille huit cent soixante-sept arpens, ne peut nourrir que treize cent quatre-vingt-dix personnes dans les pays de labourage, et deux mille six cent quatre dans les pays de vignoble : dans les premiers, un homme a besoin pour vivre de trois arpens et demi ; et dans les derniers, il faut près de deux arpens pour la subsistance d'un individu : à Taïti et aux îles de la

Société, dix ou douze personnes vivent huit mois sur un espace de terre égal à un acre d'Angleterre, c'est-à-dire sur quarante-trois mille cinq cent soixante pieds carrés, au lieu que l'arpent qui est de cinquante-un mille cinq cent cinquante pieds carrés (mesure d'Angleterre), ne nourrit qu'un homme pendant six mois en France. D'après ce calcul, en prenant de part et d'autre les terrains les mieux cultivés, la population de Taïti est à celle de France à peu près comme dix-sept est à un; de plus, supposons que sur toute l'île de Taïti quarante milles carrés anglais seulement soient plantés d'arbres à pain, cette supposition n'est pas trop forte; chaque mille étant composé de six cent quarante acres, quarante milles font vingt-cinq mille six cents acres: or, dix à douze hommes vivent huit mois sur un acre; par conséquent, trente ou trente-six hommes subsistent le même espace de temps sur trois acres, et vingt ou vingt-quatre trouveront leur subsistance pendant une année entière sur trois acres; et sur toute l'étendue de vingt-cinq mille six cents acres, cent soixante-dix mille six cent soixante personnes, suivant la première supposition, ou deux cent trente-quatre mille huit cents, suivant la seconde, peuvent y vivre annuellement; mais on a vu plus haut que le premier calcul ne suppose à Taïti que cent quarante-quatre mille cent vingt-cinq habitans; ce qui est près de vingt-six mille cinq cent trente-cinq de moins que la terre ne peut en nourrir dans le premier cas, ou soixante mille six cent soixante-quinze dans le second.

« Tierrebou, qui a dix-neuf ou vingt cantons, est aussi bien cultivé et aussi peuplé que T'Obréonou; car ses habitans ont non seulement affronté toute la puissance de cette péninsule, ils ont même battu son armée et ravagé ses côtes; on peut croire qu'elle est très peu inférieure en ressources de guerre et en population à l'autre, si même elle ne l'égale pas : en n'y comptant que la moitié des habitans de T'Obréonou, on en trouvera quarante mille cinq cents.

« Eiméo est une île petite, mais très bien cultivée, soumise au roi de T'Obréonou. Suivant ce que racontent les Taïtiens, elle a bravé et vaincu toutes les forces de Tierrebou; et les armemens considérables que nous avons vus à T'Obréonou, pour la réduction d'Eiméo, prouvent que sa puissance n'est pas méprisée; cependant nous n'y compterons que le quart de la population de T'Obréonou, c'est-à-dire 20,250
qui, ajoutés aux. . . . . 40,500 de Tierrebou, et
aux . . . . 81,000 de T'Obréonou,

font . . . . 141,750, pour le nombre total des habitans de Taïti et d'Eiméo.

« Tous ces insulaires sont sujets d'O-tou, roi de T'Obréonou; car quoique Tierrebou ait un roi particulier, ce prince est vassal d'O-tou : si donc on compte cent cinquante mille âmes à Taïti et à Eiméo, ce calcul ne sera pas trop fort.

« Les îles de Houaheiné, d'Ouliétéa, d'O-taha, de Bolabola, de Maouroua, de Tahouamanou et de Maïtéa, sont certainement très peuplées, car les trois que nous avons vues étaient bien cultivées et remplies d'insulaires; et comme le roi de Bolabola a conquis Ouliétéa et O-taha, il est très problable que sa puissance, et par conséquent la population de Bolabola et de Maouroua doivent à peu près égaler celle des deux îles subjuguées; et ce n'est pas trop de compter deux cent mille habitans pour ces sept îles,

« Les cinq îles des Marquésas sont aussi fort peuplées, car les naturels cultivent et habitent toutes les pentes des montagnes: entre ces îles et celles de la Société, on trouve un grand nombre d'îles basses remplies d'habitans: les terres qui sont à l'est et au sud-est de Taïti en ont encore une plus grande quantité. Nous avons découvert cinq îles en 1773, et au moins autant en 1774: *l'Endeavour* en découvrit beaucoup d'autres, et les capitaines Wallis et Carteret en rencontrèrent aussi plusieurs: on peut supposer que toutes ces îles, jointes aux Marquésas, contiennent cent mille habitans.

« Plus loin, à l'ouest, on trouve le groupe des îles que nous avons appelé *îles des Amis*: Tongatabou, la plus considérable, est très bien cultivée; excepté les bords sablonneux de la mer et le chemin qui conduit à travers l'île, tout le reste semble appartenir en propriété à des particuliers: chacun des cantons est enfermé de haies, et habité par un peuple nombreux, industrieux et d'un bon caractère. Eouah, qui est d'une moindre étendue, n'est pas entièrement cultivée, non plus qu'Anamocka; ces deux îles contiennent cependant une population considérable : un groupe de petites îles très bien peuplées entoure Anamocka; et, d'après Tasman, le même archipel se continue au nord sous le nom d'*îles du Prince Guillaume* : j'évalue la population de toutes ces îles à environ deux cent mille âmes.

« Plus à l'ouest, les Nouvelles-Hébrides ne sont pas à beaucoup près aussi peuplées que les îles de la Société et des Amis; mais leur grandeur compense cette différence. A Mallicolo, les insulaires se rassemblèrent en grand nombre à notre arrivée : et, si on peut juger de la population d'Ambrym d'après sa culture, elle doit être au moins aussi peuplée : les îles Aurore, des Lépreux, de la Pentecôte, paraissent moins peuplées; la Terre du Saint-Esprit est vaste, et peut-être, en proportion de sa grandeur, a-t-elle beaucoup d'habitans. Les îles de Peoum, Épi, Three-Hills, Shépherd, Montague, Hinchinbrook et Sandwich, sont toutes habitées, et la dernière semble très fertile et très peuplée. Nous avons reconnu qu'Irromanga et Tanna le sont également, et on nous a dit à Tanna que la population n'est pas moins grande sur les îles d'Immer et d'Anattom : on peut donc supposer sur toutes les Nouvelles-Hébrides au moins deux cent mille âmes.

« Si on en compte cinquante mille à la Nouvelle-Calédonie et sur les îles adjacentes, cette évaluation ne s'éloignera pas beaucoup de la vérité; car quoique ces terres ne soient pas aussi peuplées que d'autres du grand Océan, il faut remarquer qu'elles ont quatre-vingts lieues de longueur.

« L'île méridionale de la Nouvelle-Zélande est peu habitée; mais la plus septentrionale, suivant ce que nous a appris le capitaine Cook, et suivant ce que nous avons vu dans différens cantons devant lesquels nous passâmes, est mieux peuplée, et même en quelques endroits elle l'est beaucoup : je compte cent mille âmes sur les deux îles.

La somme totale des insulaires du grand Océan sera donc	150,000 âmes à Taïti et à Eiméo.
	200,000 aux îles de la Société.
	100,000 aux Marquésas et aux Iles-Basses.
	200,000 aux îles des Amis.
	200,000 aux Nouvelles-Hébrides.
	50,000 à la Nouvelle-Calédonie.
	100,000 à la Nouvelle-Zélande.
de. . . .	1,000,000.

« La Terre du Feu a très peu d'habitans : ils y vivent en si petites troupes, que je ne crois pas qu'en tout ils excèdent deux mille sur un pays au moins aussi étendu que la moitié de l'Irlande.

« J'ajouterai deux remarques à cet état de la population des îles du grand Océan, que nous avons visitées. 1°. Je ne prétends pas que mes évaluations soient parfaitement exactes; ce ne sont que des conjectures qui approchent de la vérité, autant que l'ont permis les données que nous avons eu occasion de recueillir; elles sont plutôt fautives en moins qu'en plus; et si quelques unes le sont en plus, ce doit être celle de la Nouvelle-Calédonie. 2°. La population des pays augmente à proportion de la civilisation et de la culture : ce n'est pas que la civilisation et la culture soient véritablement des causes d'une plus grande population; je crois plutôt qu'elles en sont les effets. Dès que le nombre d'hommes, dans un espace borné, augmente à un tel degré qu'ils sont obligés de cultiver des plantes pour leur nourriture, et que les productions spontanées ne suffisent plus, ils imaginent des moyens de faire ce travail d'une manière facile et commode; ils sont contraints d'acheter d'autrui des graines et des racines, et de stipuler entre eux de ne pas détruire leurs plantations, de se défendre mutuellement contre les invasions, et de s'aider les uns les autres. Tel est l'effet des sociétés civiles; elles produisent plus tôt ou plus tard les distinctions de rang et les différens degrés de puissance, de crédit, de richesse, qui se remarquent parmi les hommes; elles produisent même souvent une différence essentielle dans la couleur, le tempérament et le caractère de l'espèce humaine. Nous allons traiter plus au long de ces divers objets.

Des variétés de l'espèce humaine.

« Nous avons observé surtout deux principales

variétés parmi les insulaires du grand Océan : l'une, plus blanche, a le corps musculeux, est grande, bien faite, a le caractère doux et bienfaisant; l'autre, plus noire, a des cheveux laineux, presque crépus, et elle est plus petite et plus maigre, un peu plus vive, mais plus défiante. La première race habite Taïti et les îles de la Société, les Marquésas, les îles des Amis, l'île de Pâques et la Nouvelle-Zélande. La seconde se trouve à la Nouvelle-Calédonie, à Tanna et aux autres îles des Nouvelles-Hébrides, surtout à Mallicolo. Les Pécherais de la Terre du Feu ne me paraissent pas devoir être rangés parmi les insulaires du grand Océan, car, sans doute, ils viennent originairement du continent d'Amérique. Chacune de ces deux races principales se sous-divise en plusieurs variétés, formant des gradations qui rapprochent les deux races; c'est pourquoi quelques insulaires de la première sont presque aussi noirs et aussi minces que ceux de la seconde; et dans celle-ci on voit des hommes forts et vigoureux qui pourraient presque le disputer à ceux de la première par la taille et la force; mais dans ces cas, les traits caractéristiques généraux font connaître à laquelle des deux divisions principales appartiennent tels ou tels insulaires.

« 1°. Taïti et les îles de la Société voisines, offrent les plus beaux individus de la première race; la nature semble s'y livrer, dans la formation des hommes, à cette richesse, à cette profusion et à cette variété que nous avons observées parmi les végétaux : elle ne se borne pas à un seul type ou modèle. Le bas peuple y est plus exposé à l'air et au soleil; il fait toutes sortes d'ouvrages sales; il déploie sa force dans les travaux de l'agriculture, de la pêche, dans l'art de ramer et de construire des maisons et des pirogues; enfin il n'a pas toujours des alimens à discrétion. Voilà pourquoi on y observe déjà une dégénération qui rapproche ces hommes de ceux de la seconde race; néanmoins ils conservent toujours des restes du type original, qui se montre dans toute sa perfection parmi les chefs ou éris et les insulaires d'un rang distingué. Leur peau est moins basanée que celle d'un Espagnol, et n'est pas aussi jaune que celle d'un Américain. Elle est d'une nuance plus légère que le teint le plus blanc d'un habitant des Antilles; en un mot, c'est un blanc mêlé d'un jaune brunâtre, mais la teinte n'est point assez forte pour que, sur la joue de la plus blanche de leurs femmes, on n'aperçoive pas aisément si elle rougit. On voit ensuite toutes les nuances intermédiaires jusqu'au brun vif, qui touche au teint brun-noir de la seconde race. Leurs cheveux sont communément noirs, forts; ils flottent naturellement en boucles gracieuses, et l'huile parfumée de cocos qu'on y répand, les rend très luisans. J'en ai vu peu d'un brun-jaunâtre ou couleur de sable : souvent les extrémités seules étaient jaunâtres, et les racines d'un brun plus foncé. Je n'ai remarqué qu'un homme à O-taha dont les cheveux fussent parfaitement roux : son teint, plus blanc que celui de ses compatriotes, était parsemé de taches rousses.

« En général les Taïtiens ont les traits du visage réguliers, doux et agréables, la partie inférieure du nez est un peu large. La physionomie des femmes est ouverte et gaie, et leurs yeux sont grands, vifs et étincelans : elles ont le visage plus rond qu'ovale, les traits d'une symétrie parfaite, et embellis par un sourire qu'il est impossible de décrire. Le corps, au-dessus de la ceinture, est bien proportionné, les contours ont un charme et une grâce inexprimables. La plupart des éris et des manahaunés ont une stature athlétique ; mais ils ont toujours quelque chose d'efféminé : les pieds sont un peu larges, et ils s'écartent des proportions du reste du corps. Le bas peuple est aussi généralement bien fait et bien proportionné, mais il est plus actif, ses membres et ses jointures ont plus de souplesse. Les femmes sont belles pour l'ordinaire, et elles ont même des formes délicates : leurs bras, leurs mains et leurs doigts sont si bien faits, qu'ils ne dépareraient pas la Vénus de Médicis. Malheureusement l'habitude de marcher pieds nus leur gâte les jambes. En général, la taille des éris est haute. J'en ai vu plusieurs de six pieds trois pouces, et un de six pieds quatre : on voit quelquefois parmi le bas peuple de ces hommes de stature gigantesque. Les femmes sont d'une petite taille : il en est peu d'aussi hautes que les hommes, quoique j'aie rencontré une fille de six pieds, et d'autres très grandes.

« En général, ces insulaires sont vifs et gais : ils aiment à rire et à se divertir; la bonté, la confiance, forment le fond de leur caractère; leur légèreté les empêche de prêter une longue attention à quelque chose. Il est impossible de fixer leur esprit sur le même sujet. Leur organisation, relâchée par un soleil ardent, produit en eux une extrême indolence et une aversion insurmontable pour le travail. Ceux qui sont riches et puissans mangent tout le jour, et leur vie n'est qu'une suite continuelle de voluptés : leur inactivité va jusqu'à ne pas porter eux-mêmes les alimens à leur bouche, et on leur donne à manger comme aux enfans. La quantité de nourritures succulentes, le charme du climat, la beauté de leurs femmes leur inspirent de l'ardeur pour les jouissances de l'amour. Ils commencent de bonne heure à se livrer à la débauche. Leurs chansons, leurs danses, leurs spectacles dramatiques respirent la volupté. L'hospitalité est d'ailleurs une de leurs vertus; et s'ils aiment à voler les étrangers, c'est parce que les trésors qu'on offre à leurs yeux excitent chez eux des tentations violentes. A la guerre, ils se battent avec bravoure; en un mot, ils sont aussi aimables que peut l'être une nation sortie récemment de l'état de nature.

« 2°. Les habitans des Marquésas sont les plus beaux hommes du grand Océan, après ceux des îles de la Société : en général, leur teint est plus basané, parce qu'ils vivent sous les 9° 57′ sud, par conséquent plus près de la ligne; ils sont d'ailleurs plus accoutumés à ne point se couvrir le corps : on voit cependant parmi eux des individus un peu plus blancs : les femmes, qui sont communément couvertes, sont presque aussi blanches que celles des îles de la Société; en général les hommes sont forts, nerveux et bien faits : mais aucun n'est aussi charnu que les Taïtiens; cette différence provient, je crois, de ce qu'ils ont plus d'activité : comme la plupart vivent sur les flancs et au sommet des hautes montagnes, où leurs habitations ressemblent à des repaires d'aigles placés sur les cimes inaccessibles des rochers, ils doivent naturellement avoir le corps grêle et mince, puisqu'ils gravissent souvent ces montagnes élevées, et qu'ils respirent un air fort vif dans des cabanes presque toujours enveloppées de nuages; ils ont la barbe noire et de beaux cheveux; les femmes et les jeunes gens ont des traits réguliers et agréables, et le visage ovale : mais les hommes faits tatouent leur corps et leur visage en bandes, en cercles, en lignes, en échiquiers, et ils serrent ces figures si près les unes des autres, que, malgré leur régularité, elles les rendent laids; les jeunes gens sont, pour l'ordinaire, très beaux; ils serviraient d'excellens modèles pour un Ganymède : la physionomie des femmes est douce et intéressante; tout leur corps est de la symétrie la plus parfaite; les extrémités des doigts, des épaules, et les contours de toutes leurs formes, sont admirables; leur taille égale la taille moyenne des hommes : il y en a très peu, et peut-être n'y en a-t-il aucune qu'on puisse appeler petites. Ces insulaires nous ont paru affables, civils et hospitaliers : ils ont beaucoup de curiosité, et cette légèreté qui forme le caractère général des nations placées sous le tropique; mais notre relâche parmi eux ayant été très courte, nous ne pouvons pas donner des détails plus particuliers.

« Nous ne sommes restés qu'une demi-heure à Téoukéa, l'une des îles basses situées entre les Marquésas et Taïti, et nous avons observé que les naturels des deux sexes sont d'une couleur très brune, de stature moyenne, robustes et bien proportionnés, et qu'ils ont des cheveux noirs : ils ont sur la poitrine, sur le corps, et quelquefois sur les mains, des figures tatouées. Ils nous firent un bon accueil, et échangèrent des cocos et des chiens contre des clous. Quoique très nombreux et bien armés, ils n'essayèrent pas de nous insulter. Je ne sais pas cependant ce qu'ils auraient fait si nous avions demeuré davantage à terre, car leur nombre augmentait à chaque moment.

« 3°. Les habitans des îles des Amis ne le cèdent guère ou même pas du tout à ceux des Marquésas pour la beauté. Leur teint est un peu plus brun que celui du bas peuple des îles de la Société : cette teinte d'un brun clair se rapproche beaucoup du rougeâtre ou de la couleur de cuivre, et ne peut par conséquent passer pour une nuance du noir; les personnages les plus distingués, et la plupart des femmes, ont un teint qui approche de celui des Taïtiens qui l'ont le plus clair. Leur taille est plutôt au-dessus qu'au-dessous de la moyenne; leurs traits sont mâles et réguliers; les hommes ne laissent pas croître leur barbe très longue : ils la coupent avec deux coquilles aiguisées; leurs oreilles sont percées de deux trous dans lesquels ils placent un petit bâton : leur corps n'offre pas ces contours si beaux et presque féminins des chefs des îles de la Société, mais se distingue par les belles proportions et l'expression de la vigueur : un travail modéré procure à leurs muscles le degré de développement convenable. La taille des femmes est presque égale à celle des hommes; il n'y a parmi eux personne d'aussi gras que dans les îles de la Société : leur teint brun convient à leurs traits réguliers, à leurs visages ronds, à leurs yeux grands et animés; un sourire agréable égaie leur physionomie : leur taille est élégante, toutes leurs actions ont de l'aisance et de la liberté. Nous avons observé dans la foule, à Tongatabou, une jeune fille d'environ douze ans, qui avait des traits d'une régularité parfaite, le visage ovale et un charme inexprimable dans l'expression de la physionomie; ses yeux étaient vifs, brillans, pleins de vivacité; ses longs cheveux frisés flottaient négligemment sur ses épaules; des fleurs odoriférantes leur servaient de parure; ses mouvemens étaient pleins de grâces : elle tenait dans ses mains cinq pommes qu'elle jetait et qu'elle rattrapait en l'air avec une habileté et une adresse étonnantes.

« Le caractère de ce peuple est réellement aimable : sa conduite amicale à notre égard, quoique nous lui fussions absolument étrangers, ferait honneur à la nation la plus civilisée ; chaque famille nous présentait des alimens et de l'eau de coco avec une hospitalité vraiment patriarcale : toutes leurs actions annonçaient une âme généreuse et une charmante simplicité de mœurs ; ils ont cependant quelques uns des petits défauts que nous avons observés parmi les Taïtiens. Leurs meubles, leurs armes, leurs manufactures, leur agriculture et leur musique supposent un esprit inventif et un goût délicat.

« 4°. Après cette nation, passons à une peuplade peu nombreuse, à celle de l'île de Pâques ; elle n'est pas de plus de neuf cents individus, et est fort inférieure à tous égards aux insulaires dont j'ai déjà parlé et à la race desquels elle appartient. La taille de ces insulaires est moyenne, c'est-à-dire de cinq à six pieds ; ils sont minces, mais bien proportionnés ; leurs traits ne sont pas beaux. Leur teint est brun, plus foncé que celui des naturels des îles des Amis. Les hommes se couvrent à peine les reins d'un morceau d'étoffe ; les femmes sont, pour l'ordinaire, un peu plus vêtues ; elles sont plus petites que les hommes et ont le visage plus agréable. Les hommes ont tout le corps tatoué, les oreilles percées d'une grande ouverture. Ce peuple est bienfaisant et pacifique; quelques individus exercent l'hospitalité dans toute son étendue et avec toute la pureté des anciens temps : mais ils sont fort portés au vol. Sur le sol, qui est sec et stérile, on voit de vastes plantations de petites cannes à sucre, de bananes et d'eddoës; mais le bois et l'eau sont très rares dans ce pauvre pays. Des restes de plantations sur les montagnes, d'énormes colonnes ou masses de pierres érigées dans les cimetières à la mémoire de leurs chefs et de leurs héros morts, montrent que la population de cette île et la puissance de ses habitans ont dû être autrefois plus considérables qu'aujourd'hui. Quelques uns de ces monumens ont vingt-sept pieds de haut; de petits meubles sculptés avec délicatesse, qu'on voit chez cette nation, sont des preuves évidentes de son aptitude pour les arts, et de son goût.

« 5° Loin de cette terre et de toutes les autres îles du grand Océan, habitées par la première race d'hommes, on trouve, près de l'extrémité sud-ouest de cette vaste mer, les deux grandes îles de la Nouvelle-Zélande, peuplées par la même race. Le teint des insulaires est d'un brun jaunâtre et rendu encore plus foncé par l'usage où ils sont de le tatouer, ou plutôt de le découper en sillons réguliers, qui empêchent souvent la barbe de croître. En général, ils sont d'une grande taille, robustes et formés pour la fatigue; leurs membres sont vigoureux et bien proportionnés, excepté les genoux qui sont un peu difformes, parce qu'ils s'appuient trop sur leurs jambes dans leurs pirogues. Les femmes sont communément maigres; bien peu ont les traits supportables; leurs genoux sont aussi gros que ceux des hommes; elles sont très maltraitées par leurs maris, qui les chargent de tous les travaux pénibles, comme chez tous les sauvages. Cette nation est hospitalière, sincère et généreuse; les guerriers y sont intrépides et hardis; leur inimitié est implacable et cruelle, et leur vengeance va jusqu'à manger leurs captifs. Ils paraissent au reste avoir beaucoup de bon sens, et n'être pas dépourvus de goût et d'industrie.

« Quant aux variétés des hommes de la seconde race des insulaires du grand Océan, elles sont toutes en dedans des tropiques.

« 1°. La Nouvelle-Calédonie, pays très étendu, quoique proche du continent de la Nouvelle-Hollande, est habité par une race d'hommes absolument différente des naturels de cette dernière terre, qui sont très minces, et ils diffèrent à plusieurs égards de tous les insulaires appartenant à la première race répandue sur les îles orientales du grand Océan. La plupart des habitans de la Nouvelle-Calédonie sont grands et robustes: il n'y en a point au-dessous d'une taille ordinaire; mais les femmes, qu'on y soumet aux travaux les plus pénibles et les plus vils, sont communément petites.

Tous ces insulaires ont le teint noirâtre ou plutôt enfumé, les cheveux crépus, mais peu laineux; la barbe touffue, les traits mâles et prononcés; ils se fendent le bas de l'oreille, et ils l'élargissent comme les habitans de l'île de Pâques. J'ai vu un homme qui y portait dix-huit pendans d'écaille de tortue d'un pouce de diamètre et de trois quarts de pouce de largeur : de beaux contours dessinent leurs membres forts et nerveux. En général, les traits des femmes sont grossiers; elles ont le visage rond, les lèvres épaisses, la bouche large; très peu ont la physionomie agréable; elles ont cependant les dents belles, les yeux vifs, les cheveux bien bouclés; le corps de celles qui n'ont pas fait d'enfans est bien proportionné. Ce peuple est d'un caractère doux, bienfaisant et obligeant pour les étrangers; mais un sol ingrat, leur fournissant à peine une maigre subsistance, ne pouvait nous donner ni racines ni végétaux. Nous y avons laissé un chien et une chienne avec un verrat et une truie. Ces animaux fourniront peut-être un jour de nouveaux alimens à ces insulaires.

« 2°. Le teint des habitans de Tanna, l'une des Nouvelles-Hébrides, est presque aussi noir que celui des insulaires dont on vient de parler; quelques uns seulement l'ont un peu plus clair. Les extrémités des cheveux de ceux-ci sont d'un brun jaunâtre; les cheveux et la barbe des autres sont toujours noirs et crépus, et quelquefois laineux. En général, ces insulaires sont grands, robustes, bien faits, ne sont nullement gros; et ils ont des traits mâles remplis de hardiesse; bien peu ont une physionomie désagréable. Le teint des femmes ne diffère pas de celui des hommes. Celles qui ne sont pas mariées sont bien faites; mais presque toutes sont laides, quelques unes même sont affreuses. Je n'en ai aperçu que deux qui eussent des traits passables et le visage riant; les deux sexes ont les oreilles percées de grands trous; ils y portent plusieurs gros anneaux d'écaille de tortue : la cloison des narines est trouée aussi, et ils y placent un petit bâton ou une pierre blanchâtre cylindrique. Les cheveux sont frisées d'une manière particulière; ce qui fait ressembler leur tête au corps d'un porc-épic qui a redressé ses piquans. Les hommes sont tout nus; seulement ils enveloppent leurs parties naturelles de feuilles attachées par un lien à une corde qu'ils nouent autour de leur ceinture : ils gravent des figures sur leur poitrine et sur leurs bras, et ils y appliquent des plantes qui élèvent la cicatrice au-dessus du reste de la peau. Ils sont bons, paisibles et très hospitaliers; ils paraissent être braves dans les combats. Avant de connaître que nos armes étaient meilleures et plus meurtrières que les leurs, un seul homme, avec un dard ou une fronde, se plaçait souvent dans un sentier, et empêchait un détachement de huit ou dix d'entre nous de pénétrer plus avant. Ils furent d'abord défians et jaloux; mais dès que nous sûmes quelques mots de leur langue, et que nous les eûmes convaincus que nous ne voulions pas leur faire de mal, ils nous laissèrent passer et repasser en liberté. J'ai fait plusieurs milles dans le milieu des terres, accompagné d'une ou deux personnes seulement; je ne sache pas qu'ils nous aient jamais rien dérobé. Ils montraient quelquefois autant de légèreté que les autres nations du grand Océan, quoiqu'en général ils me paraissent plus sérieux; mais ils sont vifs, animés, et prêts à rendre tous les services qui dépendent d'eux, et à donner toutes les informations qu'on demande.

« 3°. Les naturels de Mallicolo sont petits, agiles, minces, noirs et laids: et de tous les hommes que j'ai vus, ce sont ceux qui approchent le plus des singes: leur crâne est d'une construction très singulière; depuis la racine du nez en arrière, il est beaucoup plus déprimé que celui des autres peuples que nous avons eu occasion d'examiner: les femmes sont difformes et laides, et obligées, comme tant d'autres, de servir de bêtes de somme; elles portent les provisions de leurs maris fainéans, et elles soignent seules les plantations. Les Mallicolais ont généralement les cheveux laineux et crépus; ils se percent les oreilles et le nez; ils attachent de gros anneaux à leurs oreilles, et passent de petits bâtons ou des pierres dans leur nez; ils ont le teint couleur de suie, les traits grossiers, les os des joues et la face larges, toute la physionomie extrêmement désagréable, les membres grêles, quoique d'une belle forme, et le ventre tellement serré par une corde, qu'aucun Européen ne pourrait supporter ce pénible état sans tomber malade; les parties naturelles sont enveloppées et relevées vers la ceinture, suivant la méthode des habitans de Tanna et de la Nouvelle-Calédonie; l'un de leurs bras est orné d'un bracelet, qu'on leur met quand ils sont jeunes, de manière qu'on ne peut plus l'ôter dans la force de l'âge. J'ai aperçu plusieurs individus couverts de poils sur tout le corps sans excepter le dos, et j'ai observé la même particularité à Tanna et à la Nouvelle-Calédonie. Les Mallicolais sont agiles, vifs et remuans; quelques uns nous semblèrent méchans et malicieux; mais la plupart sont bons et paisibles. Ils aiment la joie et le plaisir, la musique, le chant et la danse. Quoique leurs traits empoisonnées n'aient pas tué les chiens sur lesquels nous les essayâmes, peut-être n'en sont-ils pas moins dangereux; car ces insulaires nous retenaient la main avec beaucoup d'inquiétude et d'empressement, quand nous voulions en essayer la pointe sur nos doigts. Je ne puis pas concevoir d'ailleurs pour quelle autre raison ils prendraient tant de soin de conserver la substance résineuse dont ils les enduisent. Quiros, qui vit la même nation, soupçonna aussi que leurs traits sont empoisonnés; ce qui peut faire supposer qu'ils sont des ennemis cruels et implacables; mais, pour leur rendre justice, j'observerai qu'ils se montrèrent envers nous pénétrés d'un sentiment de justice et d'humanité. La plupart d'entre eux prirent de grands soins pour ne pas nous donner des raisons de plaintes, et ils craignaient tellement que leurs compatriotes commençassent les hostilités, qu'ils nous ont paru sentir l'importance d'une première agression, qui pouvait entraîner des représailles de notre côté: de plus, ils ont employé souvent des précautions pour ne pas nous causer de l'ombrage.

« Quoique les habitans de la Terre du Feu n'appartiennent à aucune des races du grand Océan, et qu'ils descendent probablement des habitans de l'Amérique méridionale, nous ne pouvons pas nous dispenser d'en parler; mais la plupart des voyageurs, et même des historiens, ayant souvent confondu les différens peuples de l'extrémité de l'Amérique méridionale, je tâcherai d'abord de les classer avec plus de précision.

« Le capitaine Wallis, qui a mesuré les habitans de l'entrée du détroit de Magellan, a trouvé que la plupart avaient de cinq pieds dix pouces à six pieds de haut, et plusieurs six pieds cinq pouces et six pieds six pouces, et un des plus grands avait six pieds sept pouces (mesure d'Angleterre); Bougainville n'en a vu aucun qui eût moins de cinq pieds cinq à six pouces (mesure de France), et aucun qui eût plus de cinq pieds neuf à dix pouces: mais l'équipage de *l'Étoile* en avait rencontré auparavant plusieurs de six pieds. M. de La Giraudais, qui commandait cette flûte, dit que le moindre de ceux qu'il aperçut, en 1766, avait cinq pieds sept pouces de France. M. Duclos-Guyot, qui commandait la frégate *l'Aigle*, nous apprend que les plus petits de ceux qu'il rencontra, en 1766, avaient cinq pieds sept pouces de France, et que les autres étaient beaucoup plus grands. Si l'on en croit Pigafetta, compagnon de Magellan, il vit au port Saint-Julien, un peuple haut de huit pieds d'Espagne, c'est-à-dire de neuf pieds quatre pouces d'Angleterre. Knivet, qui visita avec Cavendish, en 1592, le port Désiré, y trouva des hommes de seize palmes, c'est-à-dire de six pieds anglais, en comptant quatre pouces et un demi-pouce pour une palme. Richards Hawkins parle aussi, en 1593, des Américains du port Saint-Julien, qui étaient d'une si haute taille, que les voyageurs les prenaient souvent pour des géans. Quelques Espagnols ont prétendu que derrière le Chili il existe une peuplade haute de dix ou douze pieds; mais comme ce témoignage est trop vague, et qu'il n'est appuyé sur aucune autorité, nous ne le compterons pour rien. Il paraît donc que sur le continent d'Amérique, près du cap des Vierges, il y a une nation dont les individus sont d'une taille et d'une force extraordinaires; qu'aucun d'eux n'a moins de cinq pieds dix pouces (d'Angleterre); que plusieurs ont plus de six pieds; qu'un individu mesuré avait six pieds sept pouces, et même que, suivant Pigafetta, quelques uns ont sept pieds quatre pouces. Dans l'intérieur de l'Amérique méridionale, on trouve des peuplades d'une taille encore plus haute que celles que mesura le capitaine Wallis; car Falkner, qui passa plusieurs années au milieu de ces nations, dit que le grand cacique Cangapol, qui résidait à Huichin, sur le Rio-Negro, avait sept pieds quelques pouces de haut: Falkner, en se levant sur la pointe de ses pieds, ne pouvait pas lui toucher le sommet de la tête: il ajoute qu'il ne se souvient pas d'avoir jamais vu un Indien qui eût un pouce ou deux de plus que Cangapol: le frère de ce cacique avait environ six pieds: ces deux frères étaient de la tribu des Puelches. Ces peuplades vont rarement sur les bords de la mer, ou aux environs du détroit de Magellan, et par conséquent elles sont peu connues des navigateurs qui touchent sur ces côtes. C'est un étrange phénomène pour nous que de voir tout une nation conserver une taille d'une grandeur si remarquable; dans nos sociétés, un commerce perpétuel avec des étrangers fait que les races ne se maintiennent pas pures; la corruption et la débauche des peuples polis rend d'ailleurs la confusion des races encore plus fréquente. Cette dépravation est portée si loin, qu'O-maï lui-même est devenu l'objet de la convoitise de quelques Anglaises de haut rang. Les Puelches au contraire, et les autres Patagons, vivent dans un pays peu fréquenté par des nations différentes de la leur: leurs voisins, les Espagnols du Chili et du Rio-de-la-Plata, ayant très peu de communication avec eux, ils ont le bonheur de n'être pas troublés par les incursions et les déprédations de ces dangereux ennemis. Ils tirent aisément leur subsistance de la chasse et de leurs nombreux troupeaux sur un sol fertile en pâturages, d'une étendue immense, borné par la mer, et séparé des autres nations par de hautes chaînes de montagnes : cette position empêche l'abâtardissement de leur noble race. Les mariages se faisant toujours parmi des individus d'une grande taille, la haute stature et la force du corps deviennent plus fixes, et déterminées d'une manière plus invariable; il ne faut pas oublier que, comme la croissance du corps dépend aussi des alimens, du climat et de l'exercice, tout concourt à rendre les Patagons plus forts, plus robustes et plus grands. La chasse leur procure toute sorte de gibier; le climat est assez doux, et ils ont d'ailleurs des vêtemens de peaux. Enfin ils sont rarement en repos; ils rôdent dans les terrains immenses de l'Amérique méridionale au sud du Rio-de-la-Plata jusqu'au détroit de Magellan : ils montent à cheval, ils vont à la chasse, ils se forment à l'usage de leurs armes : ces exercices leur donnent de la force, sans que des travaux trop prématurés et trop violens rapetissent leurs corps, sans que la disette et la faim affaiblissent leurs organes. Le nord présente un exemple curieux de ces vérités. Les gardes du feu roi de Prusse, et même ceux du monarque actuel, qui sont d'une taille peu commune, vivent à Potsdam depuis plus de cinquante ans ; un grand nombre de bourgeois de cette ville sont aujourd'hui (en 1785) d'une très haute taille, et on est surtout frappé de la stature gigantesque de beaucoup de femmes : cela provient sûrement des liaisons et des mariages des gardes avec les bourgeoises. D'après tous ces témoignages, il me paraît injuste et indécent de se moquer de ceux qui croient encore qu'il existe à l'extrémité de l'Amérique méridionale des peuplades d'une taille extraordinaire.

« Au sud du détroit de Magellan, sur la Terre du Feu, on rencontre une peuplade abâtardie, qui paraît avoir singulièrement dégénéré des nations du continent. Sa grosse tête, ses larges épaules, sa forte poitrine, même les traits de son visage, prouveraient qu'elle descend des Patagons, quand même Falkner, observateur intelligent et exact, ne nous aurait pas appris qu'elle appartient aux Yacanna-Cunnihs. Il paraît, d'après les relations citées plus haut, que tous les individus de la grande race, vue par Byron, Wallis, Bougainville, La Giraudais et Duclos-Guyot, avaient des chevaux : les bourgades des Yacanna-Cunnihs n'en ont pas ; c'est même de là qu'ils tirent leur nom, car Yacanna-Cunnih signifie *homme à pied ;* et comme ceux qu'ont observés le capitaine Cook dans son premier voyage, et plusieurs navigateurs hollandais et français, n'avaient point de chevaux, et naviguaient ordinairement sur des canots d'écorce, cette particularité confirme l'assertion de Falkner : il est cependant possible que les habitans des parties les plus occidentales de la Terre du Feu descendent des Kev-vous, tribu des Huillichés, qui appartiennent à la nation des Moluchés, et qui sont petits de taille, mais trapus. Les individus que nous avons rencontrés dans la baie de Noël leur ressemblaient réellement un peu : ils étaient petits, trapus, avaient la tête grosse, le teint d'un brun jaunâtre, les traits grossiers, le visage large, les os des joues proéminens, le nez plat, les narines et la bouche grandes, la physionomie sans expression, les cheveux noirs et lisses, qui pendaient autour de la tête d'une manière désagréable; la barbe peu fournie et courte, tout le haut du corps annonçant la force, les épaules et la poitrine larges, le ventre étroit et aplati, le scrotum très long, les cuisses minces et maigres, les jambes pliées, les genoux larges, et les pointes du pied tournées en dedans; les pieds ne sont point proportionnés aux parties supérieures : ces hommes sont absolument nus, et ne portent qu'un petit morceau de peau de phoque sur le dos; les femmes ont à peu près les mêmes traits, le même teint et les mêmes formes; en général, elles ont de longues mamelles pendantes; outre la peau de phoque ordinaire, un petit morceau de peau d'oiseau ou de phoque couvre leurs parties naturelles : la physionomie de tous ces Pêcherais annonce la misère; ils paraissent doux et pacifiques, mais leur stupidité est extrême; ils ne comprenaient aucun de nos signes, très intelligibles d'ailleurs pour toutes les nations du grand Océan. De tous les mots qu'ils prononçaient, nous n'avons distingué que celui de *pesserei*, qu'ils répétaient souvent de manière à nous faire croire qu'ils voulaient exprimer leur amitié pour nous, et qu'ils trouvaient une telle chose bien. Quand ils parlaient, j'observai que leur langue comprend l'*r* et l'*l* précédée d'un *th* anglais, et qui ressemble un peu à *ll* des habitans du pays de Galles, et plusieurs sont grasseyés. Ils sentaient l'huile de baleine, et exhalaient une puanteur insupportable, de manière que nous les sentions de loin; dans les plus beaux jours, ils tremblaient de froid. En un mot, la nature humaine ne paraît nulle part dégradée à un état si misérable que chez ces êtres pitoyables, malheureux et stupides.

Causes des différences de l'espèce humaine dans les îles du grand Océan.

« Telles sont les différences les plus remarquables qui forment les variétés des deux grandes races que nous avons observées dans les îles du grand Océan. Il reste à assigner les causes les plus probables qui produisent ces différences remarquables des deux races. L'exposition à l'air libre, l'action du soleil, la manière de vivre, le climat, la nourriture, enfin des coutumes particulières exercent une influence puissante sur la couleur, la taille, les habitudes et la forme du corps; mais il faut convenir en même temps que ces causes ne sont pas les seules, et que le climat surtout ne produit pas seul des effets aussi extraordinaires; car les Hollandais établis au cap de Bonne-Espérance depuis cent vingt ans sont toujours blancs et pareils aux Européens à tous égards : en les comparant avec les Hottentots, indigènes de cette partie du monde, on voit que la manière de vivre et les alimens, joints au climat, ne suffisent pas même pour produire cette différence, puisque quelques uns des fermiers hollandais les plus éloignés de la ville du Cap vivent presque de la même façon que les Hottentots leurs voisins. Ils ont de misérables huttes, mènent une vie errante, suivent tout le jour leurs troupeaux, se nourrissent de lait, du produit de leur chasse et de la chair de leurs bestiaux. Si donc le climat opère une altération essentielle, il faut un long espace de temps; et nos connaissances sur les migrations des peuples étant si imparfaites, et toutes nos observations philosophiques sur cette matière très modernes, nous ne pouvons guère donner que des conjectures.

« Il faut observer pourtant que, lorsque les peubles blancs du nord vont habiter les climats chauds du tropique, ils changent bientôt, ainsi que leurs enfans, et que peu à peu ils se rapprochent, par la couleur et par d'autres rapports, des anciens habitans; il est cependant toujours aisé de les distinguer de ces peuplades aborigènes. D'un autre côté, il est vrai aussi que si les nations nées près de la ligne sont transportées près du pôle, elles conservent leur couleur noire sans aucun changement. Mais dans ces comparaisons, il faut toujours avoir égard aux mêmes circonstances : car si deux Européens également blancs vont habiter sous le même climat chaud, et que l'un, bien vêtu, évite autant qu'il lui est possible de s'exposer à l'air ou au soleil, tandis que l'autre est obligé de travailler en plein air, ayant à peine quelques haillons pour se couvrir, bientôt ils différeront beaucoup de couleur. Si cette diversité dans la manière de vivre a lieu pendant plusieurs générations, les descendans de ces deux hommes ne se ressembleront plus guère.

« Dans le nord de l'Europe, les Danois sont d'une blancheur remarquable; ils ont des yeux bleus et des cheveux roux ou blonds : les Bohémiens, les Polonais, les Russes, et en général toutes les nations slaves ont le teint brun, les yeux noirs, et les cheveux châtains ou noirs, quoique quelques uns de ces peuples habitent des latitudes plus hautes que les premiers. Il faut chercher ici l'origine de cette différence non pas dans le climat, mais dans les migrations : les Goths sont sans doute les plus anciens habitans du nord, et par conséquent ils ont eu plus de temps pour se blanchir peu à peu que les tribus européennes des environs, et ils ont eu aussi moins d'occasions de former des mariages et des alliances avec les nations situées plus au sud, qui avaient le teint brun et les cheveux noirs. Les Slaves ou les Sauromates descendent des Mèdes qui habitaient jadis la Perse moderne : ils furent long-temps établis au nord du Caucase et de la mer Noire, pays très chaud en été; et au cinquième siècle, ils étaient près du Danube, d'où ils se répandirent insensiblement dans les contrées qu'ils occupent aujourd'hui. S'ils conservent toujours le caractère d'une peuplade du sud, cette singularité s'explique par là. Ils quittèrent le sud à une époque plus récente que les Goths et les autres peuplades teutones, et ils se sont mêlés davantage avec les tribus asiatiques d'un teint plus brun que les Danois et les Goths du Nord.

« Il paraît donc s'ensuivre de cet exemple, que les peuples plus blancs, exposés à un soleil vif dans les climats chauds, prennent bientôt un teint plus brun, et quand ils ont une fois pris un caractère fixe, ils le conservent avec très peu d'altération : mais je suppose qu'ils ne changent point leurs alimens, leur manière de vivre et de s'habiller, et qu'ils ne se mêlent pas avec les nègres, les mulâtres, et les autres peuplades des climats chauds, aborigènes ou mélangées; autrement il y a tout lieu de croire que leur tempérament et leur teint dégénéreraient insensiblement.

« Si les nègres ou d'autres peuplades au teint noirâtre se transplantent dans des climats tempérés, ou presque froids, ils ne perdent pas aisément leur couleur : s'ils ne se marient pas hors de leur race, les premières générations offrent à peine des altérations parmi les enfans. Le passage du noir au blanc paraît en effet plus difficile que celui du blanc au noir ; l'épiderme admet les rayons du soleil et l'action de l'air, jusqu'à ce que la membrane réticulaire soit colorée de brun; mais dès qu'elle l'est une fois, rien n'est assez fort pour en arracher la teinte foncée : l'expérience journalière paraît confirmer cette vérité. Un homme qui s'expose seulement un jour à un soleil ardent brunit beaucoup, et six ou huit mois de précautions et de soins ne suffisent pas quelquefois pour le blanchir : il est probable que les premiers germes de l'embryon tiennent de la couleur, de la taille, de la forme et du tempérament des parens, et que deux peuplades différentes venant à diverses époques et par plusieurs voies dans le même climat, mais gardant une manière opposée de vivre, et prenant des nourritures un peu dissemblables, conservent une différence visible dans le teint, la taille, la forme et l'habitude du corps.

« En appliquant cette induction aux deux espèces d'hommes du grand Océan, on supposera, avec assez de vraisemblance, qu'elles descendent de deux différentes races d'hommes : quoiqu'elles vivent à peu près dans le même climat, elles ont conservé une différence de couleur, de taille, de forme, d'habitude de corps et de tempérament. Tâchons de prouver qu'elles viennent réellement de deux différentes races d'hommes.

« Les meilleurs historiens ont toujours pensé que les nations qui en général parlent la même langue, sont de la même race ou de deux races qui ont de l'affinité entre elles, à moins que le témoignage bien authentique d'un écrivain contemporain, ou qui a consulté des anciens monumens qui n'existent plus, ne déposent du contraire. Par la même langue, en général, je comprends les dialectes divers d'une langue : il est sûr, par exemple, que le hollandais, le bas-allemand, le danois, le suédois, le norwégien, l'islandais, l'anglais (dans les mots qui dérivent de l'anglo-saxon), le haut-allemand actuellement en usage, et les restes du gothique qui se trouvent dans le Nouveau-Testament d'Ulfila, sont des dialectes dérivés de la même langue primitive. Ces dialectes diffèrent pourtant à beaucoup d'égards; chacun a des mots particuliers pour des idées que la nation a acquises après s'être séparée de la mère-tribu, et d'autres dont elle s'est enrichie par la conquête ou par ses liaisons avec un nouveau peuple. La plupart des mots, quoique un peu altérés, conservent toujours assez du type original pour montrer aux étymologistes qu'ils appartiennent à la même langue-mère. Ainsi les cinq peuples du grand Océan que j'ai cités comme étant des branches de la première race, parlent tous les dialectes qui ont une affinité frappante dans la plupart de leurs mots, et paraissent descendre originairement de la même nation.

« J'ai recueilli des mots de la langue de chaque peuple que nous avons visité, afin de pouvoir juger jusqu'à quel point ces différens langages se ressemblent. J'ai remarqué qu'en général les langues des cinq peuples désignés plus haut, et qui sont ceux des îles de la Société, des îles des Amis, des Marquésas, de l'île de Pâques et de la Nouvelle-Zélande, ne diffèrent qu'en un petit nombre de mots; que la différence de la plupart de ces mots ne consiste que dans le changement d'un petit nombre de voyelles ou consonnes, et qu'il y en a beaucoup dans tous les dialectes qui sont restés absolument les mêmes. Ces nations descendent donc toutes de la même tribu. Les différences des dialectes proviennent seulement de la difficulté de prononcer des consonnes que quelques insulaires articulent plus aisément, tandis que d'autres les ont entièrement omises. Quand une race émigrante trouva dans sa nouvelle contrée de nouveaux poissons et de nouvelles plantes, il fallut leur donner de nouveaux noms, qui ne peuvent exister dans aucun des autres dialectes. Les qualités de ces animaux, les nouveaux végétaux dont on tirait de nouveaux alimens ou de nouveaux vêtemens, exigeaient nécessairement d'autres noms.

« Pour prouver maintenant que les autres nations du grand Océan sont d'une race différente de celles des peuples que je viens de nommer, il suffit de recourir à leurs langages, qui non seulement diffèrent en tout de l'idiome dont il a été question plus haut, mais qui sont aussi très distincts l'un de l'autre; on pourrait dire peut-être qu'ils descendent d'autant de nations différentes, s'il n'était pas inutile de les multiplier sans nécessité, puisqu'en effet on aperçoit quelque ressemblance dans les usages, dans la couleur, les formes et l'habitude du corps.

« Si le lecteur veut remonter jusqu'au continent ou jusqu'aux terres des environs pour trouver les races primitives de ces différens insulaires, il n'a qu'à jeter les yeux sur une carte du grand Océan, il verra que cette mer est bornée à l'est par l'Amérique; à l'ouest, par l'Asie, au nord, par les îles de l'Inde, et au sud, par la Nouvelle-Hollande. On est d'abord porté à croire que les habitans des îles du tropique viennent originairement d'Amérique, parce que les vents d'est sont ceux qui dominent le plus dans ces parages, et que les misérables petites embarcations des naturels peuvent à peine naviguer contre le vent. Mais, après un moment de réflexion, on reconnaît que l'Amérique n'a pas été peuplée très long-temps avant l'époque de sa découverte. On ne trouva sur cet immense continent que trois états ou royaumes qui fussent un peu considérables, et qui eussent fait des progrès un peu remarquables dans la civilisation. L'origine de ces gouvernemens ne remontait qu'à peu près à quatre cents ans avant l'arrivée de Colomb. Le reste du pays était occupé par quelques familles errantes, tellement dispersées sur cette vaste étendue de terres, que souvent il ne se trouvait pas plus de trente ou quarante personnes sur un espace de cent lieues, et de longs intervalles étaient même absolument déserts; au contraire, quand les Espagnols découvrirent quelques unes des îles du grand

Océan, peu d'années après la découverte du continent de l'Amérique, ils les trouvèrent aussi peuplées qu'elles le sont aujourd'hui : il n'est donc pas probable que leur population vienne d'Amérique. Si on consulte d'ailleurs les vocabulaires du Mexique, du Pérou, du Chili, et ceux des autres langues américaines, on n'y aperçoit aucune ressemblance, même éloignée, avec les langues des îles du grand Océan. La couleur, les traits, les formes, le tempérament et les usages des peuples d'Amérique et de ces insulaires sont absolument différens. J'ajouterai que les distances de six cents, sept cents, huit cents, ou même mille lieues, qui sont entre le continent de l'Amérique et la plus orientale de ces îles, rapprochées de la petitesse et du peu de solidité de leurs pirogues, prouvent, suivant moi, d'une manière incontestable, que leurs habitans ne sont jamais venus d'Amérique.

« Voyons donc si la population des îles du grand Océan ne vient pas de l'ouest : commençons par la Nouvelle-Hollande. Tous les anciens navigateurs, et surtout le capitaine Cook, en 1770, ont trouvé cet immense continent très peu habité. La petite taille de ses habitans, la singularité de leurs usages et de leurs habitudes, la privation totale des cocos, des bananes cultivées, et des cochons, ainsi que l'état misérable de leurs huttes et de leurs pirogues, annoncent assez que les insulaires du grand Océan ne viennent pas de la Nouvelle-Hollande ; mais ce qui est encore plus convaincant, leur langue est entièrement différente, ainsi qu'on le voit par les vocabulaires.

« Du côté du nord, les îles du grand Océan se trouvent pour ainsi dire liées aux îles des Indes orientales. La plupart de ces dernières terres sont habitées par deux différentes races d'hommes : sur quelques unes des Moluques, on trouve une race noire qui a des cheveux laineux, qui est haute et mince, qui parle une langue particulière, et qui habite les montagnes de l'intérieur du pays : sur différentes îles, ces hommes sont appelés *Alfouries* ou *Haraforas*. Les côtes de ces îles sont habitées par une autre nation qui a le teint brun, des formes plus agréables, les chevenx longs et bouclés, et une langue différente, qui est un dialecte du malais. Les montagnes de l'intérieur de toutes les Philippines sont habitées par un peuple noirâtre, robuste, belliqueux, qui a les cheveux crépus, la taille haute, de l'embonpoint, et qui parle une langue différente de celle de ses voisins; mais sur les bords de la mer, habite une race infiniment plus blanche, qui a des cheveux longs, qui parle différens idiomes, et est connue sous des noms divers; mais les *Tagales*, les *Pampangos* et les *Bissayas* sont les principales tribus. Les montagnards sont probablement les plus anciens, et les autres sont de race malaise; car ce peuple, avant l'arrivée des Européens dans ces mers, avait rempli toutes les îles des Indes orientales. La langue de ces tribus a également plusieurs rapports avec celle des

Malais. L'île de Formose ou de Taï-ovan renferme aussi dans l'intérieur de ses montagnes une race d'hommes bruns, qui ont les cheveux crépus et la face large; les Chinois occupent seulement les côtes du pays, surtout les cantons qui sont au nord. Les habitans de la Nouvelle-Guinée, de la Nouvelle-Bretagne et de la Nouvelle-Irlande, ont le teint noir; et, par les mœurs, les coutumes, le tempérament et les formes, ils ressemblent beaucoup aux insulaires de la Nouvelle-Calédonie, de Tanna et de Mallicolo, c'est-à-dire à la seconde race des insulaires du grand Océan; et ces noirs de la Nouvelle-Guinée ont beaucoup de rapport avec ceux des Moluques et des Philippines. Les Ladrones et les Carolines, nouvellement découvertes, sont habitées par une race d'hommes qui a une grande ressemblance avec la première race du grand Océan; leur taille, leur tempérament, leurs mœurs et leurs usages, tout annonce cette affinité; et, suivant quelques écrivains, ils ressemblent presque à tous égards aux Tagales de Luçon ou de Manille; de sorte qu'on peut suivre la ligne des migrations par une suite continuelle d'îles, dont la plupart ne sont pas éloignées de plus de cent lieues l'une de l'autre.

Des mœurs et des progrès de la civilisation chez les peuples du grand Océan.

« Le rang que les femmes tiennent dans la société domestique a une extrême influence sur la civilisation : plus une nation est misérable et grossière, plus elles sont traitées durement : celles de la Terre du Feu détachent des rochers les moules qui servent de nourriture principale à la peuplade : celles de la Nouvelle-Zélande ramassent les racines de fougère dont on se nourrit; elles apprêtent les alimens, préparent le phormium; elles en font des vêtemens; elles fabriquent les filets pour la pêche, et elles n'ont jamais un moment de repos, tandis que leurs maris passent la plus grande partie de leur temps dans l'oisiveté : ce sont là les moindres maux de ces malheureuses; on ne leur permet pas même de punir leurs petits garçons, qui souvent leur jettent des pierres, ou les battent sous les yeux et du consentement du père : dévouées à la brutalité des hommes, on les traite comme des bêtes de charge, sans leur laisser le moindre exercice de leur volonté.

« Les femmes de Tanna, de Mallicolo et de la Nouvelle-Calédonie ne sont guère moins misérables : quoique nous ne les ayons jamais vues battues ou outragées par leurs propres enfans, elles portent cependant les fardeaux, et elles font tout le travail domestique; ce sont de vraies bêtes de somme. Il existe une compensation à cette malheureuse condition : peut-être l'état d'oppression dans lequel elles vivent a produit chez elles un plus grand développement des facultés intellectuelles que chez les hommes. Leur constitution plus délicate et leurs nerfs plus irritables les rendent capables de recevoir des impressions plus promptes et plus vives ; elles sont plus portées à l'imitation, et elles observent plus rapidement les propriétés et les rapports des choses ; leur mémoire en conserve mieux le souvenir ; leurs facultés deviennent ainsi plus en état de les comparer et de tirer de leurs perceptions des idées générales. Elles simplifient leurs différens travaux, et souvent parviennent à de nouvelles inventions dans cette partie des arts. Habituées à se soumettre sans réserve aux caprices des hommes, on leur a appris de bonne heure à craindre les écarts des passions : leur réflexion est plus calme et plus froide ; elles cherchent à mériter l'approbation par la douceur et par les caresses ; elles contribueront, avec le temps, à diminuer cette dureté de mœurs naturelle aux barbares ; ainsi elles disposent ces peuplades à la civilisation. Les Zélandais regardent si bien leurs femmes comme leur propriété, que les pères et les plus proches parens vendaient habituellement les faveurs de ces malheureuses à notre équipage : les pères eux-mêmes traînaient souvent ces victimes dans les lieux écartés du vaisseau, et ils les abandonnaient à la brutalité des matelots, qui ne rougissaient pas de leur faire violence, malgré leur douleur et leurs larmes. Si ces sauvages défendent quelquefois à leurs femmes tout commerce avec d'autres hommes, et s'ils punissent avec sévérité la transgression de cet ordre, ce n'est pas par des principes d'équité, de modestie et de délicatesse, mais afin d'exercer leur droit de propriété et leur autorité sur elles.

« Les femmes de Taïti, des îles de la Société, des îles des Amis et des Marquésas, sont moins tyrannisées par les hommes : cette raison seule suffit pour prouver que ces insulaires ne sont plus dans l'état sauvage, et qu'il faut les placer un peu au-dessus des barbares. Par une conséquence de ce qui a été dit plus haut, plus un peuple montre d'égards pour les femmes, plus on remarque chez lui des sentimens humains et des vertus sociales. Les femmes de Taïti et des îles voisines ont des organes extrêmement délicats, l'esprit vif, l'imagination brillante, de la pénétration, de la sensibilité, de la douceur dans le caractère, et un grand désir de plaire. Ces qualités, jointes à la simplicité des mœurs primitives, à une franchise charmante, à une belle taille et à une jolie figure, à un sourire affable, à des yeux pleins de tendresse et de feu, captivent le cœur des hommes, et maintiennent l'influence du sexe dans les affaires domestiques et publiques : elles se mêlent dans toutes les assemblées; on leur permet de converser librement et sans réserve avec tout le monde; elles sont ainsi à même de cultiver et de polir leur esprit et celui des jeunes gens; car l'objet principal de leur éducation étant d'apprendre le grand art de plaire, on les instruit de tous les moyens de gagner l'attachement des hommes, et d'acquérir cette amabilité de caractère qui ne manque jamais d'être payée de retour par l'affection, l'amitié et l'amour. Leurs chants, leurs danses, leur rire innocent et leur gaîté badine, tout concourt à enflammer d'amour les jeunes insulaires, et à cimenter des unions qui ne finissent qu'à la mort.

« Quoique les Taïtiennes aient déjà beaucoup poli les mœurs de leurs compatriotes, cependant il reste encore des usages qui semblent prouver que les femmes n'ont pas toujours joui des égards qu'on leur accorde aujourd'hui. Chez les peuples qui ne regardent les femmes que comme des domestiques, elles sont réduites à prendre leurs repas loin de leurs maîtres orgueilleux. Il en est de même à Taïti et dans toutes les îles de la Société; je n'ai jamais pu découvrir l'origine de ces coutumes; je crois que c'est un reste de l'état d'avilissement dans lequel vivaient autrefois les Taïtiennes.

« La monogamie est universelle chez toutes les nations du grand Océan. Quelques individus, surtout parmi ceux d'un rang distingué, ont, il est vrai, des liaisons avec plusieurs filles, toujours prêtes à se livrer à la première demande; mais je n'ai jamais ouï dire qu'une femme mariée ait cédé aux désirs d'aucun amant.

« Quoique la polygamie soit si commune dans les climats chauds et chez les nations barbares, où les femmes sont censées appartenir en propriété aux maris, il est à remarquer qu'elle ne s'est pas introduite dans les îles du grand Océan, situées sous un climat chaud, où le luxe a déjà fait des progrès, et dont les habitans sont fort portés aux plaisirs des sens; non plus qu'à la Nouvelle-Zélande, ni dans les îles qui sont plus à l'ouest, où cependant on estime moins les femmes. Je crois qu'on peut rendre raison de ce phénomène, en disant que les mœurs des femmes sont plus douces et plus polies, que le nombre des femmes ne l'emporte pas sur celui des hommes, et enfin qu'il est facile de quitter une épouse et d'en prendre une autre, comme nous avons eu occasion d'en voir plusieurs exemples.

O-Amo, mari d'O-Beréa, avait répudié sa femme quand nous arrivâmes à Taïti, et O-Beréa avait pris un autre mari. Patatou avait pris Ouainéou, et s'était séparé de son épouse Polateherea, qui vivait avec Mahiné, jeune chef d'Oraïedéa. Je ne crois pas que la monogamie soit toujours un effet de la proportion égale du nombre des femmes et des hommes; je pense au contraire qu'en Afrique la nature des alimens et du climat, et l'usage d'épouser plusieurs femmes, ont produit une disproportion considérable entre le nombre des hommes et celui des femmes; de sorte que maintenant il y naît plusieurs femmes pour un seul homme. On a observé que chez tous les animaux les accouplemens produisent le plus communément le sexe de celui qui est le plus vigoureux et le plus chaud: si, par exemple, l'étalon est plus chaud et plus vigoureux que les jumens, il naîtra plus de poulains mâles; mais si les jumens sont plus vigoureuses, si l'étalon est vieux et épuisé par trop de service, il naîtra une plus grande quantité de jumens. Appliquons cette remarque aux habitans de l'Afrique:

il est évident que des hommes accoutumés à la polygamie, énervés par l'usage des femmes, sont moins forts, tandis que les femmes conservent un tempérament plus ardent, parce qu'elles ont des nerfs et des organes plus sensibles et une imagination plus vive, et parce qu'on leur rend moins souvent le devoir conjugal. Il n'est donc pas étonnant qu'elles fassent plus de filles que de garçons. Les faits sont d'accord avec cette théorie, car les voyageurs conviennent tous que la polygamie se retrouve chez tous les peuples d'Afrique : aucun d'eux ne rapporte qu'on y trouve beaucoup d'hommes sans femmes ; chaque Africain en a au moins une. Quand un peuple adonné à la polygamie vit dans le voisinage des nations monogames, il est probable qu'il tire de ses voisins, de force ou par le commerce, les femmes dont il a besoin; les Africains, qui sont tous polygames, et qui se marient tous, ne peuvent pas profiter de cet avantage; il faut donc qu'il naisse parmi eux plus de femelles que de mâles.

« Quoique les colons établis au cap de Bonne-Espérance ne prennent qu'une épouse, j'ai observé qu'à la ville et à la campagne, il y a plus de femmes que d'hommes : c'est peut-être un effet du climat et de la nourriture ; mais le libertinage des jeunes gens en est la principale raison : la quantité de femmes esclaves qu'on y importe de Madagascar, du Bengale, de Java, des Moluques et de la côte des Papous, leur donne tant d'occasions de débauche, et tant de facilité de former de bonne heure des liaisons avec ces femmes lascives, que les hommes sont épuisés avant le mariage : il arrive de là que les jeunes Hollandaises de la colonie, nées sous un ciel chaud, bien nourries, et point affaiblies par le travail, ont plus de force et un tempérament plus ardent, et qu'elles mettent au monde plus de filles que de garçons. On assure qu'au royaume de Bantam il naît dix femmes pour un homme. Les remarques que je viens de faire ne sont que des conjectures, et je souhaite qu'on recueille à l'avenir, avec plus de soin, des faits sur cette partie de l'histoire de l'homme.

« On a prouvé, par des listes très exactes des morts, que dans la plupart des pays de l'Europe la proportion des hommes aux femmes est à peu près égale, ou s'il existe de la différence, que le nombre des mâles est plus considérable dans la proportion de 105 à 100. Si c'est là la mesure générale de la nature, l'habitude de la polygamie l'a dérangée dans l'Asie et dans l'Afrique, en énervant l'espèce des mâles. La polygamie étant ainsi établie sur une partie du globe, et la monogamie sur une autre, nous avons lieu de soupçonner que la pluralité des maris est actuellement établie à l'île de Pâques. On dit qu'anciennement les femmes des Mèdes avaient plusieurs maris à la fois, et que celles qui n'en avaient que cinq, étaient réputées mal pourvues : chez les anciens Bretons, dix ou douze hommes n'avaient qu'une seule femme; on permet aux femmes de qualité, sur la côte de Malabar, d'épouser autant d'hommes qu'il leur plaît; et enfin un voyageur nous a assuré dernièrement qu'au royaume de Thibet, plusieurs hommes, surtout les frères et les parens, se réunissent pour avoir une épouse en commun, et qu'ils s'excusent en disant qu'il ne se trouve pas dans leur pays un assez grand nombre de femmes. Quelque étrange que soit cet usage, il n'en est pas moins sûr, et il a sans doute des causes particulières. Dans les pays voisins, la Chine, la Boukharie et l'Inde, où les hommes prennent plus d'une épouse, il doit y avoir peu de femmes, parce qu'on les enlève de force, ou par adresse, ou par le commerce; il n'est donc pas surprenant que plusieurs hommes aient une femme en commun. Quand l'île de Pâques fut découverte, en 1722, elle contenait plusieurs milliers d'habitans. Les Espagnols, en 1770, y en trouvèrent environ trois mille, et en 1774, nous en vîmes à peine neuf cents. Ce décroissement de population est singulier; mais ce qu'il y a de plus remarquable, parmi ces neuf cents habitans, nous n'avons compté que cinquante femmes en tout; de sorte que le nombre des hommes est à celui des femmes comme dix-sept est à un. L'éruption d'un volcan ou un feu souterrain ont pu détruire la plupart des habitans de cette île: effectivement le capitaine Davis, en 1687, ressentit un tremblement de terre très violent dans les parages voisins. Les Taïtiens connaissent les tremblemens de terre, et ils croient qu'ils sont sous la direction d'une divinité particulière, appelée *Maooui.* D'ailleurs cette conjecture est d'autant plus probable, que les habitans de l'île de Pâques construisent encore leurs habitations sous terre, et qu'ils les soutiennent par des murailles sèches. Si ce désastre arriva en plein jour, il est vraisemblable que la plupart des hommes, étant hors des cabanes, furent sauvés, tandis que les femmes, qui gardent ordinairement la maison, périrent toutes, excepté celles qui se trouvèrent dans la campagne. Ces femmes servent, suivant toute apparence, à plusieurs maris; elles ne craignent pas de se prostituer à une foule de matelots dans la même heure : cette débauche leur est peut-être habituelle. Si la théorie dont on a parlé plus haut était confirmée par les faits et par l'expérience, il y naîtrait plus de garçons que de filles; mais un trop grand nombre connaissant la même femme, elle ferait peu d'enfans, comme il arrive aux malheureuses qui servent aux plaisirs du public.

« Tous les peuples du grand Océan étant monogames, quoiqu'ils descendent des nations orientales de l'Inde, presque toutes adonnées à la polygamie, il paraît que ce n'est ni la sagesse ni la vertu qui les ont portés à suivre cet usage conforme à la nature et aux vues de la Providence. Les premières peuplades qui s'établirent sur ces îles étaient composées probablement d'un nombre égal de femmes et d'hommes; et ce hasard les fit renoncer à la polygamie à laquelle ils étaient accoutumés dans leur patrie. La médiocre étendue des terres nouvelles rendit nécessaire la continuation de cette coutume; car si dans une petite île un homme s'appropriait les droits de plusieurs hommes, en prenant pour lui seul les femmes qui doivent servir à plusieurs, on s'en apercevrait bientôt; on ne tarderait pas à se venger de cette usurpation injurieuse, et chaque individu rentrerait dans les droits dont on voulait le priver.

« Les jeunes femmes de Taïti et des îles voisines prodiguant sans scrupule leurs charmes à plusieurs amans, cette conduite suffirait ailleurs pour les écarter du mariage; mais ces peuples n'ont pas les mêmes idées. Si elles font un enfant, le jeune homme avec qui elles vivent est censé en être le père, et il jouit dès lors, ainsi que la mère, de tous les priviléges du mariage. Les hommes les plus distingués de la peuplade ne craignent pas d'épouser les filles qui ont eu des amans.

« Pendant notre seconde relâche à Ouliétéa, Boba, chef d'O-taha, venait nous voir souvent. Un jour qu'il était sur notre bord, il aperçut ses sœurs qui s'avançaient vers le vaisseau dans une pirogue, et, me montrant la plus jeune, il m'engagea à lui dire *veheïné pouva* dès qu'elle serait arrivée. J'adressai donc ces mots à la jeune fille, sans savoir quelles en seraient les suites; la sœur aînée releva à l'instant les vêtemens de sa sœur cadette; elle me montra qu'elle avait des marques de puberté, et répéta cette cérémonie deux ou trois fois.

Je m'informai alors de l'objet de cette action, et j'appris que sur ces îles c'est une espèce de déshonneur de ne pas avoir des marques de puberté. Dès que ces marques paraissent, les jeunes femmes sont obligées de subir une opération très douloureuse. On tatoue sur leurs fesses de grandes raies arquées : ces raies sont honorables, et c'est une espèce de prééminence de pouvoir faire des enfans. Si un homme accuse une femme de ne pas porter ces marques, elle ne peut pas, en honneur, se dispenser d'en mettre la preuve sous ses yeux (1). J'ignore quelle est l'origine de ces étranges coutumes : il suffit d'avoir exposé le fait.

« Il paraît que les hommes n'ont habité que malgré eux les extrémités des zones tempérées, et qu'ils n'ont choisi que fort tard, pour leurs demeures, ces climats rigoureux. La douceur du ciel en dedans et aux environs des tropiques, l'accroissement rapide qu'y prennent les animaux et les végétaux, la facilité de se procurer de la subsistance et un abri contre l'inclémence du ciel, la profusion des fruits et des racines qui y croissent spontanément,

---

(1) Les Thraces ne s'embarrassaient point de la chasteté de leurs filles, qui admettaient dans leurs bras tous les hommes qu'elles voulaient; mais ils épiaient avec soin la conduite de leurs femmes, qu'ils achetaient fort cher de leurs parens. Ils s'imprimaient déjà une espèce de tatouage qui était réputée une marque de noblesse. Ceux qui n'étaient pas tatoués passaient pour être nés dans l'abjection. (Hérodote, *liv.* 5, *chap.* 6.)

tout porte à croire que c'est dans cette partie de la terre que l'homme s'établit d'abord : ce qui confirme cette opinion, c'est que l'homme sauvage ne peut pas affronter les vicissitudes et les rigueurs des pays situés aux extrémités de la zone tempérée, vers les zones glaciales, et que le hasard, ou une nécessité cruelle, ont pu seules fixer les peuplades à vivre dans ces misérables contrées.

« Quoique les insulaires du grand Océan n'aient point de liaison avec des peuples très policés, on remarque que leur civilisation est plus avancée à tous égards, suivant qu'ils se trouvent plus loin des pôles : ils jouissent d'une subsistance plus variée et plus abondante, ils ont des habitations plus spacieuses, plus propres et mieux adaptées au climat; leurs vêtemens sont plus légers, plus commodes; la population est plus nombreuse, les sociétés sont mieux réglées, la sûreté publique est mieux établie contre les invasions étrangères, leurs manières sont plus polies et plus agréables, les principes de la morale plus connus et plus généralement pratiqués, les esprits susceptibles de plus d'instruction : ils ont quelques idées vagues d'un Être suprême, d'une vie à venir, de l'origine du monde; tout paraît tendre à leur bonheur, comme individus et comme membres d'une nation. Au contraire, les misérables sauvages qui habitent les environs de la zone glaciale sont les plus dégradés de tous les êtres humains : le peu d'alimens qu'ils se procurent est dégoûtant ; ils se réfugient dans les plus mauvaises cabanes qu'on puisse imaginer ; leurs grossiers vêtemens ne les mettent pas à l'abri des rigueurs du climat ; les peuplades sont peu nombreuses : sans liens et sans affections réciproques, exposés à toutes les insultes des usurpateurs, ils se retirent dans d'affreux rochers, et paraissent insensibles à tout ce qui porte l'empreinte de la grandeur et de l'industrie : une stupidité brutale forme leur caractère ; quand ils sont les plus forts, ils sont perfides, et agissent contre tous les principes de l'humanité.

« En comparant la situation des naturels de la Terre du Feu et de la Nouvelle-Zélande avec celle de leurs voisins, on voit encore mieux que les peuples qui habitent les extrémités glaciales de notre globe ne jouissent pas d'autant de bonheur que les nations du tropique. Aux environs de la baie de Noël, les habitans sont en petite quantité ; et à en juger par ce qu'en ont vu les autres navigateurs, et par l'aspect général du pays, la population ne peut pas y être considérable : ces terres sont les plus méridionales de celles où nous avons trouvé des hommes ; ces sauvages ne nous ont pas paru sentir leur misère et la vie affreuse qu'ils mènent. Plusieurs chaloupes remplies vinrent à notre vaisseau, et ceux qui les montaient n'avaient d'autres vêtemens qu'un morceau de peau de phoque qui ne descendait pas assez bas pour couvrir la moitié de leurs fesses ; leur tête, leurs pieds et le reste de leur corps étaient exposés à un degré de froid qui, au milieu de l'été, nous paraissait vif, quoique nous fussions bien habillés; la température de l'air était communément de 46 à 50° du thermomètre de Fahrenheit; ni les hommes ni les femmes ne cachaient leurs parties naturelles; ils exhalaient tous une puanteur insupportable, effet de l'huile rance de baleine dont ils se servent souvent, et de la chair pourrie de phoque dont ils se nourrissent: je pense que tout leur corps est profondément imprégné de cette odeur désagréable: leurs cabanes sont des bâtons liés ensemble, qui forment une espèce de voûte; pour une hutte, basse, ouverte et ronde, ils joignent et rapprochent les arbrisseaux des environs, et ils couvrent le tout avec de l'herbe sèche, et çà et là de morceaux de peau de phoque; la cinquième ou la sixième partie de toute la circonférence est laissée libre pour une porte et pour un foyer. Nous n'y avons observé d'autres ustensiles et d'autres meubles qu'un panier, un petit sac de natte, un crochet d'os attaché à un long bâton d'un bois léger, destiné à détacher les coquilles des rochers, un arc mal fait, et quelques traits; leurs pirogues sont de l'écorce pliée tout autour d'une pièce de bois qui tient lieu de platbord: quelques autres bâtons d'environ un demi-pouce d'épaisseur, placés dans l'intérieur de la pirogue tout près l'un de l'autre, de manière à former une espèce de pont, sont destinés tout à la fois à tenir ouverte la cavité de la pirogue, et à empêcher qu'on ne brise le fond en marchant dessus:

dans un coin de ces misérables embarcations, ils mettent un monceau de terre, et par-dessus ils entretiennent un feu perpétuel, même en été. Outre la chair des phoques dont on a déjà parlé, ils se nourrissent de coquillages qu'ils font griller; ils frissonnent et paraissent fort affectés du froid; ils regardaient le vaisseau et ses différentes parties d'un air indolent et stupide que nous n'avons remarqué dans aucune des nations du grand Océan.

« La baie Dusky est la partie la plus méridionale de la Nouvelle-Zélande où nous soyons abordés. L'observatoire de l'astronome était fixé à un canton qui gît par 45° 47′ de latitude sud. Cette baie, qui a plusieurs lieues d'étendue, se divise en bras de mers spacieux et remplis d'oiseaux de différentes espèces, et d'une quantité prodigieuse d'excellens poissons : des troupeaux nombreux de phoques couvrent ses rochers. Ces ressources devraient inviter les insulaires à s'y établir : nous n'y avons cependant trouvé que trois familles. Leurs huttes sont des bâtons fichés en terre, et mal couverts de glaïeuls et de joncs. Les naturels n'ont aucune idée de culture ou de plantations; leurs vêtemens ne couvrent que la partie supérieure du corps, et laissent les jambes et les cuisses exposées à l'air; ils s'accroupissent contre terre pour les cacher sous leurs manteaux, qui sont communément d'une malpropreté extrême; ces trois familles semblaient indépendantes les unes des autres. En arrivant au port de la Reine Charlotte, nous rencontrâmes quatre ou cinq cents insulaires sur les côtes; quelques uns avaient du respect pour des vieillards tels que Tringobouhi, Goubaya et Tairito, qui paraissent être leurs chefs. Le poisson n'y est pas moins abondant qu'à la baie Dusky; mais il est moins bon: les oiseaux, surtout les oiseaux aquatiques, y sont plus rares, et nous n'y avons aperçu qu'un phoque, quoique nos deux vaisseaux y aient relâché en différens temps. Le peuple y est vêtu de la même manière que dans le premier canton: ses habitations, surtout les hippas ou les forteresses, sont meilleures, plus propres, et garnies de roseaux dans l'intérieur: il n'existe point de plantations; mais on y connaît les noms de *tarro* et de *gormalla*, que les habitans des îles du tropique donnent à l'eddoës et à la patate; ce qui annonce que cette peuplade descend d'une tribu qui cultivait ces deux plantes, et qu'elle a perdu ou négligé ce moyen de subsistance, ou parce qu'elle a trouvé une plus grande quantité de poissons ou de nourritures animales, ou parce qu'elle a fui si précipitamment de sa première patrie, qu'elle n'a pu emporter de racines avec elle, ou enfin par pure stupidité et par indolence; car nous avons vu ces sauvages manger de la racine de fougère, qui est très grossière et très mauvaise. Le climat, sous le 41e parallèle sud, serait favorable à la culture des eddoës et des patates: il est évident que les naturels ont été autrefois plus heureux. Les Zélandais de l'île septentrionale qui vinrent à notre bord avaient de meilleures pirogues et des vêtemens plus beaux. Nous ne pûmes pas faire d'observations sur leur condition, parce que nous ne les vîmes qu'en passant; mais d'après ce qu'on a dit dans la relation du premier voyage de Cook, et d'après ce que m'a confirmé de bouche ce célèbre navigateur, il est sûr qu'ils ont des plantations bien cultivées, très étendues, régulières, enfermées de haies de ronces très fortes et très belles; qu'un district de quatre-vingts lieues au moins reconnaît un chef suprême; que des chefs inférieurs y administrent la justice, et que les insulaires semblent vivre avec plus de sûreté et plus d'aisance dans ce canton que dans aucune autre partie de l'île.

« Ce qu'on vient de dire semble prouver que le genre humain est très multiplié en dedans ou près des tropiques, et très clair-semé vers les extrémités du globe. Les exemples qu'on a rapportés prouvent aussi que les peuplades qui sont privées de liaisons avec les nations très civilisées ont les facultés physiques et morales moins avancées à mesure qu'on s'éloigne des régions du tropique, comme on l'a déjà dit plus haut : il est donc probable que les fibres et tout le corps des sauvages des climats froids contractent une dureté ou une rigidité qui cause l'engourdissement, l'indolence et la stupidité; leurs cœurs deviennent insensibles aux mouvemens de la vertu, de l'honneur et de la conscience, et incapables d'attachement et de tendresse.

« Tournons maintenant nos yeux vers Taïti, la

métropole des îles du tropique, et vers ses heureux habitans, et portons nos regards sur toutes les îles de la Société et des Amis. Quoique la population y soit considérable, à proportion de l'étendue du pays, il est probable que ces îles pourraient nourrir un bien plus grand nombre d'hommes, et que dans les temps à venir on y remarquera un accroissement de population, s'il n'arrive point de catastrophes, ou si on n'y établit pas des usages et des règlemens qui tendent à ralentir ou à arrêter la propagation de l'espèce humaine. La fertilité du sol des plaines et des vallées, la végétation rapide, et la succession non interrompue des cocos, des fruits à pain, des pommes, des bananes, des eddoës, des patates, des ignames et de plusieurs autres fruits excellens; la division des terres en propriétés particulières, le soin qu'y prennent les naturels d'élever des cochons, des chiens et des volailles; l'aisance et la propreté de leurs maisons et de leurs pirogues; les moyens ingénieux qu'ils emploient pour pêcher; le goût et l'élégance qu'on remarque dans plusieurs de leurs ustensiles et de leurs meubles; leurs vêtemens si bien adaptés au climat, et variés d'une manière si adroite dans le tissu et les couleurs; l'aménité, la politesse et la délicatesse de leurs manières; leur caractère franc et joyeux; leur hospitalité et la bonté de leur cœur; la connaissance qu'ils ont des plantes, des oiseaux, des poissons, des coquillages, des insectes, des vers, etc., des astres et de leurs mouvemens, des vents et des saisons; leur poésie, leurs chansons, leurs danses et leurs ouvrages dramatiques, leur théogonie et leur cosmogonie; la distinction des rangs et les usages divers de leur société civile; les moyens employés pour la défense du pays et le châtiment des peuplades ennemies: tout annonce qu'ils sont infiniment supérieurs aux tribus dont on a parlé plus haut.

« Le climat contribue sans doute à ces avantages, et on pourrait même dire, avec raison, que c'en est la principale cause; mais comme nous avons découvert plus à l'ouest de nouvelles îles, sous le même climat et sous la même latitude, dont les insulaires étaient bien moins avancés dans la civilisation et dans les jouissances de la vie, il faut chercher ailleurs l'origine de cette différence.

Les idées et les progrès des hommes dans les sciences, les arts, les manufactures, la vie sociale, et même la morale, doivent être regardés comme la somme totale des efforts qu'a faits le genre humain depuis son existence. Les premières peuplades entretinrent sûrement des liaisons entre elles; elles propagèrent et amassèrent ainsi des connaissances utiles, des principes fixes, des réglemens positifs, des professions mécaniques, qui se transmirent à leur postérité. Les sciences, les arts, les manufactures, les lois et les principes de l'Égypte et des nations de l'Orient furent adoptés en partie par les Grecs, qui les transmirent aux Romains; les peuples modernes ont retrouvé plusieurs découvertes qui avaient été perdues long-temps depuis les anciens. Deux systèmes remarquables sortirent de la Chaldée et de l'Égypte, et se répandirent, l'un dans l'Inde, à la Chine et aux extrémités de l'Orient, et le second à l'ouest et au nord. On en aperçoit encore çà et là des restes; mais dans l'intérieur de l'Afrique méridionale, et sur tout le continent de l'Amérique, on n'en a point découvert de vestiges, ou du moins très peu. Plus une peuplade ou une nation a conservé des restes des anciens systèmes, plus elle les a modifiés et adaptés à sa position particulière, plus elle a créé de nouvelles idées et de nouveaux principes sur cette première base, et plus cette peuplade doit être avancée dans la civilisation et jouir d'un certain degré de félicité; au contraire, elle doit être plus ou moins misérable, suivant que les circonstances l'auront obligée à oublier les anciens systèmes, surtout si elle n'a pas réparé cette perte par de nouveaux principes et de nouvelles idées, fondés sur le même plan. Différentes causes peuvent avoir produit dans les peuples qui ont quitté la mère-patrie l'oubli des idées que celle-ci conservait: des haines intestines, par exemple, obligent des hommes à abandonner leur pays et le climat dans lequel ils ont été élevés. Pour se mettre à l'abri du pouvoir ou des outrages de leurs ennemis, ils errent sur un grand espace de terres non occupées, qui sont dans un climat plus froid; ils ne trouvent plus les fruits du tropique, qui croissaient spontanément dans leur patrie; les racines, qui fournissaient une subsistance abondante avec peu de culture, exigent des travaux fort pénibles, et offrent à peine les simples besoins de la vie, parce que la végétation n'est pas aussi forte et aussi rapide dans leur nouveau pays. Supposons que cette tribu devienne par le laps du temps une nation; de nouvelles divisions en détachent une autre portion qui va se fixer encore plus loin du soleil, où la rigueur des hivers empêche les racines et les fruits les plus vivaces de croître. Quoique ces hommes fussent obligés de travailler un certain temps dans la contrée qu'ils habitaient avant leur fuite, ils étaient sûrs au moins de s'y procurer de la nourriture; mais, ne connaissant pas encore les productions spontanées de leur nouveau climat, ils errent çà et là avec peine pour chercher des alimens; ils tâchent de tuer par force ou par adresse des animaux ou des oiseaux, ou de prendre du poisson dans les rivières ou dans les mers. Ces circonstances changent absolument leur manière de vivre, leurs habitudes, leur langage, et je dirais presque leur nature; leurs idées ne sont plus les mêmes; ils négligent ou ils perdent à jamais le souvenir des découvertes qu'ils avaient faites dans leur premier état: l'arbre dont ils tiraient jadis leur vêtement ne croît plus dans cette nouvelle contrée; leur retraite a été si brusque, qu'ils n'ont emporté avec eux ni plantes, ni graines, ni aucun des animaux domestiques dont ils employaient jadis les peaux; ils sont cependant obligés de se procurer quelque couverture pour se préserver des rigueurs du climat et de l'inclémence du vent et de la pluie: ils se servent donc des graminées ou des filamens de quelque autre plante, ou des peaux d'oiseaux ou de phoques : la vie errante qu'ils mènent en cherchant leur subsistance les contraint à changer de demeure aussi souvent que le gibier ou le poisson deviennent rares; ils croient que ce n'est pas la peine de bâtir des maisons vastes et commodes; une hutte qu'on élève au besoin suffit pour les mettre à l'abri des vents froids, de la pluie, de la neige et de la grêle. Les vieillards conservent peut-être les noms et les idées des choses dont ils jouissaient autrefois; mais leurs enfans en perdent le souvenir, et à la troisième ou quatrième génération, ils en oublient jusqu'aux noms : les nouveaux objets qu'ils découvrent et dont ils commencent à se servir, les forcent à imaginer de nouveaux termes, tant pour les objets eux-mêmes que pour la manière dont ils les emploient; c'est ainsi que leur langue elle-même s'altère. N'ayant d'autres moyens de subsister que la chasse et la pêche, ils sont obligés de vivre en petites tribus éloignées les unes des autres; plus rapprochés autrefois, ils donnaient plus de momens à la société; ils s'aidaient, se secouraient mutuellement et se communiquaient leurs découvertes; maintenant ils ne peuvent fréquenter que les individus d'une famille ou d'une petite tribu; ils ne peuvent espérer du secours ou de la protection de personne; exposés à la voracité des animaux farouches, et peut-être à la barbarie des autres sauvages; incapables d'entreprendre un ouvrage qui demande les efforts réunis d'un grand nombre, le progrès de leur industrie est proportionné à leur intelligence bornée; il est rare que le hasard fasse naître un homme de génie parmi eux. Toujours occupés des moyens de pourvoir aux plus pressans besoins de la vie, leur esprit ne pense pas à autre chose : cette race perd absolument toutes les idées qui n'ont point de rapport à la chasse ou à la pêche : elle doit donc dégénérer et s'abrutir insensiblement, et tout ce que la raison et l'esprit ont pu inventer pendant des siècles s'anéantit : faute d'exercer leur intelligence, ces créatures humaines redescendent à la condition des animaux ; étrangers aux vertus sociales, ils s'attroupent par habitude; tous leurs désirs se bornent à la sensualité et à des jouissances brutales, et l'on retrouve à peine en eux quelques restes de l'image brillante de la Divinité.

« Tout homme sensé, accoutumé à réfléchir et à mettre chaque chose à sa place, reconnaîtra sans peine que la vie des sauvages tient moins de l'homme que de la brute; que leurs jouissances sont basses et fugitives; que leur misère est habituelle et souvent affreuse : loin d'envier leur sort, il se félicitera des progrès qu'ont déjà faits dans la civilisation les peuples parmi lesquels il a le bonheur de vivre; il n'aura que du mépris ou de la pitié pour ces sophistes atrabilaires qui, dominés par un farouche orgueil et par la manie d'une indépendance exagérée, ne cessent de nous vanter la félicité prétendue de l'homme errant à travers les forêts; système bizarre et meurtrier, qui, plaçant l'état sauvage au-dessus de l'état social, effacerait pour jamais le seul caractère qui nous distingue des autres animaux, la perfectibilité de l'espèce.

Des connaissances astronomiques, et des opinions religieuses des habitans des îles de la Société.

Toute la saison du fruit à pain, jointe au temps où ces insulaires en manquent, s'appelle *tàao*, et répond par conséquent à une année. Ils comptent les révolutions de la lune, et ils leur donnent, comme à cette planète, le nom de *marama* ou de *malama*. Après m'avoir dit treize noms de lunes ou de lunaisons, ils ajoutaient *hàre-te-tàou*, c'est-à-dire, l'année s'est écoulée; et ensuite *oumànnou*, souvent, souvent, beaucoup de fois; ce qui semble annoncer que le cycle des lunaisons doit se répéter chaque année. Ils commencent l'année à peu près en mars, à l'époque où ils font du *mahié*, ou de la pâte aigrie du fruit à pain; on en cueille alors des quantités immenses pour cela, ce qui le rend très rare. D'après la seule énumération des treize noms de mois, je ne puis croire que leur année comprenne treize lunaisons : je pense plutôt qu'ils en ont seulement douze, mais qu'ils intercalent de temps en temps un treizième mois, afin de mettre de l'accord entre l'année solaire et l'année lunaire. Je ne sais pas s'ils répètent souvent cette intercalation. Voici les noms qu'ils donnent aux mois :

1. O-porore-o-moua (1), ... Mars.
2. O-porore-o-mouri, ... Avril.
3. Moureha, ... Mai.
4. Oouhi-èiya, ... Juin.
5. Houri-àma (ouhirri-oma), ... Juillet.
6. Tàooua, ... Août.
7. Houri-èrre (ouhirri-èrre-erre-èrre), . . Sept.
8. O-te-ari, ... Octob.
9. O-te-taï. . . . . Nov.
10. Ouarehou (oouaheou, suivant Hawkesworth), ... Déc.
11. Ouae-ahou, ... Janvier.
12. Pipirri, ... Février.
13. E-ounounou.

---

(1) Quelques uns des mois ont des noms d'une signification connue; mais j'ignore ce que signifient les autres. *O-porore-o-moua* signifie la première faim ou le besoin. 2. *O-porore-o-mouri* signifie la dernière faim : le fruit à pain étant au temps de sa maturité quand on en cueille des quantités considérables, pour en faire de la pâte aigre, on peut expliquer pourquoi on a donné ces noms à ces deux mois. Le quatrième mois, *Oouhi-èiya*, a certainement rapport à la pêche à la ligne. Le huitième mois, *O-te-ari*, est ainsi nommé à cause des cocos nouveaux, qui probablement sont alors très abondans. Le neuvième mois, *O-te-taï*, fait allusion à la mer. Le onzième, *Ouae-ahou*, à leur étoffe. Le douzième, *Pipirri*, à une sorte d'épargne ou d'avarice peut-être relativement à la provision

Chaque mois, suivant ce qu'on m'a dit, est de vingt-neuf jours, ce qui approche de la durée d'une lunaison. Si leur année n'a que douze mois, elle ne contient que trois cent quarante-huit jours; mais en y ajoutant un treizième, elle en a trois cent soixante-dix-sept. Dans le premier cas, elle a douze jours de moins; et dans le second, elle en a douze de plus que l'année solaire; ce qui me fait croire qu'ils ont un moyen qui nous est inconnu de mettre d'accord l'année solaire et l'année lunaire. Ce qu'il y a de plus remarquable, j'ai trouvé que chacun des vingt-neuf jours du mois a un nom particulier, comme chez les Persans. Leur mois commence dès le moment où la nouvelle lune paraît, et après les vingt-huit et vingt-neuvième jours, ils disent que la lune est morte, *marama matté;* ce qui prouve que leurs mois ne sont pas exactement de vingt-neuf jours; qu'ils en ont quelquefois trente, et d'autres fois vingt-neuf, suivant que la lune se montre plus tôt ou plus tard; car s'ils comptaient exactement vingt-neuf jours pour un mois, il serait bientôt plus court que la nouvelle lune, et alors ils ne pourraient pas dire des deux derniers jours : « *Marama matté,* la lune est morte. »

« Chaque jour est divisé en six heures, et la nuit également. Pendant le jour, ils se contentent

des fruits. Les mots renfermés entre deux parenthèses sont les différentes manières d'écrire les noms par les différentes personnes qui les ont entendus.

de les mesurer à peu près par la hauteur du soleil; mais bien peu sont en état de déterminer le commencement et la fin de ces divisions par la hauteur des étoiles pendant la nuit. Ces heures, qui répondent à deux des nôtres, ont des noms particuliers, et elles sont de la même longueur que celles des Chinois. Je n'ai appris les noms que de quelques unes : ils appellent minuit *otourahaï-po*; depuis minuit jusqu'à la pointe du jour, *oetaï-yaou*, la pointe du jour, *outata-taheita;* le lever du soleil, *era-ouao;* quand le soleil devient chaud, ils donnent à cette heure le nom de *erà-t-ououerra;* quand il est midi, ils disent *erà-t-ououate.* La partie du soir, avant le coucher du soleil, est nommée par eux *ouaheihei;* et celle qui est après le coucher du soleil, *era-ouopo.*

« Avec ces divisions de temps, ils observent les corps célestes d'une manière exacte; ils savent que les étoiles fixes ne changent pas de position l'une à l'égard de l'autre : une longue expérience leur a fait découvrir celles qui se lèvent et se couchent à certaines saisons de l'année : ils déterminent par là le mouvement progressif des planètes, et les points du compas pendant la nuit. Topia était si habile sur ces matières, que dans une navigation de près d'un an, au milieu d'une mer inconnue, il ne se trompa jamais en montrant au capitaine Cook de quel côté était Taïti. Ils distinguent chacune des planètes et différentes étoiles par des noms particuliers : le soleil s'appelle *Era,* et la lune *Marama;*

Vénus, *Touroaa ;* Jupiter, *Matari,* et Saturne, *Na-ta-hia;* les pléiades portent le nom de *E-ou-hetto ouhàa* (1); Sirius, ou le chien, *Ta-ouhet-tou-roa;* les étoiles formant le baudrier d'Orion, sont appelées *E-ouhetto mahou;* la voie lactée, *T'eiya,* et une comète, ou une étoile brûlante, *E-ouhettou-ouerra.* Les naturels ont aussi un nom pour les étoiles tombantes, qu'ils appellent *Epo,* ils croient que c'est un mauvais génie qui passe rapidement à travers les cieux. D'autres étoiles que celles dont on vient de parler, ne leur sont pas étrangères; mais leurs connaissances astronomiques ne s'étendent qu'aux parties du monde qui sont près de Taïti; car à quelque distance de cette île, l'aspect varierait, et ils ne s'y reconnaîtraient plus. Cependant une astronomie aussi bornée et des pirogues aussi légères que les leurs, ne les ont pas empêchés d'acquérir des connaissances sur la position des îles voisines. Topia, le plus intelligent des Indiens qu'aient jamais rencontré les navigateurs européens sur ces îles, avait été à dix

---

(1) Je ne sais pas assez la langue de Taïti pour donner la signification littérale de tous ces noms; mais je puis la donner de quelques uns. Les sept étoiles sont appelées *E-ouhetto ouhàa,* ou les étoiles du nid. Les Taïtiens ont probablement cru apercevoir la figure d'un nid dans la position de ces étoiles. *Ta-ouhettou-roa,* nom du chien, signifie *la grande étoile*; ils lui ont donné ce nom avec raison. *T'eiya,* nom de la voie lactée, semble signifier une voile. *E-ouhettou-ouerra*, nom d'une comète, signifie *l'étoile brûlante.*

ou douze jours de navigation à l'ouest d'Oulié-téa; et, suivant le calcul du capitaine Cook, il avait parcouru environ quatre cents lieues marines, ou vingt degrés de longitude. Tandis qu'il était sur *l'Endeavour*, il raconta l'histoire de ses voyages, et il donna les noms de plus de quatre-vingts îles qu'il connaissait; il décrivit leur grandeur et leur position : il avait été sur la plupart de ces terres; et comme il remarqua bientôt parmi les officiers du bord l'utilité des cartes, il donna les directions nécessaires pour en tracer une suivant son récit. Il indiquait toujours la région des cieux où chaque île est située, et observait en même temps si elle était plus grande ou plus petite que Taïti; haute ou basse, habitée ou déserte, et il ajoutait de temps en temps des détails sur le pays.

Leur système actuel de religion est un des polythéismes les moins révoltans qu'on ait inventés. Voici ce que nous en a appris Touavaï. Le mot d'*eatoua* a une signification d'un très grande étendue, quoiqu'à proprement parler il signifie la Divinité : on peut aussi le traduire par le mot de *génie*. Ils admettent un être qu'ils appellent *Eatoua-Rahaï*, qui est le Dieu suprême, ou celui qui domine sur tous les autres. Chacune des îles qui environnent Taïti a sa divinité particulière, ou, comme on pourrait le dire avec raison, sa divinité tutélaire. Taïti et Eimeo sont sous la direction particulière de Orouà-Attou; Tané préside à Houaheiné; O-Rou à Ouliétéa; Orra à O-Taha; Taooutou à Bolabola;

O-Tou à Mauroua, et Taroà est la divinité principale de Tabouamànou. C'est toujours à cette divinité particulière que le grand-prêtre de chaque île s'adresse dans les prières qu'il fait au grand-moraï du prince de l'île. Ils croient que la grande divinité est la cause première de tous les êtres divins et humains; et comme ces peuples ont mêlé partout l'idée de la génération, on la retrouve dans l'origine de leurs dieux inférieurs : voilà pourquoi ils donnent à l'*Eatoua-Rahaï* une compagne du sexe féminin : tous les *Eatouas* inférieurs, et même les hommes, viennent de l'union de l'Eatoua-Rahaï avec cet être du sexe féminin. Sous ce point de vue, ils donnent à la grande divinité le nom de *Ta-rou-Tèay-Etoumo*, la grande tige génératrice; mais sa femme n'est pas de la même nature que lui : ils croient que c'est une substance matérielle et dure, qu'ils appellent *O-Te-Păpa*, un rocher. Ce couple a procréé *O-hina*, la déesse qui a créé la lune, et qui habite dans un nuage noir, qu'on voit au milieu de cette planète; *Te-Vhettou-Ma-Taraī*, le créateur des étoiles; *Oumarrio*, le dieu et le créateur des mers; *Orré-Orré* (1), qui est le dieu des vents. Mais la mer est sous la direction de treize dieux, qui ont tous des fonctions particulières, comme leurs noms semblent l'indiquer. Voici comment on les appelle : 1°. *Ourou-Haddou*; 2°. *Tamaoui*; 3°. *Ta-àpi*; 4°. *Atou Ariono*;

(1) *Orri* signifie le vent.

5°. *Tania ;* 6°. *Tahou-Meonna ;* 7°. *Ota-Maouive* (1); 8°. *Ohvaï* (2); 9°. *Ohvatta ;* 10°. *Ta-Hua ;* 11°. *Tèou-t'eiya* (3); 12°. *Oma-dourou ;* 13°. *O-hvaddou.* Le grand dieu *Ta-rou-Tèay-Etoumo* habite le soleil, qu'il a créé; il est représenté sous la figure d'un homme qui a de beaux cheveux pendans jusqu'à terre; il passe pour être la cause des tremblemens de terre : les naturels l'appellent alors *O-Maoùi.* Lorsque le capitaine Cook fit, et 1769, le tour de Taïti dans une chaloupe, il aperçut une figure grossière de ce dieu, sous l'attribut d'O-Maoùi; elle était dorée et couverte de plumes noires et blanches. C'est la seule fois que j'aie entendu parler d'une image ou d'une statue de leurs dieux; et le capitaine Cook ne dit pas qu'on ait du respect pour cette grossière figure d'O-Maoùi. Suivant une tradition de Taïtiens, la grande divinité a créé les divinités inférieures, dont chacune a formé la partie du monde qui lui a été confiée; l'un produisit les mers, un autre la lune, les étoiles, les oiseaux, les poissons, etc., etc. O-Maoùi, après avoir créé le soleil, saisit l'immense rocher O-te-Pàpa, sa femme, qu'il traîna de l'ouest à l'est à travers les mers : c'est alors que les îles qu'ils habitent maintenant se détachèrent de la grande

(1) *Ma-ou* signifie un requin.

(2) *Ohvaï* est le nom d'une pierre ou d'un caillou.

(3) *T'eiya* est le nom d'un poisson ou d'une voile de pirogue.

masse; O-Maoùi laissa ensuite cette grande terre à l'est, où elle existe maintenant. C'est à cette époque qu'on confia à chacune des divinités inférieures dont on a parlé plus haut le soin d'une île en particulier. On ne s'adresse pas au dieu Tané plus particulièrement qu'aux autres divinités, et on ne suppose pas qu'il a une plus grande part aux affaires du monde, si ce n'est à Houaheiné, parce que cette île est sous sa surveillance, et qu'il y est révéré comme la divinité tutélaire du pays. Outre ces dieux de la seconde classe, il y en a d'autres d'un rang encore inférieur; l'un de ces petits dieux, appelé *Orometouà*, est d'un caractère méchant; il habite surtout près des *moraïs* et des *toupapaous* (des cimetières), dans ou près des petites caisses qui renferment les têtes des défunts; chacune de ces caisses, ou boîtes, est appelée, par cette raison, *te-hvarré noté Orometouà*, la maison du mauvais génie *Orometouà*. Les Taïtiens croient que le mauvais génie, invoqué par les prêtres, tue d'une manière subite celui sur qui doit tomber la vengeance de ce dieu. Je ne pense pas que leurs prêtres soient très intègres : si on les corrompt, ils empoisonnent sans scrupule l'homme qu'on leur indique, et ils attribuent ensuite cette mort subite à la malignité d'Orometouà. Cette conjecture est d'autant plus probable, qu'on m'a assuré qu'il n'est pas rare de voir les prières des prêtres à Orometouà s'accomplir. J'ai entendu parler d'un autre génie ou d'un dieu inférieur, appelé *Oromé-haouhaouri*, qui a aussi le pouvoir de tuer les hommes, avec cette différence qu'on ne s'adresse pas à lui en le priant, mais seulement en sifflant. Les génies de la dernière classe sont appelés *tihi*. Les Taïtiens nous ont dit que c'est la substance qui voit, qui entend, qui a la sensation de l'odorat, du goût et du toucher, qui forme les pensées en dedans de nous ; qu'après la mort elle existe séparée du corps, mais qu'elle vit près des cimetières, et qu'elle rôde autour des cadavres ou des os qui y sont déposés : ils la respectent beaucoup, quoiqu'ils ne s'adressent à elle qu'en sifflant. Ils nous ont appris d'ailleurs que ces tihis habitent principalement les figures de bois qu'on place près des moraïs, et qu'ils sont mâles ou femelles, suivant le sexe de la personne défunte; ils les redoutent, car ils croient que ces génies se glissent pendant la nuit dans les maisons, qu'ils mangent le cœur et les entrailles de ceux qui dorment, et qu'ils les font mourir. Ainsi la religion, dans ces contrées comme dans beaucoup d'autres, ne sert qu'à rendre l'homme plus absurde et plus malheureux.

FIN DU VINGT-UNIÈME VOLUME.

TABLE DES MATIÈRES

CONTENUES DANS CE VOLUME.

CINQUIÈME PARTIE. — VOYAGES AUTOUR DU MONDE ET DANS LE GRAND OCÉAN.

SUITE DU LIVRE II.

Voyages autour du Monde et dans le grand Océan, entrepris depuis 1764.

FIN DE LA TABLE.

Made in the USA
Monee, IL
04 November 2026

67387315R10226